工学结合·基于工作过程导向的项目化创新系列教材

高等职业教育土建类"十四五"规划教材

工程造价 计价原理

GONGCHENG

ZAOJIA JIJIA YUANLI

主编 徐松

U0333734

华中科技大学出版社

http://www.hustp.com

中国·武汉

图书在版编目(CIP)数据

工程造价计价原理/徐松主编.—武汉:华中科技大学出版社,2021.1(2022.9重印)
ISBN 978-7-5680-6944-1

Ⅰ.①工… Ⅱ.①徐… Ⅲ.①建筑造价管理 Ⅳ.①TU723.31

中国版本图书馆 CIP 数据核字(2021)第 017634 号

工程造价计价原理
Gongcheng Zaojia Jijia Yuanli

徐　松　主编

策划编辑:康　序
责任编辑:李曜男
封面设计:孢　子
责任监印:朱　玢
出版发行:华中科技大学出版社(中国·武汉)　　电话:(027)81321913
　　　　　武汉市东湖新技术开发区华工科技园　　邮编:430223
录　　排:武汉三月禾文化传播有限公司
印　　刷:武汉市籍缘印刷厂
开　　本:787mm×1092mm　1/16
印　　张:15.25
字　　数:397 千字
版　　次:2022 年 9 月第 1 版第 2 次印刷
定　　价:45.00 元

前言 PREFACE

　　本书是依据国家最新规范、法规、政策和作者在工程造价领域多年实践与教学经验的基础上总结出来的有关工程造价计价的基本原理和方法,具有很强的实用性,特别是在探寻定额数据规律中洞悉定额数据背后隐含的信息方面,具有独到的见解。

　　基本原理就犹如高速路的上、下匝道一样重要。本书旨在帮助学习者建立起正确的造价思维模式,修好自己在工程造价领域的上、下匝道,方能在该领域左右逢源,得心应手。

　　本书的编写是从建筑产品的特点、建筑产品的生产特点入手,在与一般工业品相比较的同时,引导学习者深入理解工程造价计价的研究对象——建筑产品。然后再逐步深入工程造价的基本概念、基本原理等层面。之后,介绍了作为工程造价计价重要依据的定额及其体系,特别是在施工资源定额消耗量的确定以及预算定额的编制与应用等方面均进行了详细的分析与解读,这也是工程造价计价的基本原理在实践中应用的具体体现。最后,我们以广联达公司新推出的兴安得力云计价(上海 2016 定额)平台(GCCP 5.0)为例,详细介绍了工程造价计价电算软件的使用。第 8 章我们将工程计价常用的一些法律法规、司法解释等部分政策性文件资料进行汇编,以方便读者参考使用。

　　本书由上海城建职业学院徐松老师主编,上海安信建设工程造价咨询有限公司陈升鹏工程师负责编写第 3 章和第 5 章的 5.6 小节的全部内容,上海城建职业学院杜娅妮老师负责编写第 1章和第 2 章的 2.1、2.2 小节的全部内容,上海城建职业学院严谨老师负责编写第 7 章的 7.3 小节和第 8 章的全部内容,其余内容均由徐松老师编写,广联达科技(上海)有限公司陈媛老师为计价软件的使用介绍提供资料。本书由上海安信建设工程造价咨询有限公司董事长张高权高级工程师、上海城建职业学院张凌云副教授和四川建筑职业技术学院袁建新教授担任主审,他们在百忙之中审阅了本书的底稿,并给予许多中肯的建议和深刻的启迪,在此对他们的辛勤付出深表感谢。

　　在编写过程中,我们还参阅了大量的专家学者、造价行业的前辈们编写的书籍资料,并从他们的著述中汲取到很多养料,对此我们表示深深的感谢。有些参考资料还来源于一些行家里手在网络论坛上发表的帖子,他们不少好的建议在被我们实践后收入本书,在此对这些行家们表示衷心感谢。

　　本书可以作为高等院校工程造价、工程管理专业学生必修课程的配套教材,同时也可以作为从事工程造价工作人员和参加造价工程师等执业资格类考试人员的必备参考书。

我国的工程造价行业在不断发展之中,作为计价重要依据的施工资源消耗量定额在不断地完善,一些政策性文件也随着时代的发展不断更新,但依然有很多问题有待于进一步的探索和研讨。加之作者水平有限,书中肯定有疏漏甚至错误之处,敬请各位专家、学者和同行们批评指正,我们不胜感激。

编者

2020 年 6 月

目录 CONTENTS

Chapter 1

第 1 章　工程造价概述

【学习目标】

了解基本建设的组成内容、类别及程序。

了解建筑产品及生产的特点。

掌握工程造价的含义及特点。

掌握价格原理的形成及构成。

熟悉建筑产品价格的计价特点。

1.1　基本建设

"基本建设"一词源于俄文。20 世纪 20 年代初期,苏联开始使用这个术语来说明社会主义经济中基本的、需要耗用大量资金和劳动的固定资产的建设,以区别流动资产的投资和形成过程。

新中国成立初期,我国的许多制度和做法都是向苏联学习得来的,比如社会主义计划经济制度,当然也包括基本建设制度。早在 1952 年,当时的政务院曾规定:"凡固定资产扩大再生产的新建、改建、扩建、恢复工程及与之连带的工作为基本建设。"其实质就是将一定的物质资料和设备,经过设计、转移、建造、安装和调试等活动,固化为固定资产的过程。

1.1.1　基本建设的组成

基本建设作为国民经济的重要组成部分,是由若干个具体的建设项目所组成,而每一个建设项目又是由若干个单项工程所组成,每个单项工程又是由若干个单位工程组成,而每个单位工程又是由若干个分部工程组成,每个分部工程又由若干个分项工程组成。

1. 建设项目

建设项目(construction project)又称为基本建设项目,是指在一个或几个场地上,按照一个总体规划或设计进行建设的各个工程项目的总和。它可以由一个或几个互有内在联系的单项工程所组成。它在行政上由项目法人单位进行统一管理,在经济上实行独立核算。在我国,建设项目的实施单位一般被称为建设单位,实行的是项目法人责任制度。在工业建设中,如建设一座工厂就是一个建设项目;在民用建设中,如建设一所学校就为一个建设项目。建设项目的划分及其示例如图 1-1 和图 1-2 所示。

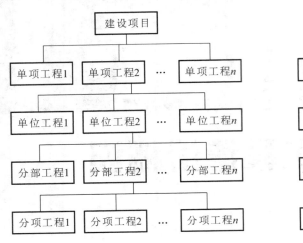

图 1-1　建设项目的划分

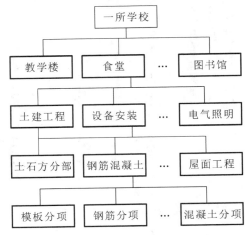

图 1-2　建设项目的划分示例

2. 单项工程

单项工程(sectional work)是建设项目的组成部分,又称为工程项目,是指在一个建设项目中,具有独立的设计文件,建成后能够独立发挥生产能力或使用功能的一组配套齐全的工程项目。如工厂中的生产车间、办公楼、食堂、宿舍等,学校中的教学楼、图书馆、实验室、教工宿舍、食堂、学生宿舍、体育馆等,都是单项工程。单项工程建筑产品的价格一般是由编制单项工程综合概预算来确定的。

3. 单位(子单位)工程

单位工程(unit work)是单项工程的组成部分,指具备独立施工条件并能形成独立使用功能,但竣工后一般不能独立发挥生产能力或使用功能的工程项目。对于建筑规模较大的单位工程,可将其能形成独立使用功能的部分作为一个子单位工程。其中,"具备独立施工条件"是指具有独立的设计文件并能够独立组织施工,它与"能形成独立使用功能"一起构成了单位(子单位)工程划分的基本依据。如生产车间中的建筑(土建工程)、管道工程、电气工程、设备安装工程等,教学楼中的土建工程、暖通工程、给排水工程、电气照明工程等,都是单位工程。

单位工程一般是进行工程成本核算的对象。在预(结)算中,单位工程产品价格往往是通过编制单位工程施工图预算来确定的。

4. 分部工程

分部工程(work sections)是单项或单位工程的组成部分,是按结构部位、路段长度及施工特点或施工任务将单项或单位工程划分为若干个分部的工程,也是为了便于工料核算的需要,按工程的结构特征、施工方法或建筑部位等来确定若干个分部的工程。如《上海市建筑和装饰工程预算定额》(2016)中,建筑工程的分部工程包括土方、打桩、砌筑、混凝土及钢筋混凝土、门窗、楼地面、屋面及防水、装饰工程等,电气工程的分部工程包括变配电装置、架空线路、配管配线、照明器具等。

5. 分项工程

分项工程(work trades)是分部工程的组成部分,是为了方便计算和确定工程造价,按照不同的施工方法、施工要求,不同的材料品种、规格,不同的结构部位,不同的工序及路段长度等划分而成的可以用一定计量单位计算其工程数量的基本单元,同时又是可以通过较为简单的施工过程就能实现的假定的建筑产品,其本身并没有独立存在的意义。如《上海市建筑和装饰工程预算定额》(2016)中,砌筑工程可划分为砖砌体、砌块砌体、石砌体等分项工程。

分项工程是建筑安装工程的基本构成要素,也是计算人工、材料、施工机具等施工资源消耗的最基本的计算单元。

与上述建设项目构成相对应,建筑工程在分部组合计价时,首先要对建设项目进行分解,如图1-3所示。按照构成进行分部分项工程造价的计算,然后再层层汇总成建设项目总造价。

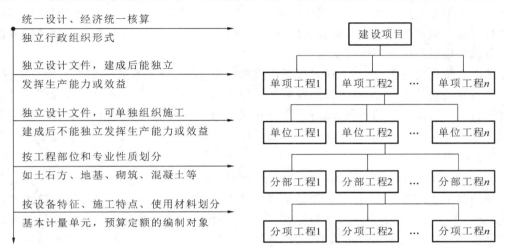

图 1-3　建设项目的分解

1.1.2　基本建设的类别及程序

1. 基本建设的类别

基本建设的种类繁多,可以从不同的角度进行分类。一般根据建设项目的性质、投资用途和建设规模,将建设项目进行划分:

1) 按建设项目的性质划分

按建设项目的性质划分,建设项目可以分为新建项目、扩建项目、改建项目、迁建项目和恢复项目。

① 新建项目:原来没有而新建设的项目,简单讲就是从无到有、"平地起家"的工程项目。

② 扩建项目:原有企事业单位为了扩大原有产品的生产能力或增加新的产品生产能力而在原场地内或其他地点新建的主要生产车间或其他固定资产。

③ 改建项目:原有企事业单位为了提高生产效率或满足市场需求、与时俱进地发展而对原有设备、工程等进行的包括挖潜、节能、环保等方面的改造项目。

④ 迁建项目:原有企事业单位因为某些特殊原因,需要根据国家发展布局而迁移到异地建设的项目。

⑤ 恢复项目:企事业单位的固定资产因为重大自然灾害或战争等原因而遭受破坏,需要投资恢复建设的项目。

2) 按建设项目的投资用途划分

① 生产性建设项目:直接用于物质资料生产或为物质资料生产服务的建设项目,主要包括

工业建设项目,农、林、牧、渔、水利等建设项目,交通、邮电、通信等基础设施建设项目,商业、餐饮、仓储等商业建设项目以及地质资源勘探等其他建设项目。

② 非生产性建设项目:满足人们物质和文化需要的建设项目,以及非物质资料生产部门的建设项目,它主要包括办公用房,居住建筑,教、科、文、卫用建设项目,以及市政公用、园林绿化等公共建筑等。

3)按建设项目的建设规模划分

此类划分主要是为了适应国家对建设项目分级管理的需要,一般分为大型项目、中型项目和小型项目三类。而更新改造项目则分为限额以上项目和限额以下项目两类。不同规模或额度的项目在审批和报建程序方面也有所区别。

除了以上所述的三类方法外,还可根据投资效益和市场需求将建设项目划分为竞争性项目、基础性项目和公益性项目;还可以按照投资来源的不同,将建设项目划分为政府投资项目和非政府投资项目等。按盈利性的不同,政府投资项目又可以分为经营性政府投资项目和非经营性政府投资项目。

2.建设程序

工程项目的建设程序是指工程项目从策划、评估、决策、设计、施工到竣工验收、投入生产或交付使用的整个建设过程中,各项工作必须遵守的先后次序。它是由工程项目建设的客观规律决定的,反映了工程建设的内在联系和特点,是建设工程项目科学决策和顺利实施的有效保证。

世界各国的建设程序均是大同小异的,基本上都需要经过投资决策和建设实施这两个发展时期。我国工程项目的建设程序可依次划分为三大阶段和若干个建设环节。各阶段之间有着严格的先后次序,可以合理地交叉进行,但不得任意颠倒次序。

1)投资决策阶段

（1）编报项目建议书。

项目建议书是拟建项目的法人单位向国家提出的要求建设某一项目的建议文件,是对拟建工程项目的轮廓性设想,其主要作用就是推荐一个拟建项目。为了更好地说明这个拟建项目,需要在项目建议书中论述诸如建设的必要性、建设条件的可行性和获利的可能性等,以供国家选择并确定是否进行下一步工作。

在编报项目建议书阶段,按照有关规定编制初步投资估算。对于政府投资项目,项目建议书按要求编制完成后,应根据建设规模和限额划分分别报送有关部门审批。项目建议书经批准后方可开展可行性研究工作。但项目建议书被批准并不意味着项目非上不可,因为批准的项目建议书不是项目的最终决策。经有权部门批准的初步投资估算应作为拟建项目列入国家中长期计划和开展前期工作的控制造价。

根据《国务院关于投资体制改革的决定》(国发〔2004〕20号)规定,对于企业不使用政府投资建设的项目,一律不再实行审批制,区别不同情况实行核准制和备案制。企业则不需要编报项目建议书,可以直接编制可行性研究报告。

（2）编报可行性研究报告。

可行性研究是投资主体在对市场调研、技术与经济等研究和多方案比选的基础上,对拟建项目在技术上是否可行、经济上是否合理而进行的科学分析与论证。可行性研究工作完成后,需要就研究成果及研究过程等全部工作编制成可行性研究报告。在此阶段,应按照有关规定编制投资估算,允许的误差幅度一般为$+30\%\sim-20\%$。经有权部门批准的投资估算应作为该项目国家计划的控制造价。可行性研究报告是确定建设项目、编制设计文件的主要依据,在项目建设中起到主导作用,一经批准即形成决策,不得随意修改或变更。

根据《国务院关于投资体制改革的决定》,政府投资项目实行审批制;对于非政府投资项目,在《国务院关于投资体制改革的决定》附件《政府核准的投资项目目录》(2016 年版)中的项目,实行核准制,不在该"目录"中的项目则实行登记备案制。除国家另有规定外,登记备案一般由企业按照属地原则进行实施。

2)建设实施阶段

(1)工程设计。

工程设计工作一般划分为初步设计阶段和施工图设计阶段。对于重大项目和技术复杂项目,往往还会根据需要增加技术设计阶段。

初步设计,是根据可行性研究报告的要求所做的具体实施方案,其目的是阐明在指定的地点、时间和投资控制的数额内,拟建项目在技术上的可行性和经济上的合理性,并通过对工程项目所做的基本技术经济规定,编制项目总概算,允许的误差幅度一般为 $+15\% \sim -10\%$。

对于被批准的可行性研究报告中所确定的建设规模、产品方案、工程标准、建设地址和总投资等控制目标,在初步设计中均不得随意更改。如项目总概算超可行性研究报告总投资 10% 以上或其他主要指标需要变更时,应重新向原审批单位报批修改后的可行性研究报告。

技术设计,主要是根据初步设计和更详细的调查研究资料编制的,用于解决初步设计中的重大技术问题,如工艺流程、建筑结构、设备选型等,使工程项目的设计更具体、更完善。在此阶段,应编制修正概算。

施工图设计,是根据初步设计或技术设计资料,结合现场实际,完整地表现建筑物外形、内部空间分隔、结构体系、周围环境及室内配套等的方案。施工图设计完成后,建设单位还需要根据《房屋建筑和市政基础设施工程施工图设计文件审查管理办法》(住建部第 13 号令)和 2018 年 12 月 29 日颁布实施的住建部第 46 号令《住房和城乡建设部关于修改〈房屋建筑和市政基础设施工程施工图设计文件审查管理办法〉的决定》的规定,将施工图纸送施工图审查机构审查。任何单位或个人不得擅自修改审查合格的施工图。确需修改的,凡涉及相关强制性标准、安全等内容的,建设单位应将修改后的施工图送原审查机构审查。

在施工图设计阶段应编制施工图预算,允许的误差幅度一般为 $+10\% \sim -5\%$。它是根据已完成的施工图纸、预算定额、费用定额等资料,通过预先测算和确定后而编制的预算造价文件。其内容比概算造价更为详尽和准确,同时受审查批准后的概算造价或修正概算造价控制。

(2)建设准备。

为保证工程建设的顺利推进,在开工建设前,建设单位必须做好诸如报批报建等各项准备工作,包括组建项目法人、征地、拆迁、三通一平或七通一平、准备必要的施工图纸、甲供材料、设备的招标订购、组织施工、施工监理、投资监理等的招标,并择优选择施工、工程监理、造价咨询等单位,办理施工许可证和建设工程质量监督手续等。具备开工条件后,建设单位申请开工,进入施工阶段。

在建设准备阶段,投标人应编制投标报价,招标人应编制招标控制价。

(3)工程施工。

工程施工就是将施工蓝图变成工程实体的过程,其主要任务是按照审查通过的施工图纸进行施工安装,直至建成工程实体,达到竣工验收标准后,由施工承包单位移交给建设单位,实现工程项目在质量、工期、成本、安全、环保等方面的目标。

项目新开工时间,按工程项目设计文件中规定的任何一项永久性工程第一次正式破土开槽

开始施工的时间确定。不需要先开槽的工程,以正式开始打桩的日期作为开工日期;而铁路、公路、水库等,则以开始进行土方、石方工程的日期作为正式开工时间。工程地质勘察、平整场地、旧建筑物的拆除、临时建筑、施工用临时道路和水、电等工程开始施工的日期不能算作正式开工日期。分期建设的项目分别按各期工程开工的日期计算。

(4)生产准备工作。

生产性建设项目在正式投产前,建设单位需要组织专门的机构进行充分的生产前准备工作,确保项目建成后能及时投产。生产准备是由建设单位进行的从项目建设转入生产运营的一项重要工作,是衔接建设和生产的桥梁,主要包括组建管理机构,建章立制,招募和培训技术骨干、生产人员,组织有关人员参加设备的安装、调试和验收,落实原材料、协作产品、燃料、水、电、气的供应等。

3)竣工验收及后评价阶段

(1)竣工验收。

建设项目按设计文件和合同规定的内容全部施工完成,建设单位收到工程竣工验收申请报告后,应由建设单位项目负责人组织监理、施工、设计、勘察等单位项目负责人进行单位工程验收。工程的竣工验收是全面考核建设成果、检验设计和施工质量的重要步骤,也是工程建设过程的最后一个环节,作为施工质量的最终确认,在质量控制中起到了关键性作用。同时,它还是项目由建设转入运营的标志。

《中华人民共和国建筑法》规定,建筑工程经竣工验收合格后,方可交付使用;未经验收或者验收不合格的,不得交付使用。

根据《建筑工程施工发包与承包计价管理办法》(住建部第 16 号令)规定,承包方应当在工程完工后的约定期限内提交竣工结算文件。工程结算是竣工验收必备的技术经济文件之一。

同时,建设单位必须及时清理所有财产、物资和未花完或应收回的资金,编制工程竣工决算。就是要求建设单位汇集建设项目从项目建议书开始一直到竣工交付使用为止的全过程中所发生的全部实际建设费用,编制出竣工决算,以如实体现建设项目的实际工程造价。它是竣工验收报告的重要组成部分。

(2)项目后评价。

项目后评价是指在项目竣工投产运营一段时间后,对项目的立项决策、设计施工、竣工投产、生产运营和效益等进行的全面系统的评价活动。在实际工作中,往往从效益后评价和过程后评价这两个方面对建设工程项目进行后评价。项目后评价活动能够真实地反映出项目投资建设活动所取得的效益和存在的问题,它是项目建设程序中的一个重要环节,也是固定资产管理的一项重要内容。

1.2 建筑产品及生产的特点

1.2.1 建筑产品的特点

建筑产品和其他工、农业产品一样,在经济范畴里,它们均具有商品的属性。但与一般的商品相比较而言,建筑产品有其鲜明的特点。

1. 建筑产品具有固定性

在一般的工业产品生产过程中,生产者和生产设备是固定不动的,只有产品在生产线上流动。与之相反，建筑产品无论其规模大小，它的基础部分都必须与土地相连。有人可能会提出：农业生产、植物的种植，不也是把植物的根深深地扎在土地里面的吗？我们要知道，粮食一旦成熟，木材一经采伐，便脱离了土地，它们具有"物理的可动性"。又如轮船的建造，在生产建造期间，轮船有不少地方是和建筑产品相类似的，但它一旦建造完成，便离开船台，驶入江海。而工程项目都是根据特定的需要和特定的条件由建设单位经过慎重选址后建造的，建设地点和设计方案确定后，工程项目的位置便固定下来了。当建筑产品全部完成后，施工单位只需将产品就地不动地移交给使用单位即可。

2. 建筑产品具有多样性

在一般的工业品中，每一种规格、类型的产品都有成千上万个完全相同的产品。它们可以按照同一种设计图纸、工艺方法、生产过程被成批量地加工制造出来，而且可以反复地继续下去，基本没有什么变化。所以，大家可以看到我们使用的"华为mate9"手机，无论形状、大小、功能、配置等各个方面都是一样的。这类产品的品种与其数量相比较而言，具有单一性。而建筑产品则不同，建筑产品必须是根据其特定的功能和建设单位特定的使用要求在特定条件下单独设计出来的。因而，建筑产品形式多样、各具特色，每项工程都有不同的规模、结构、造型和装饰，需要选用不同的材料和设备。即便是同一类工程，也会因为工程所在地的地基状况等外在条件的不同而千差万别。

3. 建筑产品形体庞大

在一般的工业品中，机械工业产品是庞然大物，但与建筑产品相比较，则是"小巫见大巫"。在建筑产品中，房屋和有内部空间的构筑物不仅体积庞大，而且占有更大的空间；其他的构筑物，如铁路、道路、码头、停机坪等，虽没有内部空间，但占有相当庞大的外部空间。同时，我们也要清楚地意识到，庞大的建筑产品，必然要消耗巨大数量的建筑材料。

4. 与一般工业品相比，建筑产品价值巨大

小型建筑产品，价值就达十几万元、几十万元，大型建筑产品的价值可达几千万元、上亿元，甚至高达几十亿元、数百亿元。如此巨大的价值，意味着建筑产品要消耗和占用巨大的社会资源，包括大量的材料、资金和人力资源，也就是要消耗大量的物化劳动和活劳动。这也意味着，建筑产品与国民经济、与人们的工作和生活息息相关，尤其是重要的建筑产品，可直接影响到国计民生，如众所周知的三峡大坝工程。建筑产品不仅价值巨大，而且可以长期消费，因而也是国民社会财富的重要组成部分。

5. 建筑产品的用途有很大的局限性

一般的工业产品通常在制造完成之后，可以运到任意的地点，为任意的使用者选购、使用。但建筑产品不行，它只能被某一特定的使用者在特定的地点按照原来特定的用途而使用。不难看出，建筑产品用途的局限性是与它的固定性和多样性的特点紧密相连的。在确定拟建建筑产品用途时，建设单位不能完全按照自己的主观意愿行事，还必须考虑该建筑产品所处的位置，以及它与周围环境的协调性。

6. 建筑产品具有强烈的社会性

一般的工业品主要受当地的技术发展水平和经济条件影响，而建筑产品还要受到当时当地的社会、政治、文化、风俗、历史以及传统等因素的综合影响。这些因素决定着建筑产品的造型、结构形式、装饰风格和设计标准等，一些重要的有特征的建筑产品往往超越了经济范畴，成为珍贵的艺术品和标志性建筑，是人类文化的瑰宝。

建筑产品是人工自然,建成后即成为人类环境的一部分。建筑产品对自然的影响主要表现在对自然风景和生态环境的影响两个方面。建筑产品可能破坏自然风景而导致自然风景价值的降低,也可能补偿或改善自然风景而提高其价值。

比如悉尼歌剧院,从项目管理的角度看,它是一个不折不扣的失败的项目。在造价控制方面,预算造价由原来的 700 多万美元一再追加,直至最终的 1.2 亿美元;在进度控制方面,从方案的选定到最后完成,历时 17 年(1956—1973 年)之久。但事实上,我们不得不承认,悉尼歌剧院确实是人类文化的瑰宝,是世界建筑艺术的典范。

建筑产品的社会性还表现在它的综合经济效益方面。建筑产品对配套性有很高的要求,如果工程不配套,单个建筑产品建成后也不能投入使用或不能充分实现预期功能,从而使社会受到损失。另一方面,不同建筑产品之间往往是互为外部条件的,若干个建筑产品的经济效益并不是各个建筑产品经济效益的简单叠加,而是会产生综合效应的。在正常情况下,这种综合效应具有放大倍数的效果。

建筑产品的社会性还有一个表现就是具有很强的排他性。不论是房屋建筑还是构筑物,任何建筑产品分别占据一定的地上和地下空间。某一空间一旦被某建筑产品所占据,则不能再建造其他的建筑产品(除非将原有的建筑拆除)。众所周知,建筑产品与城市的形成和规模有着密切的联系。城市本身就是在人口集中和产业聚集的基础上形成的,也可以说是建筑产品综合效益带来的结果。因此,城市空间的利用必然是高密度的。城市规模越大,其空间利用密度也就越大。在一定范围内,空间利用密度超过一定的限度时,会对建筑产品的综合经济效益产生负效应。为了防止建筑产品过度密集,就必然要控制建筑地基与占地面积的比例和容积率,并规定其最高限度。这样,大城市就面临限制区域无限扩大所必然出现的排他性等许多问题。

1.2.2 建筑产品生产的特点

正是因为建筑产品有许多鲜明的特征存在,建筑生产也存在诸多相对于一般工业生产不同的特点。

1. 建筑产品生产的单件性

由于建筑产品具有多样性的特点,建筑生产必然表现出单件性的特征。这与一般工业品批量、系列的生产方式形成了鲜明的对照。我们知道,建筑产品都是在特定的地理环境中建造出来的,不可避免要受到建筑性质、功能及技术要求,地质、水文、气象等自然条件,原材料、燃料等资源条件,人口、交通、民族特点、风俗习惯等社会条件的影响。由于客观条件及建设目的的差异,往往需要对建筑产品从内容到形式进行个别设计,即使是采用同一种设计图纸的建筑产品,也会由于地形、地质、水文、气候等自然条件,以及交通运输、材料资源等社会及资源条件的不同,而需要在建造时对设计图纸、施工方法以及施工组织等作出必要的修改或调整。

建筑生产的单件性还表现出设计与施工相分离的特点。一般工业品的生产中,设计与制造是统一考虑的,设计不仅包括产品设计,还包括工艺设计。有些工业品甚至可以说生产工艺设计就决定了产品设计。而建筑产品的设计一般较少考虑施工,它仅仅是产品设计,而没有生产工艺设计。有时,设计中也会在一定程度上考虑到施工,但那只是在考虑实现产品设计的可能性,并不是具体、详细地规定如何实现它。这一点使得建筑产品具有单件生产的特点显得更为突出。

同一个建筑产品的生产(施工)方法具有多种选择的可能性,这也是建筑生产表现出设计与施工相分离的特点的重要原因。对于既定的建筑产品设计,在满足设计要求的前提下,生产(施工)单位可以根据自己的施工经验、技术优势、当时可供使用的施工机具的数量、性能和可投入的施工人员的数量、素质等方面的具体情况,择优选择相应的生产(施工)方法。这既不是唯一的,也不是不可以取代的。不同的生产(施工)方法将会导致生产周期、产品成本和造价出现较大的差异,因而,在建筑产品的设计阶段往往不能或不宜对生产(施工)方法给出详细、具体的规定,而是给生产(施工)单位留下选择生产(施工)方法的自主权。这就为建筑产品的设计与生产方法的最佳组合创造了可能性。

2. 建筑产品生产的流动性

建筑产品具有的固定性特点必然使得建筑生产表现出流动性的特征。但是,建筑生产的流动性与一般工业品的流动性、生产的固定性是截然不同的。建筑生产的流动性主要表现在两个方面:一是施工人员、机械、设备和材料等围绕着建筑产品上下、左右、前后、内外的位置变换,即施工要素在同一建筑产品不同部位之间的流动;二是施工要素在同一地区的不同建筑产品之间乃至不同地区、不同建筑产品之间的流动。需要特别注意的是,不同工种的作业人员和不同施工机具在同一建筑产品上进行作业,会不可避免地产生施工空间、时间上的矛盾,因而必须科学地组织施工。而在同一地区或不同地区同时生产多个不同的建筑产品,则对建筑企业在统筹安排、合理调度和科学管理方面提出了更高的要求。

另外,我们还必须清楚地认识到,对于同一建筑产品来说,建筑生产的流动性绝不是杂乱无章的,而是必须遵循严格的施工顺序,这与一般工业品的生产也是不同的。在一般工业品的生产中,产品的各个部件可以分别在不同的地点同时加工制造,完成之后把它们装配在一起而成为最后的产品。可以认为,这样的生产方式中,除了在最后的组装阶段会有一定的顺序外,各个零部件的加工制造则没有严格的先后顺序。而建筑产品的生产一般只能由许多不同的工种在同一建筑产品的不同部位按照严格的程序交叉地进行施工,而且是必须具备了一定的条件后才可以实施。例如,按流水法组织施工时,虽然在不同的施工段上同时进行着不同工种或阶段的施工,但在同一施工段上则必须严格按照施工顺序进行。至于装配式建筑产品,目前,由于装配率的限制,尚需在现场按照严格的施工顺序完成相应建筑产品的施工,在预制构配件现场安装时,也必须严格按照装配施工的顺序进行。

如果从另外一个角度考虑,我们也可以认为建筑生产的流动性是由于建筑产品的生产企业不能够决定建筑产品的生产地点引起的。一般工业品的生产地点是由生产企业根据生产、运输成本最低决定的,或是接近原材料供应地,或是接近消费市场,或是便于原料和产品的运输等。而建筑产品所在的位置就是它的生产地点,这是由需求者根据建筑产品的使用目的和需要决定的,而不考虑或较少考虑建筑产品生产本身的要求。因此,可以把建筑生产的流动性看作建筑产品的生产者为适应消费者的需求而采取的一种特有的产品供应方式。

3. 建筑产品生产的不均衡性

建筑生产的总规模一直受到国民经济发展状况和固定资产投资总规模的制约,而且,从总体上来说,建筑生产处于相对被动的地位。加之我国幅员辽阔,不同地区、不同部门之间的发展也是很不均衡的,这是使建筑生产不均衡的宏观影响因素。

建筑生产的不均衡性还表现在建筑产品生产过程本身的不均衡上。任何建筑产品在生产的开始阶段所消耗的人工、机械、材料都比较少,随着工程的不断推进,施工要素的投入逐渐增加,达到高峰之后又逐渐减少,直至结束。而一般工业品各加工工序所消耗的时间量不尽相同,但由于其生产可以在各个阶段上同时展开,从而可以通过安排适量的加工设备或调整生产工艺来避

免生产过程的不均衡性。建筑生产具有严格的先后顺序,建筑生产的这种不均衡性对于个别建筑产品来说是无法改变的,只能在一定程度上避免。

4. 建筑产品的生产具有周期长的特点

生产周期是指劳动对象从开始投入生产过程一直到生产出成品为止的全部时间。在生产出最后的产成品之前,都是属于在产品。总的来说,建筑产品的生产周期相对于一般工业品而言,还是相当长的,少则几个月,多则几年、十几年。

由于建筑产品具有生产周期长的特点,必然使得其在生产过程中占用的资金多,资金周转慢,加之建筑产品一般都耗资巨大,就不能像一般工业品那样,在产品销售之后才回收成本并获取利润。建筑产品生产往往是由业主先预付部分工程价款作为生产资金,再由生产者每月点交已完成施工,由业主支付进度款,完工后再办理竣工结算。换言之,在建筑产品的生产过程中,一直伴随着较为经常的结算付款工作,较一般工业品"一手交钱,一手交货"的交换方式要复杂得多。

同时,建筑产品价值巨大,保证质量则显得尤为重要。不合格的建筑产品无法完全实现预期的功能,对业主来说是一个重大损失,对社会来说同样也是损失,这种损失往往是无法弥补和挽回的。再者,由于建筑产品的生产周期长,使用寿命亦长,其质量的好坏不能只看最终产品的表面。在建筑生产的过程中,每道工序、每个分项工程、每个分部工程的质量都在不同程度上影响甚至决定着最终产品的质量。因此,为了保证建筑产品的质量,必须在建筑生产的过程中自始至终地加强检查和监督,尤其是要注意做好隐蔽工程的验收工作,加强过程控制。在此,与一般工业品主要是由生产者自行检查(检验)质量的做法不同,建筑产品生产过程中的质量控制主要包括三个方面:一是生产者自检,二是业主或代表业主的监理检验,三是政府有关部门(如建筑工程质量监督站)的监督。

另外,我们还必须注意到,由于建筑产品的生产周期长,还应考虑建筑生产的风险。众所周知,建筑产品在生产过程中会受到社会、政治、经济、自然、技术、人为等诸多因素的影响,出现一些在开始生产之前难以预见到的情况,造成一些意外的损失,使预定的费用、工期、质量等目标难以实现。因此,有必要采取一些相应的措施,力求减少或规避可能出现的风险,比如,对在建项目加强风险管理、为在建的建筑产品购买保险等。

5. 建筑产品的生产具有订货生产的特点

建筑生产之所以表现出订货生产的特点,是因为建筑产品的用途有很大的局限性。一般工业品通常都是为广义的消费者、为市场生产的,而建筑产品的生产是先确定了使用者,然后再进行生产的。这就在客观上形成了建筑产品由生产者直接出售给使用者,而不需要经过实物的流通市场。

再者,我们还要把它与一般工业品生产中"以销定产"相区别。首先,我们要知道,"以销定产"主要是指先确定产(销)量,至于产品本身的质量、规格、价格等仍然是由生产者决定的,仍然是先生产再销售。而"订货生产"则要求产品从形式、外观到功能均由使用者决定,产品的价格则由供求双方共同决定。从某种意义上说,是先销售,再生产。其次,我们也要认识到,订货生产虽然不需要像一般工业品那样推销产品,但是却要受到合同的制约,在合同规定的期限内,建筑生产不再具有灵活性和选择性。当然,也有特例,比如房地产开发项目一般是先生产后销售的。

由于建筑生产所具有的订货生产的特性,要求在产品生产之前就必须详细而具体地明确与产品生产有关的各方之间的经济关系以及相应的权利、义务和责任。在一般建筑产品的生产中,往往需要涉及建设单位、勘察设计单位、施工单位、材料供应单位、监理单位等各个利益相关者，其中设计和施工单位还可能有总分包之分。这就使得建筑生产过程中的生产关系要比一般工业品的生产关系复杂得多，协调好各方之间的关系就显得尤为重要了。

6. 建筑产品生产的外部约束性

建筑产品不仅关联着使用者和生产者，还具有强烈的社会性，因而使得建筑生产受到特别多外部条件约束。这些约束不仅针对生产者，而且还有许多是针对使用者的。例如，拟建建筑产品要满足使用者的需求和期望，但首先要符合城市建设和地区发展总体规划以及有关规定。因此，建筑产品在设计阶段就要经过有关主管部门的多次审批，这就有可能会使得设计工作出现反复和周折。又如，从节能、环境保护等要求出发，不仅要通过设计的节能审查，还要对建筑产品建成后使用阶段可能造成的环境污染严格加以控制，也要对建筑产品生产过程中可能造成的噪声、震动、道路污损、建筑垃圾堆放和处理等进行限制。

外部约束的存在，有可能影响建筑生产的连续性，增加生产成本，损害建筑产品生产者和使用者的经济利益。但从宏观效益和社会效益看，这些外部约束又是不可缺少的。

1.3 工程造价的含义及特点

1.3.1 工程造价的含义

工程造价(project costs)指工程项目在建设期预计或实际支出的建设费用，是建设项目总投资中的固定资产投资部分。

这里的"工程"是一个泛指，涵盖所有广义和狭义的工程概念。而这里的"项目"则是可大可小的，大的可以是完整的项目，小的可以是一个分部分项工程，比如楼地面工程的地面垫层等。概念中的"建设期"，意味着工程造价不包括项目生产运营阶段发生的费用，仅仅指从项目建议书开始到竣工验收交付使用期间发生的费用。在工程结算、竣工决算之前的估算、预算、概算以及招标控制价等都是预计的费用，不是实际的费用支出。只有依据合同和实际产生的费用核定了的工程结算、竣工决算才是工程项目实际(或按规定)支出的建设费用。

工程造价在本质上属于价格范畴。在市场经济条件下，由于当事人所处的角度不同，工程造价一般有以下两种含义。

从投资者或业主的角度看，工程造价是指建设一项工程预期开支或实际开支的全部固定资产投资费用，即建设成本。换言之，就是一项工程通过建设形成相应的固定资产、无形资产和其他资产所需的一次性费用的总和。投资者或业主选定一个投资项目，要想获得预期的投资收益，就必须对该项目进行可行性研究与评估决策，在此基础上再进行勘察设计、工程施工招标、设备材料采购直至竣工验收等一系列投资管理活动。在这些投资管理活动中，要支付与工程建造有关的全部费用，才能形成固定资产和无形资产。所有的这些开支就构成了工程造价。从这个意义上说，工程造价就是工程投资费用，建设项目工程造价就是建设项目固定资产投资。

从以承包商为代表的供应商的角度看，工程造价是指为建设某项工程，预计或实际在土地市场、设备市场、技术劳务市场以及有形建筑市场等交易活动中所形成的建筑安装工程的价格和建设工程的总价格。由此可见，它是以社会主义商品经济和市场经济为前提，以工程这种特定的商

品形式作为交易对象,通过招投标、承发包或其他交易方式,在进行多次性预估的基础上,最终由市场形成的价格。在这里,交易对象可以是一个建设项目、一个单项工程,也可以是建设的某一个阶段,如可行性研究报告阶段、设计工作阶段等,还可以是某个建设阶段的一个或几个组成部分,如建设前期的土地开发工程、安装工程、装饰工程、配套设施工程等。

随着经济发展、技术进步、分工细化和市场完善,工程建设中的中间产品也会越来越多,商品交易会更加频繁,工程造价的种类和形式也会更为丰富。在投资主体多元化和投资资金来源多渠道的今天,相当一部分建筑产品作为商品进入了流通市场。

如高新技术开发区、住宅开发区所建设的普通工业厂房、仓库、写字楼、公寓、商业设施和大批住宅,都是投资者为售卖而建造的工程,它们的价格是产品交易中现实存在的,是一种有加价的工程价格(通常会被称为商品房价格)。在市场经济条件下,由于商品的普遍性,即使投资者是为了追求工程的使用功能,如用于生产产品或商业经营等,货币的价值尺度职能同样也赋予它们以价格,一旦投资者不再需要它们的使用功能,它们就会立即进入流通市场,成为真实的商品。无论是采用购买、抵押、拍卖、租赁,还是企业的兼并等形式,其性质都是一样的。

通常,人们将工程造价的第二种含义认定为工程的发承包价格。工程的发承包价格是工程造价中的一种重要且典型的价格形式,它是由需求主体(投资者或业主)和供给主体(建筑商)共同认可的价格。并且,鉴于建筑安装工程造价在项目固定资产投资中占有 50%~60% 的份额,它是工程造价中最活跃的部分,也是建筑市场交易的主要对象之一。鉴于建筑企业是工程项目的实施者和建筑市场重要的市场主体之一,工程的发承包价格被界定为工程造价的第二种含义,具有一定的现实意义。由此不难理解,土地使用权拍卖或设计招标等形式所形成的合同价,就是属于第二种含义的工程造价范围。

显然,在上述工程造价的两种含义中,一种是从项目建设角度提出的建设项目工程造价,它是一个广义的概念;而另一种则是从工程交易、发承包角度提出的建筑安装工程造价,它是一个狭义的概念。

工程造价的这两种含义是从不同角度把握同一事物的本质。对建设工程的投资者来说,在市场经济条件下的工程造价就是项目投资,是投资者或业主"购买"工程项目所要支付的价款,也是投资者作为市场供给主体"出售"工程项目时定价的基础。对以承包商为代表的供应商、规划设计等机构来说,工程造价是其作为市场供给主体"出售"商品和劳务的价格之总和。或是特指一定范围内的工程造价,如建筑安装工程造价等。

工程造价的两种含义共生于一个统一体,又存在相互的区别。最主要的区别在于需求主体和供给主体在市场中追求的经济利益不同,由此导致管理性质和管理目标存在较大差异。从管理性质看,上述第一种含义属于投资管理范畴,第二种含义则属于价格管理范畴,但二者又存有相互交叉。从管理目标看,投资者在进行项目决策和实施过程中,首先是追求决策的正确。投资作为一种为实现预期收益而垫付资金的经济行为,投资数额的大小、建筑产品的功能和价格(成本)之比(即性价比)是投资决策最为重要的依据。其次,能否在项目的实施中逐步完善项目功能,提高工程质量,降低投资费用和按期或提前交付使用是投资者始终关注的问题。因此,降低工程造价是投资者始终如一的追求。作为工程的建设者,以承包商为代表的供应商所关注的则是利润,特别是获取高额利润,为此,他们所追求的则是较高的工程造价。不同的管理目标,反映出他们不同的经济利益诉求,但他们又都要受到支配价格运动的诸多经济规律的影响和调节。他们之间的这种矛盾正是市场竞争机制和利益风险机制的必然反映。

我们区别工程造价的这两种含义,其理论意义就是为分析投资者和以承包商为代表的供应商在工程建设领域的市场行为提供理论依据。当政府提出降低工程造价时,是站在投资者的角度,充当市场需求主体的角色;当承包商提出要提高工程造价、提高利润率并获得更多的实际利润时,是要实现一个市场供给主体的管理目标。这是市场运行机制的必然。当这两种不同利益的需求同时出现时,就存在着相互之间的博弈,而工程价格正是这种博弈的产物。区别工程造价两种含义的现实意义就在于为实现不同的管理目标需要而不断充实各自的工程造价管理内容,完善各自的造价管理方法,以更好地服务于各自目标,从而有力地推动经济全面增长。

1.3.2 工程造价的特点

1. 工程造价的大额性

建筑产品固有的形体庞大和与一般工业品相比价值巨大的特点,决定了工程造价的特殊地位,从中我们也就不难理解造价管理的重要意义了。

2. 工程造价的个别性和差异性

建筑产品的多样性和用途的局限性,造就了每项工程的实物形态具有个别性,也就是项目的一次性特点。另外,建筑生产的单件性特点也决定了工程造价的个别性和差异性特点。加之每项工程所处的地区、地段的不同,也使这一特点得到了进一步强化。

3. 工程造价的层次性

造价的层次性取决于工程的层次性。一个建设项目往往包含多个能够独立发挥设计效能的单项工程(如车间、写字楼、住宅楼等),一个单项工程又由多个单位工程(如土建工程、电气安装工程等)组成。与此相应,工程造价也有三个层次:建设项目总造价、单项工程造价和单位工程造价。如果专业分工更细,单位工程(如土建工程)的组成部分——分部分项工程也可以成为计价对象,如大型土石方工程、基础工程、装饰工程等。这样,工程造价的层次就增加了分部工程造价和分项工程造价而成为五个层次。另外,从造价的计算和管理的角度看,工程造价的层次性也是比较突出的。

4. 工程造价的动态性

从建筑生产具有周期长的特点可知,在较长的建设期间,由于不可控因素的影响,在预计工期内,许多影响工程造价的动态因素,如工程变更,设备、材料价格,人工工资标准,以及费率、利率、汇率均会发生变化。这种变化必然会影响到工程造价的变动。所以,工程造价在整个建设期中一直处于动态变化状态,直至竣工决算后才能最终确定工程的实际造价。

1.4 价格原理概述

在市场经济条件下,建筑产品具备了商品的属性,建筑产品的价格也就有了商品价格所应具有的全部特点。

1.4.1 价格的形成

价格是以货币形式表现的商品价值。在商品交换过程中,不同的商品会有不同的价格,即便是同一商品,价格也会经常发生变动。引起商品价格变化的原因很多,但决定价格的根本因素是

商品所含的价值。在社会经济发展的不同阶段,价值有着不同的转化形态。

1. 价值是价格形成的基础

马克思主义的劳动价值论认为,商品的价值是凝结在商品中无差别的人类劳动。因此,商品的价值是由社会必要劳动时间来计量的。

商品价值由两部分构成:一是商品生产中消耗掉的生产资料价值(C),二是生产过程中活劳动所创造出的价值。活劳动所创造的价值又由两部分组成:一部分是补偿劳动力的价值(V),另一部分是剩余价值(m)。价值构成与价格形成有着内在的联系,同时也存在直接的对应关系。

$$商品价值＝C＋V＋m$$

式中:C——生产中消耗的生产资料的价值,在价格中表现为物质资料耗费的货币支出;

V——劳动者创造的补偿劳动力的价值,在价格中表现为劳动报酬的支出;

m——劳动者创造的剩余价值,在价格中表现为盈利。

其中,"$C＋V$"的货币支出形成了价格中的成本。

由此可见,价格形成的基础是价值。

2. 价格形成中的成本

1)成本的经济性质

成本是指商品在生产和流通中所消耗的各项费用的总和,属补偿价值,是商品价值中"C"和"V"的货币表现。生产领域的成本称为生产成本,流通领域的成本称为流通成本。

价格形成中的成本是社会平均成本。它反映的是当前生产力水平下企业必要的物质消耗支出和工资报酬支出,是各个企业成本开支的加权平均数。个别企业的成本取决于企业的技术装备和经营管理水平,也取决于劳动者的素质和其他因素。每个企业由于各自拥有的条件不同,成本支出自然也会不相同。所以个别成本不能成为价格形成中的成本。但企业的个别成本确系形成社会平均成本的基础。企业也只能以社会平均成本作为商品定价的基本依据,以社会平均成本作为衡量经营管理水平的指标。

2)成本在价格形成中的地位

(1)成本是价格形成中最重要的因素。成本反映了价格中的"C"和"V",在价格构成中占有很大比例。

(2)成本是价格最低的经济界限。成本是"$C＋V$"的货币表现,是维持商品简单再生产的最低条件。只有成本作为价格的最低界限,才能满足企业补偿物质资料支出和劳动报酬支出的最低要求。

(3)成本的变动在很大程度上影响价格。成本是价格中最重要的因素,成本变动必然导致价格变动。

3)价格形成中的成本是正常成本

所谓正常成本,从理论讲,是指反映社会必要劳动时间消耗的成本,也即商品价值中的"$C＋V$"的货币表现。这里的"社会必要劳动时间"是指"在现有的社会正常的生产条件下,在社会平均的劳动熟练程度和劳动强度下制造某种使用价值所需要的劳动时间"(《马克思恩格斯全集》第23卷第52页)。

在现实经济活动中,正常成本是指新产品正式投产成本,或是新老产品在生产能力正常、效率正常条件下的成本。

非正常因素形成的企业成本开支属非正常成本。非正常成本一般是指新产品试制成本、小批量生产成本以及其他非正常因素形成的成本。在价格形成中,不能考虑非正常成本的影响。

从成本的发生对项目建设的贡献度看,又可以分为有效成本和无效成本。有效成本是指那些发生了且对项目价值提升有一定贡献的成本,是可以被投资者接受的。无效成本是指那些发生了但对项目价值提升没有任何贡献的成本,是在项目管理中应尽量避免的。

4)工程成本

承包人为实施工程合同并达到质量标准,在确保安全施工的前提下,必须消耗或使用的人工、材料、工程设备、施工机械台班及其管理等方面发生的费用以及按规定缴纳的规费和税金。

3. 价格形成中的盈利

价格形成中的盈利是价值构成中的剩余价值的货币表现,它由企业利润和税金两部分组成。盈利在价格形成中所占的份额虽然不大,远低于成本,但它是社会扩大再生产的资金来源,对社会经济的发展具有十分重要的意义。价格形成中没有盈利,再生产就不可能在扩大的规模上进行,社会也就不可能发展。

4. 影响价格的其他因素

价格的形成除取决于其价值基础之外,还受到供求和币值等因素的影响。

1)供求对价格形成的影响

商品供求状况对价格形成的影响是通过价格波动对生产的调节来实现的。我们知道,社会必要劳动时间有两种含义:第一种含义是单个商品的社会必要劳动时间,第二种含义是商品的社会需要总量的社会必要劳动时间。

供求对价格形成的影响与社会必要劳动时间的第二种含义密切相关。市场供求状况取决于社会必要劳动时间在社会总产品中的分配是否和社会需要相一致。如果某种商品供给大于需求,多余的商品在市场上就难以找到买主。此时,尽管第一种含义的社会必要劳动时间并没有变化,但商品却要低于其价值出售,价格只能被迫下降。相反,在供不应求的情况下,商品就会高于其价值出卖,价格就会提高。但是商品价格的降低,会调节生产者减少供应量,价格提高又会调节生产者增加供应量,从而使市场供需趋于平衡。需要明确的是,价格首先取决于价值,价格作为市场最主要的也是最重要的信号,以其波动调节供需,然后供需又影响价格,价格又影响供需,直至供需趋于平衡。

2)币值对价格形成的影响

价格是以货币形式表现的价值,这就决定了影响价格变动的内在因素有两个方面:一是商品的价值量,二是货币的价值量。在币值不变的条件下,商品的价值量增加,必然导致价格的上升;反之,价格就会下降。在价值量不变的条件下,货币的价值量增加,价格就会下降;反之,价格就会上升。因此,币值稳定,价格也会稳定。如果“某些商品的价值和货币的价值同时按同一比例提高,这些商品的价格就不会改变”(《马克思恩格斯全集》第23卷第117页)。但实际中很少发生这种现象。

除此之外,土地的级差收益、汇率,甚至一定时期的经济政策也会在一定程度上影响价格的形成。

1.4.2 价格的构成

1. 价格构成与价值构成的关系

马克思主义政治经济学认为“价格是价值的货币表现”。价格构成是指构成商品价格的组成

部分及其状况。商品价格一般由生产成本、流通费用、盈利三个因素构成。由于商品价格所处的流通环节和纳税环节的不同,其构成因素也不完全相同。如工业品出厂价格、批发价格和零售价格的差异等。

如前所述,价格构成以价值为基础,又是价值构成的货币表现。其中的成本和流通费用是以价值中"$C+V$"的货币表现表示的,而盈利是以价值中"m"的货币表现表示的。

2. 价格构成中成本

生产成本按经济内容主要包括以下几个部分:

(1)原材料和燃料费;

(2)折旧费;

(3)工资及工资附加;

(4)其他,如利息支出、电信、交通、差旅费等。

3. 流通费用

流通费用是指商品在流通过程中发生的费用,它包括由产地到销地的运输、保管、分类、包装等费用,也包括商品促销和管理费用,是商品一部分价值的货币表现。

按照经济性质分类,流通费用可分为生产性流通费用和纯粹流通费用。生产性流通费用是由商品的物理运动引起的费用,如运输费、保管费、包装费等,可以把它们看作生产过程在流通领域的延续。纯粹流通费用是指与商品的销售活动有关的费用,如广告费、商业人员的工资、销售活动发生的其他一些费用等。

4. 价格构成中的盈利

价格构成中的盈利由企业利润和税金两部分组成。价格构成中的盈利值在理论上取决于劳动者为社会创造的价值,但要准确计算出来是比较困难的。

(1)盈利中的利润。盈利中的利润可分为生产利润和商业利润两部分。生产利润包括工业利润和农业利润两部分,是生产环节的纯收益,工业利润是工业企业销售价格扣除生产成本和税金后的余额,农业利润是农业的纯收益。商业利润是商业销售价格扣除进货价格、流通费用和税金以后的余额,如批发和零售价格中的商业利润。

(2)盈利中的税金。税金是国家根据税法向纳税人无偿征收的一部分财政收入,它反映的是国家对社会剩余产品进行分配的一种特定关系。建筑业现在使用的税种是增值税。

1.5 建筑产品价格的计价特点

1.5.1 建筑产品价格

如前所述,我们知道建筑产品有着与一般工业品不同的特点。所以,与一般工业品价格构成相比较,建筑产品价格的构成也具有某些特殊性。

一般情况下,工业品必须通过"产品—货币"的流通过程才能进入消费领域,因而其价格构成中一般包含有商品在流通过程中支付的各种费用。而建设工程不同,它竣工后一般不在空间上发生运动,可直接移交给用户,立即进行生产消费或生活消费。因而,建筑产品价格构成中是不包括生产性流通费用的。住宅项目的价格基本类似工业产品,但它依然不包括生产性流通费用。

另外,建筑产品必须固定在一个地方,并且和土地联系在一起,因而其价格中必然包含相关土地的价格。工程建设所需的施工人员、施工机械等则需围绕建筑产品的建设而流动,所以,建筑产品的价格构成中尚应包含流动施工津贴等费用。

1.5.2 计价特点

1. 分别计价

建筑产品的多样性和建筑生产的单件性特点决定了建筑产品价格计价的个别性,每一建筑产品都需要根据其具体情况进行分别计价。

一般工业品都是按照同一种设计图纸、工艺方法和生产过程进行加工制造的,也就是我们常说的批量生产。这样,同一种产品的价格都是相同的,或者说是统一计价的。

而建筑产品无论是在建筑、结构、构造、功能等方面还是规模、标准等方面都有所不同,因而不可能统一计价。但是,为了避免分别计价可能引起的同类建筑产品价格的不合理差异和不可比性,目前,对建筑产品的成本构成和计算方法做了统一的规定。这种统一的规定是以建筑产品成本构成要素的共性为前提的,只是一种原则性的规定,其目的是使建筑产品价格的计算有章可循,并不能改变建筑产品分别计价的特点。

2. 定价在先

对于一种新的工业品来说,总是先生产后定价的。即便是投入市场已经很长时间的工业品,企业仍然可以将其以高于或低于已经形成的价格在市场上出售,从而影响到生产同一产品的企业对产品的定价。

但是,对于期货生产的建筑产品来说,在没有开始生产之前就要进行报价。先确定价格,即定价在先、生产在后。这一定价特点使得所确定的建筑产品价格带有很强的不可靠性和不确定性。首先,由于建筑产品具有的多样性特点,在生产开始之前确定其价格,难以充分考虑可能产生的各种成本要素,也难以充分考虑拟建建筑产品所具有的特点对其价格产生的影响;其次,定价先于生产,难以充分考虑生产过程中各种与成本有关的因素,即便在开始生产之前看起来考虑得很全面、很周到,但实际发生的情况与预计的情况总不可能完全一致;再次,在生产之前所确定的价格只是对建筑产品价格的一种事先估计或期望,很大程度上取决于定价人员的判断,带有一定的主观性。因此,在生产之前所确定的建筑产品价格实际上只是一种暂定价格,而实际价格要等建筑产品建成交付使用之后才能最终确定。在绝大多数情况下,建筑产品的实际价格总是与其暂定价格有所不同,有时甚至相差悬殊,而且总是实际价格高于生产前所暂定的价格。但是,并不能因此就否定建筑产品定价先于生产的必要性,也不能因此导致建筑产品生产前定价的随意性。恰恰相反,正是因此,对建筑产品生产之前的定价提出了更高的要求,这就要求造价人员不仅要具有认真负责的工作态度,而且要掌握并灵活运用技术、经济、经营管理等多方面的知识,从而提高建筑产品定价的客观性、科学性和准确性,最终实现对工程造价的有效控制。

3. 供求双方直接定价

对于一般工业品来说,大多是由生产者(厂方企业)决定产品的价格,而消费者根据价格进行选择(如希望价廉物美、功能符合需求等),对产品价格并没有决定权。

建筑产品在生产之前定价时,建设单位作为甲方,施工单位作为乙方,通过招标投标,甲乙双方商谈与产品价格有关的事宜等,甲方通过对若干份投标书进行分析、比较,从中选择一份技术先进、报价低且合理的投标书。从这个意义上讲,建筑产品的价格是由甲乙双方共同决定的,而且甲方在某种程度上对确定建筑产品价格起着主导作用。

本 章 小 结

1. 基本建设 $\begin{cases} 组成内容 \\ 类别及程序 \end{cases}$

2. 建筑产品及生产的特点 $\begin{cases} 产品的特点 \\ 生产的特点 \end{cases}$

3. 工程造价的含义及特点 $\begin{cases} 含义 \\ 特点 \end{cases}$

4. 价格原理概述 $\begin{cases} 价格的形成 \\ 价格的构成 \end{cases}$

5. 建筑产品价格的计价特点 $\begin{cases} 建筑产品价格 \\ 建筑产品价格的计价特点 \end{cases}$

课后思考题

1. 简述建设项目的构成。
2. 简述建设程序。
3. 简述建筑产品的特点。
4. 简述建筑产品生产的特点。
5. 简述工程造价的概念及两种含义。
6. 简述工程造价的特点。
7. 简述建筑产品价格的计价特点。

Chapter 2

第 2 章 工程造价构成

【学习目标】

掌握工程造价的相关概念。

掌握我国现行建设项目总投资的构成。

掌握工程造价的构成。

2.1 工程造价的相关概念 ....

1. 静态投资与动态投资

投资是指投资主体为了特定的目的,以达到预期收益而预先垫付的资金。

静态投资是以某一基准年、月的建设要素的价格为依据所计算出的建设项目投资的瞬时值,因工程量误差而引起的工程造价的增减也包括在其中,除此之外还包括建筑安装工程费,设备及工、器具购置费,工程建设其他费用,基本预备费等。

动态投资是指为完成一个工程项目的建设,预计投资需要量的总和,它除了包括静态投资所含内容之外,还包括价差预备费、建设期贷款利息等。动态投资适应了市场价格运行机制的要求,使投资的计划、估算、控制更加符合实际。

静态投资和动态投资的内容虽然有所区别,但两者有密切联系。动态投资包含静态投资,静态投资是动态投资最主要的组成部分,也是动态投资的计算基础。

2. 建设项目总投资与固定资产投资

建设项目总投资是指为完成工程项目建设并使其达到使用要求或生产条件,在建设期内预计或实际投入的总费用,包括工程造价、增值税、资金筹措费和流动资金。建设项目按用途可分为生产性建设项目和非生产性建设项目。生产性建设项目总投资包括建设投资、建设期利息和流动资金三部分。而非生产性建设项目总投资只有建设投资、建设期利息两部分。其中,建设投资和建设期利息之和对应于固定资产投资。建设项目总造价是指项目总投资中的固定资产投资总额。

固定资产是指在社会再生产过程中,可供生产或生活较长时间使用,并在使用过程中,基本保持原有实物形态的劳动资料或其他物资资料,如建(构)筑物、机械设备或电气设备、运输工具等。判断固定资产的具体标准,主要有两个方面:① 时间标准,即使用期限在一年以上;② 劳动资料的单位价值在限额以上。如单位价值在 2000 元以上并且使用期限超过两年的劳动资料。

不符合上述条件的劳动资料,应当作为低值易耗品进行管理和核算。

我国的固定资产投资包括基本建设投资、更新改造投资、房地产开发投资和其他固定资产投资四部分。其中,基本建设投资是形成新增固定资产,扩大生产能力和工程效益的主要手段,约占全社会固定资产投资总额的50%～60%。建设项目的固定资产投资也就是建设项目的工程造价,两者在量上是等同的。其中,建筑安装工程投资也就是建筑安装工程造价,两者在量上也是等同的。

图2-1所示为按投资作用划分的建设项目总投资。

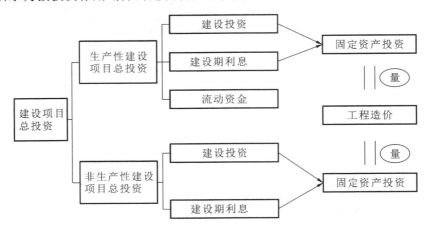

图 2-1 按投资作用划分的建设项目总投资

3. 建筑安装工程造价

建筑安装工程造价也称为建筑安装产品价格。它是建筑安装产品价值的货币表现,是较为典型的生产领域价格。从投资的角度看,它是建设项目投资中的建筑安装工程投资,也是项目造价的重要组成部分。从市场交易的角度看,投资者和以承包商为代表的供应商之间是完全平等的买者与卖者之间的商品交换关系,建筑安装工程造价是他们双方共同认可的,由市场形成的价格。

2.2 我国现行建设项目总投资的构成 ⋯⋯⋯⋯⋯⋯⋯⋯

根据国家发改委和建设部以"发改投资〔2006〕1325号"文件发布的《建设项目经济评价方法与参数》(第三版)的规定,建设投资包括工程费用、工程建设其他费用和预备费三部分。工程费用是指建设期内直接用于工程建造、设备购置及其安装的建设投资,可以分为建筑安装工程费和设备及工、器具购置费;工程建设其他费用是指建设期发生的与土地使用权的获得、整个工程项目建设以及未来生产经营有关的构成建设投资但不包含在工程费用中的费用;预备费是为了保证工程项目的顺利实施,避免在难以预料的情况下造成投资不足而预先安排的一笔费用。我国现行建设项目总投资构成如图2-2所示。

这里需要指出的是,国务院决定2013年1月1日起部分行政法规废止,其中就包括有1991年4月16日由国务院第82号令发布的《中华人民共和国固定资产投资方向调节税暂行条例》。

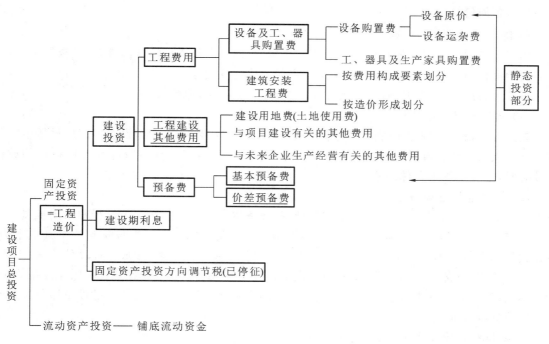

图 2-2 我国现行建设项目总投资构成图

2.3 工程造价的构成

2.3.1 设备及工、器具购置费的构成

设备及工、器具购置费用由设备购置费和工、器具及生产家具购置费组成,是固定资产投资中的积极部分。在生产性建设项目中,其所占比重越大,意味着生产技术的进步越快,资本有机构成的提高越快。比如我们的厂房项目,建设目的是要生产出满足客户需求的先进产品,为了实现这个目标,我们就需要引进与之相适应的先进设备及工、器具,较落后的设备及工、器具而言,该项费用将大幅提高,这就意味着我们采用的生产技术是进步的,在资本构成方面也是较优的。

2.3.1.1 设备购置费的构成和计算

设备购置费是指为建设项目购置或自制的,达到固定资产标准的各种国产或进口设备及工、器具的购置费用,包括设备原价和设备运杂费两部分。

$$设备购置费=设备原价+设备运杂费$$

其中,设备原价指国产设备或进口设备的原价。

设备运杂费指除设备原价之外的关于设备采购、运输、途中包装及仓库保管等方面支出费用的总和。

1. 设备原价

1) 国产设备原价的计算

国产设备原价一般指的是设备制造厂的交货价,即出厂价或订货合同价,一般根据生产厂或供应商的询价、报价、合同价确定,或采用一定的方法计算确定。

国产设备原价分为国产标准设备原价和国产非标准设备原价。

(1) 国产标准设备原价。

国产标准设备是按照主管部门颁布的标准图纸和技术要求,由我国设备生产厂批量生产的,符合国家质量检测标准的设备。国产标准设备原价有两种:带备件的原价和不带备件的原价。在计算时,一般采用带备件的原价。

(2) 国产非标准设备原价。

国产非标准设备是指国家尚无定型标准,各设备生产厂不可能在工艺过程中采用批量生产,只能要求按一次订货,并根据具体的设计图纸制造的设备。国产非标准设备只能按其成本构成或相关技术参数估算其价格。国产非标准设备的原价计算方法很多,如成本计算估价法、系列设备插入估价法、分部组合估价法、定额估价法等。无论采用哪种方法,都应使非标准设备原价接近实际出厂价,并使计算方法简便。依较为常用的成本计算估价法计算非标准设备原价,非标准设备原价的构成如下:

① 材料费的计算公式如下:

$$材料费=材料净重×(1+加工损耗系数)×每吨材料综合价$$

② 加工费包括生产工人工资和工资附加费、燃料动力费、设备折旧费、车间经费等,计算公式如下:

$$加工费=设备总重量×设备每吨加工费$$

③ 辅助材料费(简称辅材费)包括焊条、焊丝、氧气、氩气、氮气、油漆、电石等材料的费用,计算公式如下:

$$辅助材料费=设备总重量×辅助材料费指标$$

④ 专用工具费按①~③项之和乘以专用工具费率计算。

⑤ 废品损失费按①~④项之和乘以废品损失费率计算。

⑥ 外购配套件费根据设备设计图纸所列的外购配套件的名称、型号、规格、数量、重量,按相应的价格加运杂费计算。

⑦ 包装费按①~⑥项之和乘以包装费率计算。

⑧ 利润按①~⑤项加⑦项之和乘以利润率计算。

⑨ 税金主要是增值税,计算公式如下:

$$增值税=当期销项税额-进项税额$$

$$当期销项税额=销售额×适用增值税率$$

其中,销售额为①~⑧项之和。

⑩ 非标准设备设计费。按国家规定的设计费收费标准计算。

综上,单台非标准设备原价计算表达式为:

$$
\begin{aligned}
单台非标准设备原价=&\{[(材料费+加工费+辅助材料费)×(1+专用工具费率)\\
&×(1+废品损失费率)+外购配套件费]×(1+包装费率)\\
&-外购配套件费\}×(1+利润率)+增值税+非标准设备设计费\\
&+外购配套件费
\end{aligned}
$$

注意:在国产非标准设备原价中,要注意各项费用的计算方法。

【例题 2-1】 某工厂采购一台国产非标准设备,制造厂生产该台设备所用材料费为 20 万元,加工费为 2 万元,辅助材料费为 4000 元,专用工具费率为 1.5%,废品损失费率为 10%,外购配套件费为 5 万元,包装费率为 1%,利润率为 7%,增值税率为 17%,非标准设备设计费为 2 万元,求该国产非标准设备的原价。

2)进口设备原价的计算

进口设备的原价是指进口设备的抵岸价,即设备抵达买方边境、港口或车站,且交纳完各种手续费、税费后形成的价格。抵岸价通常由进口设备到岸价(CIF)和进口设备从属费用构成。在国际贸易中,交易双方所使用的交货类别不同,交易价格的构成内容也有差异。

进口设备的交货类别有内陆交货类、目的地交货类和装运港交货类三种。内陆交货类即卖方在出口国内陆的某个地点交货,其特点是对卖方有利,类似于生活中的"上门取货"。在交货地点,卖方及时提交合同规定的货物和有关凭证,并负责交货前的一切费用和风险;买方按时接收货物,交付货款,负担接货后的一切费用和风险,自行办理出口手续并装运出口。货物的所有权也在交货后由卖方转移给了买方。目的地交货类即卖方在进口国的港口或内地交货,交货方式有目的港船上交货、目的港船边交货、目的港码头交货(关税已付)和完税后交货(进口国的指定地点)等,其特点是对买方有利,类似于生活中的"送货上门"。买卖双方承担的责任、费用和风险是以目的地约定交货点为分界线,只有当卖方在交货点将货物置于买方控制下才算交货,才能向买方收取货款。这种交货类别对卖方来说承担的风险较大,在国际贸易中卖方一般不愿采用。

装运港交货,即卖方在出口国装运港交货。装运港船上交货价(即 FOB:free on board)亦称为离岸价格。当货物在指定的装运港越过船舷,卖方即完成交货义务,风险转移是以指定的装运港货物越过船舷时为分界点,费用划分与风险转移的分界点相一致。运费在内价(即 CFR:cost and freight),亦指成本加运费,是指在装运港货物越过船舷卖方即完成交货,卖方必须支付将货物运至指定的目的港所需的运费等相关费用,但交货后货物灭失或损坏的风险以及由于各种事件造成的任何额外费用由卖方转移到买方。与 FOB 相比,CFR 的费用划分与风险转移的分界点是不一致的。运费、保险费在内价(即 CIF:cost,insurance and freight)习惯称为到岸价格。显然,在 CIF 中,卖方除负有与 CFR 中相同的义务外,还应办理货物在运输途中最低险别的海运保险并支付保险费。图解装运港船上交货价及相关概念如图 2-3 所示。

装运港船上交货价是我国进口设备采用最多的一种货价。

(1)进口设备到岸价的构成及计算。

$$进口设备到岸价=离岸价格+国际运费+运输保险费$$
$$=运费在内价+运输保险费$$

① 货价一般指装运港船上交货价(FOB),通过有关生产厂商询价、报价或订货合同价确定。

② 国际运费的计算公式如下:

$$国际运费=货价×运费率$$

其中,运费率按有关部门的规定执行。

③ 运输保险费属于财产保险,计算公式如下:

$$运输保险费=\frac{货价+国际运费}{1-保险费率}×保险费率$$

其中,保险费率按保险公司有关规定计算。

（2）进口设备从属费用的构成及计算。

进口设备从属费用＝银行财务费＋外贸手续费＋关税＋消费税＋进口环节增值税＋车辆购置税

① 银行财务费一般是在国际贸易结算中，中国银行为进出口商提供金融结算服务所收取的费用，简化计算公式如下：

$$银行财务费＝离岸价格×银行财务费率$$

② 外贸手续费一般取 1.5% 作为外贸手续费费率，计算公式如下：

$$外贸手续费＝到岸价×外贸手续费费率$$

③ 关税。关税是由海关对进出国境或关境的货物、物品征收的一种税，计算公式如下：

$$关税＝到岸价×进口关税税率$$

到岸价作为关税的计征基数时，通常又可称之为关税完税价格。进口关税税率按我国海关总署发布的进口关税税率计算。

④ 消费税。消费税仅对部分进口设备（如轿车、摩托车等）征收，一般计算公式如下：

$$消费税＝\frac{到岸价＋关税}{1－消费税税率}×消费税税率$$

其中，消费税税率按有关规定的税率计算。

⑤ 进口环节增值税。进口环节增值税是对从事进口贸易的单位和个人，在进口商品报关进口后征收的税种。我国增值税条例规定，进口应税产品均按组成计税价格和增值税税率直接计算应纳税额，即

$$进口环节增值税＝组成计税价格×增值税税率$$

$$组成计税价格＝关税完税价格＋关税＋消费税$$

其中，增值税税率按规定的税率计算。

⑥ 车辆购置税。进口车辆需缴纳进口车辆购置税，计算公式如下：

$$进口车辆购置税＝（关税完税价格＋关税＋消费税）×车辆购置税税率$$

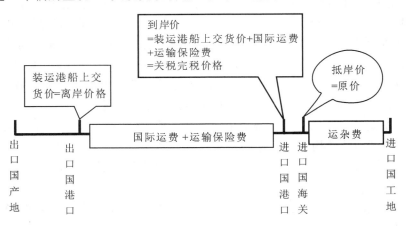

图 2-3　图解装运港船上交货价及相关概念

【例题 2-2】　某项目进口一批工艺设备，其银行财务费为 4.25 万元，外贸手续费为 18.9 万元，进口关税税率为 20%，增值税税率为 17%，抵岸价为 1792.19 万元。该批设备无消费税、海关监管手续费，则该批进口设备的到岸价格为多少？

2. 设备运杂费的构成和计算

（1）设备运杂费的构成。

设备运杂费是指国内采购设备自来源地、国外采购设备自到岸港运至工地仓库或指定堆放地点发生的采购、运输、运输保险、保管、装卸等费用，通常包括以下内容：

① 运费和装卸费。国产设备的运费和装卸费是由设备制造厂交货地点起运至工地仓库（或施工组织设计指定的需要安装设备的堆放地点）所发生的费用。进口设备的运费和装卸费则是由我国到岸港口或边境车站起运至工地仓库（或施工组织设计指定的需要安装设备的堆放地点）所发生的费用。

② 包装费指在设备原价中没有包含的，为便利运输而进行的包装支出的各种费用。

③ 设备供销部门的手续费按有关部门规定的统一费率计算。

④ 采购与仓库保管费指采购、验收、保管和收发设备所发生的各种费用，包括设备采购人员、保管人员和管理人员的工资、工资附加费、办公费、差旅交通费，设备供应部门办公和仓库所占固定资产使用费，工具用具使用费，劳动保护费，检验试验费等。这些费用可按主管部门规定的采购与保管费费率计算。

（2）设备运杂费的计算。

$$设备运杂费＝设备原价×设备运杂费率$$

式中，设备运杂费率按各部门及省、市等的规定计取。

2.3.1.2 工、器具及生产家具购置费的构成和计算

工、器具及生产家具购置费是指新建或扩建项目初步设计规定的，保证初期正常生产必须购置的没有达到固定资产标准的设备、仪器、工卡模具、器具、生产家具和备品备件等购置费用。该项费用一般是以设备购置费为计算基数计算的，计算公式为

$$工、器具及生产家具购置费＝设备购置费×定额费率$$

式中，定额费率按部门或行业规定的费率计取。

2.3.2 建筑安装工程费用的构成和计算

见第 7 章。

2.3.3 工程建设其他费用的构成和计算

工程建设其他费用是指从工程筹建起到工程竣工验收交付使用止的整个建设期间，除建筑安装工程费和设备及工、器具购置费以外的，为保证工程建设顺利完成及交付使用后能够正常发挥效用而发生的各项费用，主要分为建设用地费、与项目建设有关的其他费用和与未来企业生产经营有关的其他费用三大类。

2.3.3.1 建设用地费

按照《中华人民共和国土地管理法》等有关规定，为获得工程项目建设土地的使用权而在建设期内发生的各项费用称为建设用地费。建设用地费主要指通过划拨方式取得土地使用权而支付的土地征用及迁移补偿费或者通过土地使用权出让方式取得土地使用权而支付的土地使用权出让金。

1. 建设用地使用权取得的基本方式

在我国,建设用地的使用权取得主要有划拨和土地使用权出让两种形式。以划拨方式取得无限期土地使用权的,应按《中华人民共和国土地管理法》的规定支付土地征用及迁移补偿费。以土地使用权出让方式取得有期限土地使用权的,依照《中华人民共和国城镇国有土地使用权出让和转让暂行条例》的规定支付土地使用权出让金。

(1) 国家是城市土地的唯一所有者,可分层次、有偿、有限地出让和转让城市土地的使用权给用地者。

(2) 城市土地的出让和转让的方式有协议、招标和公开拍卖三种。协议方式主要适用于市政工程用地、公益事业用地以及需要减免地价的机关和需要重点扶持、优先发展的产业用地。招标方式适用于一般工程建设用地。公开拍卖方式则适用于盈利较高的行业用地,如房地产开发项目用地等。

(3) 有偿出让土地使用权的年限,可为 30～99 年,一般以 50 年为宜。

2. 建设用地使用权取得的费用

(1) 征地补偿费用。

① 土地补偿费指根据各省、自治区、直辖市人民政府制订的标准向原拥有该土地使用权的公民支付的费用。

② 青苗补偿费和地上附着物补偿费指在征用土地时,对地里尚未成熟的农作物、地上附着物的毁坏而给予的补偿费用。地上附着物主要指被征用土地上的房屋、水井、树木等。

③ 安置补助费指征用耕地、菜地时,对原先在该土地上劳作的劳动力进行安置所支付的费用。

④ 新菜地开发建设基金指国家为保证城市人民生活需要,向被批准使用城市郊区菜地的用地单位征收的一种建设基金,它是在征地单位向原土地所有者交纳的征地补偿费、安置补助费、青苗补偿费和地上附着物补偿费等费用之外,用地单位按规定向国家交纳的一项特殊用地费用。征用城市郊区的菜地时才需要缴纳该笔建设基金。

⑤ 耕地占用税。《中华人民共和国耕地占用税法》自 2018 年 12 月 29 日第十三届全国人民代表大会常务委员会第七次会议通过,2019 年 9 月 1 日起施行,第二条规定:"在中华人民共和国境内占用耕地建设建筑物、构筑物或者从事非农业建设的单位和个人,为耕地占用税的纳税人,应当依照本法规定缴纳耕地占用税。占用耕地建设农田水利设施的,不缴纳耕地占用税。本法所称耕地,是指用于种植农作物的土地。"国家税务总局公告 2019 年第 30 号文件中的第一条指出,耕地占用税以纳税人实际占用的属于耕地占用税征税范围的土地(以下简称"应税土地")面积为计税依据,按应税土地当地适用税额计税,实行一次性征收。

⑥ 土地管理费。土地管理费亦称征地管理费,是土地管理机关从征地费用中提取的用于征地事务性工作的专项费用。目前,根据财政部和国家发改委联合发布的《关于取消、停征和免征一批行政事业性收费的通知》(财税〔2014〕101 号),自 2015 年 1 月 1 日起,取消或暂停征收包括国土资源部门的征地管理费、人力资源社会保障部门的保存人事关系及档案费等在内的 12 项中央级设立的行政事业性收费。

(2) 拆迁补偿费用。

① 拆迁补偿。2011 年 1 月 19 日国务院第 141 次常务会议通过的《国有土地上房屋征收与补偿条例》(国务院第 590 号令)的第二条规定,为了公共利益的需要,征收国有土地上单位、个人

的房屋,应当对被征收房屋所有权人(以下称被征收人)给予公平补偿。

② 搬迁、安置补助费指对居民的安置的费用。

(3) 土地出让金、土地转让金。

2.3.3.2 与项目建设有关的其他费用

1. 建设管理费

(1) 建设单位管理费。

建设单位管理费是指建设项目从立项、筹建、设计与建造、联合试运转、竣工验收、交付使用及后评估等全过程管理所需的费用,主要包括建设单位开办费和建设单位经费两项。

① 建设单位开办费是指为保证筹建和建设工作正常进行所需的办公设备、生活家具、用具、交通工具等的购置费用。

② 建设单位经费主要包括建设项目上工作人员的基本工资、工资性补贴、职工福利费、劳动保护费、劳动保险费、办公费、差旅交通费、工会经费、职工教育经费、固定资产使用费、工具用具使用费、技术图书资料费、生产人员招募费、工程招标费、合同契约公证费、工程质量监督检测费、工程咨询费、法律顾问费、审计费、业务招待费、排污费、竣工交付使用清理及竣工验收费、后评估费用等,不包括应计入设备、材料预算价格的建设单位采购及保管设备材料所需的费用。

建设单位管理费按照单项工程费用之和(包括设备及工、器具购置费和建筑安装工程费用)乘以建设单位管理费费率计算。建设单位管理费费率则按照建设项目的性质、规模确定。

有的建设项目也可以按照建设工期和规定的金额计算建设单位管理费。

不同的省、直辖市、地区对建设单位管理费的计取应根据各地的具体情况实施。

(2) 工程监理费。

工程监理费是指根据国家现行法律法规的规定,建设单位委托工程监理单位对工程实施监理工作所需的费用。由于工程监理是受建设单位委托的工程建设技术服务,属建设管理范畴。如采用工程监理,则建设单位的部分管理工作将转移至监理单位。

工程监理费应根据委托的监理工作范围和监理深度,参照《国家发展改革委、建设部关于印发<建设工程监理与相关服务收费管理规定>的通知》(发改价格〔2007〕670 号)的有关规定,在监理合同中商定或按当地或所属行业部门有关规定计算。

2. 可行性研究费

可行性研究费是指建设项目在建设前期因进行可行性研究工作而发生的费用。可行性研究费的计算方法如下:

① 依据前期研究委托合同计算,或按照《国家计委关于印发<建设项目前期工作咨询收费暂行规定>的通知》(计价格〔1999〕1283 号)的规定计算。

② 编制可行性研究报告参照编制项目建议书收费标准并适当调整。

3. 研究试验费

试验研究费是指为建设项目提供和验证设计参数、数据、资料等所进行的必要的试验以及按设计规定在施工中必须进行的试验、验证所需的费用,包括自行或委托其他部门研究试验所需人工费、材料费、试验设备及仪器仪表使用费等。属于工程建设其他费用中与项目建设有关的其他费用。

研究试验费应按照研究试验的内容和要求进行编制。在计算该项费用时,要注意不应包括

以下项目：

（1）应由科技三项费用（即新产品试制费、中间试验费和重要科学研究补助费）开支的项目。

（2）应在建筑安装费用中列支的施工企业对建筑材料、构件和建筑物进行一般鉴定、检查所发生的费用及技术革新的研究试验费。

（3）应由勘察设计费或工程费用中开支的项目。

特别说明：检验试验费属于建筑安装工程费用中的直接费中的材料费，是指对建筑材料、构件和建筑安装物进行一般鉴定、检查所发生的费用，包括自设试验室进行试验所耗用的材料和化学药品等的费用。检验试验费和研究试验费可以以单个或多个建筑材料、构建或安装物作为试验对象。研究试验可以自行或委托其他部门研究试验，而检验试验只能自设试验室。此外，对新结构、新材料的试验，对构件作破坏性试验及有其他特殊要求的检验试验的费用，只能属于研究试验费，而不属于检验试验费。

4. 勘察设计费

勘察设计费是指委托勘察设计单位进行工程水文地质勘察、工程设计所发生的各项费用。主要包括：

（1）工程勘察费；

（2）方案设计费、施工图设计费；

（3）设计模型制作费。

勘察设计费依据勘察设计委托合同计列，或参照国家计委、建设部《关于发布〈工程勘察设计收费管理规定〉的通知》（计价格〔2002〕10号）规定计算。

5. 环境影响评价费、交通影响评价费、能源技术评价费及社会稳定风险评估费

（1）环境影响评价费是指按照《中华人民共和国环境保护法》《中华人民共和国环境影响评价法》等规定，为全面、详细评价建设工程项目对环境可能产生的污染或造成的重大影响所需的费用，包括编制环境影响报告书（含大纲）、环境影响报告表和评估环境影响报告书（含大纲）、评估环境影响报告表等所需的费用。

环境影响评价费依据环境影响评价委托合同计列，或按照国家计委、国家环境保护总局《关于规范环境影响咨询收费有关问题的通知》（计价格〔2002〕125号）规定计算。

（2）交通影响评价费是指对城市土地开发或土地使用性质变更的项目可能对城市交通所产生的影响进行定量评估并制定解决方案的费用。交通影响评价是预测土地开发特别是大规模商住设施建设所诱发的交通需求，主要是分析由此导致的交通量增加及项目周边道路的拥挤程度和环境负荷的变化。

（3）能源技术评价费是指对能源开发利用所有环节构成的系统或其中某一环节进行技术、经济、环境以及社会影响的全面评价的费用。能源技术评价是在能源系统剖析的基础上，将技术经济学分析方法应用于能源部门。

（4）社会稳定风险评估费是指与人民群众利益密切相关的重大决策、重要政策、重大改革措施、重大工程建设项目，与社会公共秩序相关的重大活动等重大事项在制定出台、组织实施或审批审核前，对可能影响社会稳定的因素开展系统地调查，科学地预测、分析和评估，制定风险应对策略和预案的费用。社会稳定风险评估是为了有效规避、预防、控制重大事项实施过程中可能产生的社会稳定风险，为了更好地确保重大事项顺利实施。

6. 劳动安全卫生评价费

劳动安全卫生评价费是指按照原劳动部《建设项目（工程）劳动安全卫生监察规定》和《建设

项目(工程)劳动安全卫生预评价管理办法》的规定,为预测和分析建设项目存在的职业危险、危害因素的种类和危险危害程度,并提出先进、科学、合理可行的劳动安全卫生技术和管理对策所需的费用,包括编制建设工程项目劳动安全卫生预评价大纲和劳动安全卫生预评价报告书以及为编制上述文件所进行的工程分析和环境现状调查等所需的费用。

劳动安全卫生评价费依据劳动安全卫生预评价委托合同计列,或按照建设工程项目所在省、自治区、直辖市劳动行政部门规定的标准计算。必须进行劳动安全卫生预评价的项目包括:

(1)属于《国家计划委员会、国家基本建设委员会、财政部关于基本建设项目和大中型划分标准的规定》中规定的大中型建设项目。

(2)属于《建筑设计防火规范》(GB 50016—2014)中规定的火灾危险性生产类别为甲类的建设项目。

(3)属于劳动部颁布的《爆炸危险场所安全规定》中规定的爆炸危险场所等级为特别危险场所和高度危险场所的建设项目。

(4)大量生产或使用《职业性接触毒物危害程度分级》(GBZ 230—2010)规定的Ⅰ级、Ⅱ级危害程度的职业性接触毒物的建设项目。

(5)大量生产或使用石棉粉料或含有10%以上的游离二氧化硅粉料的建设项目。

(6)其他由劳动行政部门确认的危险、危害因素大的建设项目。

7. 场地准备及临时设施费

场地准备费是指建设项目为达到工程开工条件所发生的场地平整和对建设场地余留的有碍于施工的设施进行拆除清理的费用。临时设施费是指为满足施工建设需要而提供的到场地界区、未列入工程费用的临时水、电、路、讯、气等其他工程费用和建设单位的现场临时建(构)筑物的搭设、维修、拆除、摊销或建设期间租赁的费用,以及施工期间专用的公路或桥梁的加固、养护、维修等费用,此项费用不包括已列入建筑安装工程费用中的施工单位临时设施费用。

8. 引进技术和引进设备其他费

引进技术和引进设备其他费包括引进项目图纸资料翻译复制费、备品备件测绘费,出国人员费用,来华人员费用,银行担保及承诺费等。

9. 工程保险费

工程保险费是指建设工程项目在建设期间根据需要对建筑工程、安装工程、机械设备和人身安全进行投保而发生的保险费用,包括建筑安装工程一切险、进口设备财产保险和人身意外伤害险等,不包括已列入施工企业管理费中的施工管理用的财产、车辆保险费。不投保的工程不计取此项费用。

不同的建设工程项目可根据工程特点选择投保险种,根据投保合同计列保险费用,编制投资估算和概算时可按工程费用的比例估算。

10. 特殊设备安全监督检验费

特殊设备安全监督检验费是指在施工现场组装的锅炉及压力容器、压力管道、消防设备、燃气设备、电梯等特殊设备和设施,由安全监察部门按照有关安全监察条例和实施细则以及设计技术要求进行安全检验,应由建设工程项目支付的,向安全监察部门缴纳的费用。

特殊设备安全监督检验费按照建设工程项目所在省、自治区、直辖市安全监察部门的规定标准计算。无具体规定的,在编制投资估算和概算时可按受检设备现场安装费的比例估算。

11. 市政公用设施建设及绿化补偿费

市政公用设施建设及绿化补偿费是指使用市政公用设施的建设工程项目,按照项目所在地省级人民政府有关规定建设或缴纳的市政公用设施建设配套费用以及绿化工程补偿费用,该项费用按工程所在地人民政府规定标准计列,不发生或按规定免征项目不计取。

2.3.3.3 与未来企业生产经营有关的其他费用

1. 联合试运转费

联合试运转费是指新建项目或新增加生产工艺过程的扩建项目在正式交付生产前,按照批准的设计文件所规定的工程质量标准和技术要求进行的整个生产线或整个车间装置的负荷联合试运转或局部联动试车所发生的费用净支出(即试运转支出与收入的差额部分的费用)。

联合试运转费主要包括试运转过程中所需的原料、燃料和动力的费用,机械使用费用,低值易耗品及其他物品的购置费用和施工单位参加联合试运转人员的工资等;但不包括应由设备安装工程费用开支的调试及试车费用,以及在试运转中暴露出来的因施工原因或设备缺陷等发生的处理费用。

注意,联合试运转的对象只能是整个车间或整个项目。

2. 专利及专有技术使用费(形成无形资产费用)

专利及专有技术使用费包括国外设计及技术资料费,引进有效专利、专有技术使用费和技术保密费,国内有效专利、专有技术使用费,商标使用费,特许经营权费等。

3. 生产准备及开办费(形成其他资产费用)

生产准备及开办费是指建设项目为保证正常生产(或营业、使用)而发生的人员培训费、提前进厂费,以及投产试用初期必备的生产生活用具,工、器具等购置费用,一般包括:

(1)人员培训费及提前进厂费,包括自行组织培训或委托其他单位培训的人员工资、工资性补贴、职工福利费、差旅交通费、劳动保护费、学习资料费等。

(2)为保证初期正常生产、生活(或营业、使用)所必需的生产办公用具、生活家具购置费。

(3)为保证初期正常生产(或营业、使用)必需的第一套达不到固定资产标准的生产工具、器具、用具购置费,不包括备品备件费。

综上所述,工程建设其他费用包括固定资产其他费用、无形资产费用(专利及专有技术使用费)和其他资产费用(生产准备费及开办费),其中固定资产其他费用共13项:建设用地费、建设管理费、可行性研究费、研究试验费、勘察设计费、环境影响评价及验收费、劳动安全卫生评价费、场地准备及临时设施费、引进技术和引进设备其他费、工程保险费、特殊设备安全监督检验费、市政公用设施建设及绿化补偿费、联合试运转费。

2.3.4 预备费的构成和计算

按我国现行规定,预备费包括基本预备费和价差预备费。

2.3.4.1 基本预备费

基本预备费是指针对项目实施过程中可能发生的难以预料的支出而事先预留的费用,又称工程建设不可预见费,主要指设计变更及施工过程中可能增加的工程量的费用。

基本预备费的内容,主要包括以下几个方面:

（1）在批准的初步设计范围内，技术设计、施工图设计及施工过程中所增加的工程费用；设计变更、工程变更、材料代用、局部地基处理等增加的费用等。

（2）一般自然灾害造成的损失和预防自然灾害所采取的措施费用，实行工程保险的工程项目该费用应适当降低。

（3）竣工验收时为鉴定工程质量对隐蔽工程进行必要的挖掘和修复的费用。

（4）超规超限设备运输增加的费用。

基本预备费的计算公式如下：

$$基本预备费＝（工程费用＋工程建设其他费用）×基本预备费率$$

基本预备费率的取值应执行国家及部门的有关规定。

2.3.4.2 价差预备费

价差预备费是指为建设期内利率、汇率或价格等因素的变化而预留的可能增加的费用，亦称价格变动不可预见费，主要包括人工、设备、材料、施工机械的价差费，建筑安装工程费及工程建设其他费用调整，利率、汇率调整等增加的费用。图2-4所示为2019年西本钢材指数价格走势图。

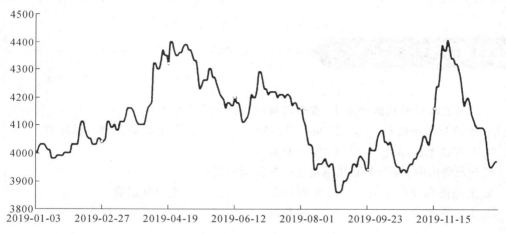

图 2-4   2019年西本钢材指数价格走势（单位：元/吨）

价差预备费一般是根据国家规定的投资综合价格指数，按估算年份价格水平的投资额为基数，采用复利方法计算的。

$$PF = \sum_{t=1}^{n} I_t \left[(1+f)^m (1+f)^{0.5} (1+f)^{t-1} - 1 \right]$$

式中：PF——价差预备费；

n——建设期年份数；

I_t——建设期中第 t 年的投资计划额，包括工程费用、工程建设其他费用及基本预备费，即第 t 年的静态投资；

f——年均投资价格上涨率或年涨价率；

m——建设前期年限（从编制估算到开工建设的时间，单位：年）。

【例题 2-3】   某项目建筑安装工程费用为 2200 万元，设备购置费为 400 万元，工程建设其他费用为 300 万元。建设期为 3 年，投资分年使用比例为第一年 40%，第二年 50%，第三年 10%，建设期内年平均价格上涨率为 10%,基本预备费费率为 7%,建设前期年限为 1 年,估算该项目建设期的价差预备费为多少万元?

2.3.5 建设期利息的计算

建设期利息主要是指在建设期内发生的为工程项目筹措资金的融资费用及债务资金利息。

当总贷款是分年均衡发放时,建设期利息的计算可按当年借款在年中支用考虑,即当年贷款按半年计息,上年贷款按全年计息。计算公式为:

$$q_j = (P_{j-1} + \frac{1}{2}A_j) \times i$$

式中:q_j——建设期第 j 年应计利息;

P_{j-1}——建设期第 $j-1$ 年末累计贷款本金与利息之和;

A_j——建设期第 j 年贷款金额;

i——年利率。

【例题 2-4】 某新建项目,建设期为 3 年,分年均衡进行贷款,第一年贷款 300 万元,第二年贷款 600 万元,第三年贷款 400 万元,年利率为 12%,建设期内利息只计息不支付,计算建设期利息。

课后练习题

1.下列工程建设其他费用中,按规定将形成固定资产的有( )。

A.市政公用设施费 　　B.可行性研究费 　　C.场地准备及临时设施费

D.专有技术使用费 　　E.生产准备费

2.下列费用中,属于土地征用及迁移补偿费的是( )。

A.土地使用权出让金 　　B.安置补助费 　　C.土地补偿费

D.土地管理费 　　E.土地契税

本 章 小 结

1.工程造价相关概念
- 静态投资与动态投资
- 建设项目总投资与固定资产投资
- 建筑安装工程造价

2.我国现行建设项目总投资的构成
- 固定资产投资
- 流动资产投资

3.工程造价的构成
- 设备及工、器具购置费的构成
- 建筑安装工程费用的构成和计算(见第 7 章)
- 工程建设其他费用的构成和计算
- 预备费的构成和计算
- 建设期利息的计算

1.建设工程基本预备费包括哪些内容？

2.工程建设其他费用的概念是什么？其中哪些是构成固定资产的其他费用？

3.某建设项目工程费用为7200万元,工程建设其他费用为1800万元。基本预备费为400万元,项目前期年限为1年,建设期为2年,投资分年使用比例为第一年60%,第二年40%,建设期内年平均价格上涨率为6%,则该项目建设期第二年的价差预备费为(   )万元。

A.444.96　　　　　B.464.74　　　　　C.564.54　　　　　D.589.63

4.某新建项目,建设期为2年,建设期内贷款分年度均衡发放,且只计息不还款,第1年贷款600万元,第2年贷款400万元,年利率为7%。则该项目的建设期利息为(   )万元。

A.77　　　　　B.78.47　　　　　C.112　　　　　D.114.94

5.下列各项费用中属于工程建设其他费用中研究试验费的是(   )。

A.应由科技三项费用开支的项目费用

B.应在建筑安装费用中列支的施工企业对建筑材料、构件和建筑物进行一般鉴定、检查所发生的费用

C.按设计规定在施工中必须进行试验、验证所需费用

D.应由勘察设计费或工程费用中开支的项目费用

6.下列不属于研究试验费的是(   )。

A.为建设工程项目提供或验证设计数据进行必要的研究试验所需费用

B.按照设计规定在建设过程中必须进行试验、验证所需费用

C.为建设工程项目提供或验证设计资料进行必要的研究试验所需费用

D.施工企业建筑材料、构件进行一般性鉴定性检查所发生的费用

E.技术革新的研究试验费

Chapter 3

第 3 章　工程造价管理

【学习目标】

熟悉工程造价管理的概念。

了解工程造价管理的产生、发展及范式。

掌握工程造价管理的基本内容。

了解造价从业者应具备的基本素养。

了解工程造价咨询业的概念、形成及发展。

3.1　工程造价管理的概念

1. 管理（management）

管理是为实现一定的目标而进行的计划、预测、组织、指挥、监控等系统活动。

2. 工程造价管理（project cost management）

工程造价管理是指综合运用管理学、经济学和工程技术等方面的知识与技能，对工程造价进行预测、计划、控制、核算、分析和评价等的工作过程，换句话说，就是在工程建设的全过程中全方位、多层次地运用技术、经济及法律等管理手段，通过对工程造价的预测、优化、控制、监督和分析等，以获得最优的资源配置和最大的投资效益。

工程造价管理包括建设工程投资费用管理，属于工程建设投资管理范畴；还包括工程价格管理，属于价格管理范畴。它们都包涵了微观和宏观层次的管理。

3.2　工程造价管理概述

3.2.1　工程造价管理的产生

工程造价管理是随着社会生产力的发展，随着商品经济和现代管理科学的发展而产生和发展的。

从我国历史发展看,北宋时期的丁渭在修复皇宫的工程中采用挖沟取土、以沟运料、废料填沟的办法,取得了"一举三得"的显效,是我国古代工程管理的范例。成书于公元1103年的《营造法式》,是北宋时期著名的土木建筑家李诫编修的,共三十六卷,其中有十三卷是关于算工算料的规定,即古代的工料定额。该书不仅是土木建筑工程技术方面的巨著,还包含有大量的工料计算方面的内容,这标示着在那时就已经有了工程造价管理的雏形。

现代工程造价管理产生于资本主义社会化大生产。在16世纪至18世纪的英国,现代工业发展得最早,技术发展促使了大批工业厂房的兴建。许多农民在失去土地后则向城市集中,需要大量的住房,从而使建筑业逐渐得以发展,设计和施工逐步分离,成为独立的专业。从事这些工作的人员也逐步专业化,被称为工料测量师,他们当时是以工匠小组的名义与工程委托人和建筑师洽商,估算和确定工程价款的,工程造价管理便由此产生。

在我国,现代工程造价管理的产生应追溯到19世纪末至20世纪上半叶。当时,在外国资本入侵的一些通商口岸和沿海城市,工程投资的规模有所扩大,出现了招投标承包方式。为适应这一新形势,我国开始引入国外工程造价管理方法和经验。与此同时,我国的民族工业也有了发展,民族新兴工业项目的建设,也要求对工程造价进行管理,这样工程造价管理便在我国产生了。只是受历史条件和经济发展水平的限制,工程造价管理只能在少数地区和少量的工程建设中采用。

3.2.2 工程造价管理的发展

自19世纪初期,资本主义国家在工程建设中开始推行招标承包制,要求工料测量师在工程设计以后和施工开始之前就要进行测量和估价,根据施工图纸计算出实物工程量并汇编成工程量清单,为招标者确定标底或为投标者做出报价。至此,工程造价管理便逐渐成了一个独立的专业。

1881年,英国皇家测量师学会的成立,完成了工程造价管理的第一次飞跃。此时的工程造价管理仅能做到反映已完工程的价格,更进一步的,可以在开工之前预先了解需要支付的投资额,但也只是反映出设计和施工的价格,而不能影响到设计工作。

20世纪40年代,投资计划和控制制度在英国等发达国家的应运而生,完成了工程造价管理的第二次飞跃。在这一时期,工程造价管理可以能动地影响设计和施工工作,使投资决策方法得到应用,优化投资效果。

总体来说,工程造价管理的发展过程可以归纳为以下几个特点:

(1)从事后算账发展到事先算账,从最初消极地反映已完工程量的价格,逐步发展到在施工前进行工程量的计算和估价,进而发展到在初步设计阶段提出设计概算,在可行性研究阶段提出投资估算,为业主的投资决策提供重要依据。

(2)从被动地反映设计和施工发展到能动地影响设计和施工,从最初负责施工阶段工程造价的确定和结算,逐步发展到在设计、投资决策阶段对工程造价做出预测,进而对设计、施工过程的投资进行监控,实现工程建设的全过程造价控制和管理。

(3)从依附于施工者或建筑师发展为一个独立的专业,如在英国,有专门的学会,统一的业务职称评定和职业守则;在我国,住房和城乡建设部里专门设立了定额司,负责工程造价管理的相关事务,不少高校也开设了工程造价管理专业,培养专门人才。

3.2.3 现代工程造价管理的三个范式

1. 全过程造价管理（cost management of whole construction process）

全过程造价管理是指工程造价专业人员基于各自的工作岗位，应用工程造价管理的知识与技术，为实现建设项目决策、设计、发承包、施工、竣工等各个阶段的工程造价管理目标而进行的连贯性工作，这就要求工程造价管理全面覆盖建设工程各个阶段。全过程造价管理是全寿（生）命周期造价管理、全面造价管理的组成部分，但是在内涵方面与它们又存在有很大的不同。

1988 年，原国家计划委员会印发了《关于控制建设工程造价的若干规定》（计标〔1988〕30 号）的通知，该通知指出："建设工程造价的合理确定和有效控制是工程建设管理的重要组成部分。控制工程造价的目的不仅仅在于控制项目投资不超过批准的造价限额，更积极的意义在于合理使用人力、物力、财力，以取得最大的投资效益。"这是全过程造价管理范式的根本指导思想。图 3-1 所示为建设项目全过程造价管理示意图。其内涵包括以下几个方面：

（1）多主体的参与和投资效益最大化；

（2）全过程的概念；

（3）基于活动的造价确定方法；

（4）基于活动的造价控制方法。

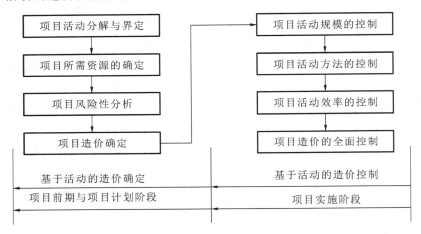

图 3-1　建设项目全过程造价管理示意图

2. 全寿（生）命周期造价管理（life cycle cost management）

全寿（生）命周期造价管理指建设工程初始建造成本和建成后的日常使用成本之和，包括建设前期、建设期、使用期及拆除期各个阶段的成本。全寿（生）命周期造价管理是从建设项目全生命周期出发去考虑费用的问题，运用多学科知识，采用综合集成的方法，重视投资成本、效益分析与评价，运用工程经济学、数学模型方法，强调使工程项目建设前期、建设期、使用维护期等各阶段总费用最小的一种管理理论和方法。其核心是要求人们用工程项目全生命周期去考虑造价和成本问题，关键是实现工程项目在整个生命周期中造价的最小化，如图 3-2 所示。

该工程造价管理思想，最初是英国人于 1974 年 6 月在英国皇家特许测量师协会（RICS）《建筑与工料测量》季刊上发表的"3L 概念的经济学"一文中提出的。1977 年，美国建筑师协会发表的《全生命周期造价分析—建筑师指南》一书，给出了初步的概念和思想，指出了开展研究的方向和分析方法。随后，在各种测量师、建筑师协会和专业刊物上有大量的关于全生命周期工程造价管理方面的研究论文被刊登出来，其中较有影响力的著作是 P. E. Dellasola 等人的《设计中的全生命周期造价管理》和 J. Bull 的《建筑全生命周期造价管理》。自 20 世纪 80 年代后期开始全生命周期工程造价管理理论与方法进入全面丰富与创新发展阶段，先后出现了造价管理的模型化和数字化，为应用计算机管理支持系统和仿真系统提供了理论支持。

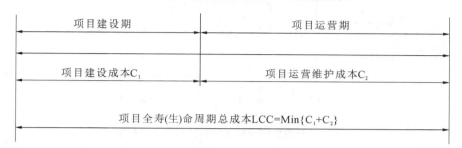

图 3-2   建设项目全寿（生）命周期造价管理示意图

3. 全面造价管理（total cost management，TCM）

全面造价管理是指有效地使用专业知识和专门的技术，对资源、成本、盈利和风险进行筹划和控制，包括全寿命（周）期造价管理、全过程造价管理、全要素造价管理、全方位造价管理和全风险造价管理。

该工程造价管理思想产生于 20 世纪 90 年代中期。1991 年 5 月，国际全面造价管理促进协会前主席 R. E. 先生在美国休斯敦海湾海岸召开的春季研讨会上所发表的论文《90 年代项目管理的发展趋势》中提出工程造价管理这一思想。

1998 年 4 月在荷兰举行的国际造价工程师联合会第 15 次专业大会上，专家学者在将全过程扩展到全生命周期之后，又提出了全面造价管理的概念。

工程项目全面造价管理包括以下内容：

（1）工程项目全过程造价管理。

对建设项目从决策阶段开始到竣工交付使用为止的各个阶段的工程造价进行合理确定和有效控制，其指导方针：一是造价本身要合理，指的是在工程造价确定方面努力实现科学合理；二是实际造价不超概算，指的是要开展科学的工程造价控制。

（2）工程项目全要素造价管理。

如前所述，影响建设工程造价的因素有很多。控制建设工程造价不仅仅是控制建设工程本身的建造成本，还应同时控制工期成本、质量成本、安全及环境成本，其核心是协调和平衡工期、质量、安全、环保与成本之间的对立关系。

（3）工程项目全风险造价管理。

项目的实现是在一个存有许多风险和不确定因素的外部环境和条件下进行的，这些不确定性因素的存在将会直接引致项目造价的不确定性。

（4）工程项目全团队造价管理。

建设工程造价管理不仅仅是业主或承包商的任务，而应该是政府建设行政主管部门、行业协会、业主方、设计方、承包方以及有关咨询机构的共同任务，如图 3-3 所示。

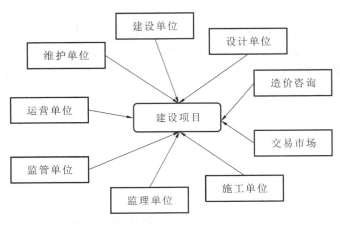

图 3-3　与项目建设相关的利益相关者示意图

3.2.4　我国工程造价管理的发展

1. 工程造价管理体制的建立

新中国成立后,1950—1966 年间,特别是第一个五年计划时期,为合理确定工程造价和用好有限的基建资金,我国在引进和吸收苏联工程建设经验的基础上,形成了一套概预算定额管理制度,相继颁布了多项规章制度和定额。1953 年—1958 年,我国在计划经济条件下,工程项目造价管理的体制、工程造价的确定与控制方法基本确立,主要是建立起以概预算制度为基础的工程造价管控体制,如 1957 年颁布的《关于编制工业与民用建设预算的若干规定》中规定各不同设计阶段都应编制概算和预算,并明确了概预算的作用。

后来,受"文革"的影响,概预算定额管理的工作受到影响,相关管理机构被撤销,大量的基础资料被销毁。

1973 年,国家制定了《关于基本建设概算管理办法》,但未能施行。1977 年起,国家才逐步恢复和重建工程造价管理机构。1983 年,原国家计委成立了基本建设标准定额研究所和基本建设标准定额局,加强了对工程造价工作的领导。1988 年,建设部成立了标准定额司。1990 年,经建设部同意成立了第一个也是唯一一个代表我国工程造价管理行业的行业协会——中国建设工程造价管理协会(简称"中价协")。1996 年,国家人事部和建设部已确定并行文建立注册造价工程师制度,对学科的建设与发展起了重要作用,标志着该学科已发展成为一个独立的、完整的学科体系。在此期间,我国工程造价界的专家学者们结合我国工程造价管理的实际,提出了全过程、全方位地进行工程造价的控制和动态管理的思路,标志着我国工程造价管理从单一的概预算管理向全过程造价管理的转变。

2. 工程造价管理体制的改革

随着我国经济发展水平的逐步提高和经济结构的日益复杂,再加上以充分发挥和优化资源配置为基础作用的市场经济越来越被社会所接受,计划经济的弊端渐露端倪。在总结十年改革开放经验的基础上,党的十四大明确提出我国经济体制改革的目标是建立社会主义市场经济体制。

1992 年,全国工程建设标准定额工作会议召开后,我国"量、价统一"的工程造价定额管理模式开始转变,逐步以市场机制为主导,与国际惯例全面接轨。会议明确了我国工程造价管理体制改革的最终目标是逐步建立以市场形成价格为主的价格机制。在计价依据方面,则首次提出了

"量、价分离"和"主体消耗与措施消耗分离"的思想,以改革现行的工程定额管理方式。进而又提出了"控制量""指导价""竞争费"的改革新思路,并初步建立起"在国家宏观控制下,以市场形成造价为主的价格机制,项目法人对建设项目的全过程负责,充分发挥协会和其他中介组织作用"的具有中国特色的工程造价管理体制。

2003 年 7 月 1 日,建设部推出的《建设工程工程量清单计价规范》(GB 50500—2003),是我国第一次以国家强制性标准的形式推出的建设工程计价依据。此规范采用国家统一的项目编码、项目名称、计量单位和工程量计算规则,采用综合单价的计价方式。各施工企业根据自身的实际情况在投标时自主报价,在招投标过程中形成建筑产品价格。规范的推出初步实现了从传统定额计价模式到工程量清单计价模式的转变,同时,也确立了建设工程计价依据的法律地位,标志着工程造价管理的一个新阶段的开始。

2008 年,住建部在总结五年来清单应用经验的基础上,完成了对"03 清单计价"的完善和补充,于 2008 年 12 月 1 日实施了《建设工程工程量清单计价规范》(GB 50500—2008)。

2013 年,在"08 清单计价"的基础上,住建部总结十年实践应用经验,结合我国建筑生产实际和近十年来新颁布的法律法规等,明确条文术语、细分专业,颁布并施行了《建设工程工程量清单计价规范》(GB 50500—2013)(2013 年 7 月 1 日施行)及与之相配套的其他法律法规,如《建筑安装工程费用项目组成》(建标〔2013〕44 号)文件(2013 年 7 月 1 日施行),《建筑工程施工发包与承包计价管理办法》(建设部第 16 号令)并于 2014 年 2 月 1 日起施行,《建设工程施工合同(示范文本)》(GF 2013—0201)等。

3.3 工程造价管理的内容

3.3.1 工程造价管理的对象、目标和任务

(1) 工程造价管理的对象分为客体和主体。客体是建设工程项目;主体是业主或投资人(建设单位)、承包商或承建商(设计、施工、项目管理单位等),以及监理、咨询等机构及其工作人员。

(2) 工程造价管理的目标是按照经济规律的要求,根据社会主义市场经济的发展形势,利用科学的管理方法和先进的管理手段,合理确定和有效控制工程造价,以提高投资效益和建筑安装企业的经营效果。

(3) 工程造价管理的任务是加强工程造价的全过程动态管理,强化工程造价的约束机制,维护有关各方的经济利益,让项目利益相关者满意,同时规范价格行为,促进微观效益和宏观效益的统一。其中,基本任务是工程造价的预测、工程造价的优化、工程造价的控制、工程造价的分析评价、工程造价的监督。

3.3.2 工程造价管理的基本内容

工程造价管理的基本内容就是合理确定和有效控制工程造价。

1. 工程造价的合理确定

在建设程序的各个阶段合理确定投资估算、概预算造价、承包合同价、结算价及竣工决算价。

(1) 在项目建议书阶段,应按照有关规定,编制初步投资估算,经有权部门批准,作为拟建项目

列入国家中长期计划和开展前期工作的控制造价。应避免因内容过于简单而造成漏项等现象发生。

（2）在项目可行性研究阶段，主要是加强对该项目的调研工作，合理定出项目的功能需求和规模，从而避免超规模建设和功能过剩而造成整个工程造价不必要的浪费。并应按照有关规定编制投资估算，经有权部门批准，作为该项目控制造价。

（3）在设计阶段，设计人员根据设计委托进行现场调查，选择方案，进行设计，并根据不同阶段的需要，向造价人员提供相应的条件，进行估价或预算。但此时的造价人员对工程概况、现场情况了解很少，无法将各种影响因素考虑全面。

应加强对设计单位设计图纸质量的外部监督与审查，规范设计概算编制办法，明确设计概算须经具有相应资质能力的独立第三方客观公正地全面审定，以确定的投资限额作为计费基数，这样可以降低人为地扩大设计规模与冒算费用的风险。

制订设计奖惩制度，完善限额设计标准，推进新成果在工程设计中的应用，以新技术、新材料、新工艺、新设备，优化工程设计的技术经济指标，提高产业的科技含量，提高工程的综合效益。

（4）在招投标阶段，承包合同价是以经济合同形式确定的建筑安装工程造价。

（5）在工程实施阶段，制定先进合理的工程造价控制目标，定期进行工程造价实际值与目标值的比较，找出偏差，分析原因，采取有效措施加以控制，以保证工程造价控制目标的实现。每个工程应在保证质量的前提下，对各种施工方案进行技术上、经济上的对比分析，从中选出最合理的方案，以达到资源最佳配置的目的，从而提升项目的价值。

（6）在竣工验收阶段，应精确计算确定整个项目从筹建到全部竣工的实际费用，编制竣工决算，如实体现建设工程的实际造价。

2. 工程造价的有效控制

在优化建设方案、设计方案的基础上，在建设程序的各个阶段采用一定的方法和措施将工程造价控制在合理的范围和核定的造价限额以内。

具体来说，就是要用投资估算造价控制设计方案的选择和初步设计概算造价，用概算造价控制技术设计和修正概算造价，用概算造价或修正概算造价控制施工图设计和预算造价，以求合理使用有限的施工要素资源，取得较好的投资效益，所谓的控制造价在这里主要是强调控制项目投资。

图 3-4 所示为分阶段设置控制目标示意图。

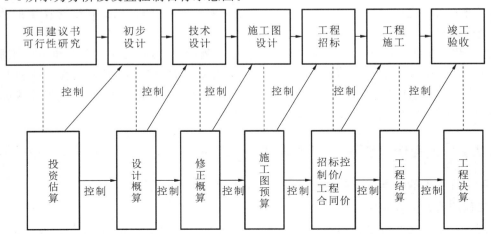

图 3-4　分阶段设置控制目标示意图

有效控制工程造价应抓住以下三个原则：

（1）以设计阶段为重点的建设全过程造价控制。工程造价控制应贯穿于项目建设的全过程，但必须突出重点。显然，工程造价控制的关键在于施工前的投资决策和设计阶段，而在项目作出投资决策后，控制造价的关键就在于设计。

建设工程全寿命周期费用包括工程造价和工程交付使用后的经常性开支费用，如经营费用、日常维护维修费用、使用期内局部更新费用等。经验数据显示，设计费一般只占到建设工程全寿命周期费用的1%以下，但就是这少于1%的费用却对工程造价的影响度占到75%以上，因此，设计质量对整个工程建设的效益来说是至关重要的。

以往，我们常常把控制造价的主要精力放在了施工阶段——审核施工图预算、审核工程结算等上面，而忽视了工程项目在前期工作阶段的造价控制。这样做尽管也有效果，但毕竟是在"亡羊补牢"，事倍功半。我们要想有效地控制工程造价就应将工程造价控制的重点转到工程建设前期阶段上来，尤其应抓住设计这个关键阶段。

图 3-5 所示为各阶段对造价影响程度分析图。

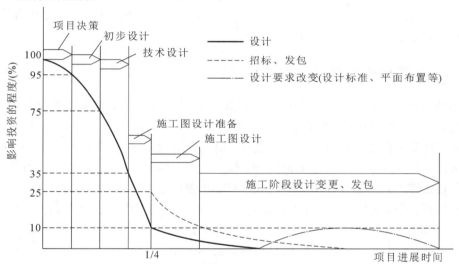

图 3-5　各阶段对造价影响程度分析图

（2）以主动控制为主，以取得令人满意的结果。长期以来，人们习惯于把控制理解为实际值与目标值的比较，并当实际值偏离目标值时分析其偏差原因，进而确定下一步的对策，即纠偏，这样的做法只能是被动控制。自 20 世纪 70 年代初开始，人们将系统论和控制论的研究成果应用于项目管理后，将控制立足于事先主动地采取决策措施，尽可能减少以至避免实际值与目标值的偏离，这就是主动控制。就是说，工程造价的控制，不仅要反映投资决策，反映设计、发包和施工，更要能够主动地影响投资决策，影响设计、发包和施工，从而实现主动地控制工程造价。

传统的决策理论是建立在绝对逻辑基础之上的一种封闭的决策模式，就是把人看成是绝对理性的"理性人"或"经济人"，在决策时会本能地遵循最优化原则来取舍。而美国经济学家西蒙首创的现代决策理论的核心则是"令人满意"准则，他认为，人的头脑能够思考和解答问题的容量同问题本身规模相比是渺小的，在现实世界里，要采取客观合理的举动，哪怕是接近客观合理的举动，都是很困难的，因此，对决策者来讲，最优化决策几乎是不可能的。鉴于此，西蒙提出了用

"令人满意"一词取代"最优化",他认为,决策者在决策时,可先对各种客观因素、执行人据以采取的可能行动以及这些行动可能产生的后果加以综合研究,并确定一套切合实际的衡量准则,比如某一可行方案符合这种衡量准则,并能够达到预期的目标,则这一方案便是满意的方案,否则应对原衡量准则作适当修改,继续挑选恰当的方案,直至决策者满意为止。

(3) 技术与经济相结合是控制工程造价最有效的手段。要有效控制工程造价还应采取组织、技术、经济、合同等多方面措施。在组织上,需要明确组织架构、任务及职责的分工等;在技术上,应重视设计的多方案比选,严格审查各阶段设计,深入技术领域,合理运用价值工程理论,采取限额设计等措施,有效节约投资;在经济上,采取包括动态地比较造价的实际值和计划值、严格审核各项费用支出、加大奖励节约投资等措施实现工程造价的有效控制。同时,还要正确地处理技术先进和经济合理两者之间的对立统一关系,力求在技术先进条件下的经济合理和在经济合理基础上的技术先进,把工程造价控制的观念渗透到各项设计和施工技术措施之中。

工程造价的确定与控制之间存在着相互依存、相互制约的辩证关系。首先,工程造价的确定是工程造价控制的基础和载体,没有造价的合理确定,就没有造价的有效控制。其次,工程造价的控制寓于工程造价确定的全过程,造价的确定过程也是造价的控制过程,通过逐项控制、层层控制才能最终确定造价。最后,工程造价的确定与控制的最终目的是统一的,都是为了合理使用资源,提高投资效益,维护各方经济利益。

3.3.3 工程造价管理的工作内容

工程造价管理工作就是围绕合理确定和有效控制工程造价这个基本内容展开的全过程、全方位的管理,具体工作内容可以归纳为以下几个方面:

(1) 可行性研究阶段对建设方案认真优选,编好、定好投资估算,考虑风险,打足投资;

(2) 从优选择建设项目的设计单位、咨询(监理)单位、承建单位,做好相应的招投标工作;

(3) 合理选定工程的建设标准、设计标准,贯彻国家的建设方针;

(4) 按估算造价对初步设计(含应有的施工组织设计)推行"量财设计",积极、合理地采用新技术、新工艺、新材料,优化设计方案,编好、定好设计概算;

(5) 对设备、主材进行择优采购,做好相应的招标工作;

(6) 择优选定建筑安装施工单位、调试单位,做好相应的招标工作;

(7) 认真控制施工图设计,推行"限额设计";

(8) 协调好与各方面的关系,合理处理诸如征地、拆迁等配套工作中的经济关系;

(9) 严格按照概算对造价实施静态控制、动态管理;

(10) 用好、管好建设资金,保证资金调配与项目进展相协调,以合理、高效地使用资金,减少资金利息支出和不必要的损失;

(11) 严格合同管理,特别是项目内不同合同之间的边界管理,做好现场签证与工程索赔、价款结算等;

(12) 强化项目法人责任制,落实项目法人对工程造价管理的主体地位,在法人组织内建立与造价紧密结合的经济责任制;

(13) 社会咨询(监理)机构要为项目法人积极开展工程造价管理工作提供全过程、全方位的咨询服务,并遵守职业道德,确保服务质量;

(14) 各造价管理部门应强化服务意识,强化如定额、指标、价格、造价信息等基础工作的建

设,为建设工程造价的合理确定与动态管理提供可靠依据;

(15) 项目各参与单位,应组织造价从业人员的选拔、培养和培训工作,促进造价人员的职业素养和工作水平的提高。

3.4 造价从业者应具备的基本素养

3.4.1 造价从业者的基本道德素养

何为道德?中国文化认为"认识超越时空的大自然运行法则,此之谓道""教导人类如何顺从大自然的法则,不违越地做人,此之谓德"。由此不难看出:道之尊、德之贵。

职业道德就是融入于职业活动中的言行规范,是从业人员保障职业生涯可持续性和健康发展的根本,具体有以下八个方面的特点:

(1) 职业道德是一种职业规范,受社会普遍的认可;

(2) 职业道德是长期以来自然形成的;

(3) 职业道德没有确定的形式,通常体现为观念、习惯和信念等;

(4) 职业道德依靠文化、内心的信念和习惯,通过从业人员的自律实现;

(5) 职业道德大多数没有约束力和强制力;

(6) 职业道德是对从业人员义务的要求;

(7) 职业道德标准多元化,代表了不同企业可能具有的不同的价值观;

(8) 职业道德承载着企业文化和凝聚力,影响深远。

工程造价行业是建设工程行业细分后的产物,在专业结构上,它横跨了工程技术和工程经济这两大领域。也可以把工程造价理解成是与工程管理、工程监理等专业一样,基于工程技术平台发展起来的专门从事工程经济方面的行业。正是因为造价行业的这种特殊之处,需要对造价从业者的基本道德素养给予足够的认识。

造价从业者的基本道德素养主要包括以下几个方面:

(1) 遵纪守法。遵纪守法是对造价从业者进行职业道德约束的基本要求,也是每个公民应尽的社会责任和道德义务。造价从业者作为建设工程领域重要的专业人才,更应该遵守国家法律、法规和政策,执行行业自律性规定,珍惜职业声誉,自觉维护国家和社会的公共利益,以及当事人的合法权益。比如,造价人员在从业过程中,必须不折不扣地贯彻执行建筑法、合同法和招标投标法等国家的法律法规和工程造价管理的有关规定,遵纪守法地完成造价业务。

(2) 具有强烈的社会责任感。社会责任感是指在一个特定的社会里,每个人在心里和感觉上对他人的伦理关怀和义务。社会责任感作为一种道德情感,是一个人对国家、集体以及他人所承担的道德责任。造价从业者维护的是国家、社会的公共利益以及当事人的合法权益,能否树立起强烈的社会责任感,不仅关系到个体理想信念的实践,更关系到国家的前途和社会的稳定。

① 造价从业者应遵守"诚信、公正、敬业、进取"的原则,以高质量的服务和优秀的业绩赢得社会和客户对造价从业者的尊重,比如造价从业者在从事造价业务时,必须坚持客观、公正、合理和实事求是的原则,为客户提供高质量的服务。

② 维护委托方和社会公众利益,比如在处理造价业务中,造价从业者要维护自身的荣誉和

尊严,要团结互助、真诚待人,全心全意地为雇主、委托人和公众服务。

③ 诚实守信,尽职尽责,不得有欺诈、伪造、造假等行为,比如造价从业者在从事造价业务时,要始终坚持计价依据的充分性和真实性,运用计价依据要做到合理、合法,不乱来,不弄虚作假。

(3)具备较强的服务意识。社会主义职业精神的本质是为雇主和委托人服务。造价从业者应勤奋工作,独立、客观、公正地处理造价业务并出具工程造价成果文件,使客户满意。

(4)具有相应的职业精神。职业精神是与人们的职业活动紧密联系、具有自身职业特征的精神。遵守造价从业者的职业精神,是对一名合格造价人员的基本要求,也是保证造价从业者职业链条干净的必要手段。造价从业者的职业精神主要体现在以下两个方面。

① 职业纪律。造价从业者与委托方有利害关系的应当回避,委托方有权要求其回避;知悉客户的技术和商业秘密的,负有保密的义务;接受国家或行业自律性组织对其职业道德行为的监督。

② 职业作风。尊重同行,公平竞争,搞好与同行之间的关系,不得采取不正当手段损害、侵犯同行的权益。廉洁自律,不得索取、收受委托合同约定以外的礼金和其他财物,不得利用职务之便谋取其他不正当的利益。

—— 3.4.2 造价从业者的专业技能素养 ——

在建设领域,造价从业者应是高素质复合型专业人才,至少应具备工程技术、经济和管理等方面的知识与实践经验。

(1)造价从业者应具备技术技能。技术技能是指能运用经验、知识、方法、技能及设备,来达到完成特定任务的能力。造价从业者应掌握与建筑经济管理相关的金融投资,相关法律、法规和政策;掌握工程造价管理理论、相关计价依据及应用;掌握建筑施工技术、信息化管理等知识。同时,在实际工作中应能运用以上知识与技能进行方案的经济比选,编制投资估算、设计概算、施工图预算,编制招标控制价和投标报价,编制补充定额和造价指数,进行合同价结算和竣工决算,对项目造价变动规律和趋势进行分析和预测。

(2)造价从业者应具备人文技能。人文技能是指与人共事的能力和判断力。造价从业者应具有高度的责任心与协作精神,善于同和业务有关的各方面人员沟通、协作,共同完成对项目造价目标的控制与管理。

(3)造价从业者应具备观念技能。观念技能是指了解整个组织及自己在组织中地位的能力,使自己不仅能按本身所属的群体的目标行事,而且能按整个组织的目标行事。造价从业者应有一定的组织管理能力,同时具有面对各种机遇与挑战,积极进取,勇于开拓的精神。

—— 3.4.3 职业道德风险防范 ——

造价从业者在从业过程中,通常会遇到两大类风险。一是由于自身专业知识和技能的欠缺而造成的失误风险。这就要求造价从业者在平时勤学、善思、重积累,不断扩大自己的知识面、优化自身的知识结构。造价从业者在运用专业知识和技能时,必须十分小心谨慎,表达自身意见时,必须明确,处理问题必须客观、公正。二是由于道德操守缺失而形成的道德风险。造价从业者必须廉洁自律,洁身自爱,勇于承担对社会、对职业的责任。在工程利益和社会公众利益相冲突时,优先服从社会公众利益;在造价从业者自身利益和工程利益不一致时,以工程利益为重。

如果造价从业者不能遵守职业道德的约束,自私自利,敷衍了事,回避问题,甚至为谋求私利偏袒一方而损害工程利益,都将面对相应的风险。

除此之外,业务相关方的职业道德缺陷也会给造价从业者带来风险,比如在工程建设中,承包方道德低下,故意欺骗、弄虚作假、偷工减料,或建设方人员损公肥私等行为都会对工程造成经济损失,也会给造价从业者带来风险。

造价从业者职业道德风险的防范可以用图 3-6 来表示。

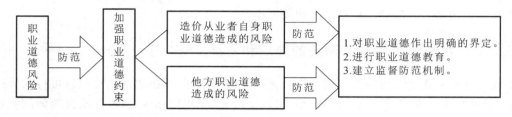

图 3-6　造价从业者职业道德风险的防范

3.5　工程造价咨询业概述 ···

3.5.1　相关概念

1. 咨询

咨询(consultation)意思是通过头脑中所储备的知识、经验和通过对各种信息资料的综合加工而进行的综合性研究开发。咨询产生智力劳动的综合效益,起着为决策者充当顾问、参谋和外脑的作用。咨询一词拉丁语为 consultation,意为商讨、协商。在中国古代,"咨"和"询"原是两个词,"咨"是商量,"询"是询问,后来逐渐形成一个复合词,具有询问、谋划、商量、磋商等意思。咨询作为一项具有参谋性、服务性的社会活动,在军事、政治、经济领域中发展起来,已成为社会、经济、政治活动中辅助决策的重要手段,并逐渐形成一门应用性软科学。

2. 工程造价咨询

工程造价咨询是指综合运用工程造价、工程技术、法律、法规、政策和现代管理知识,结合工程实践经验,为投资建设项目全过程提供全寿命周期或某一时段的工程造价控制与管理的咨询服务。工程造价咨询是控制工程建设项目的投资,使建设项目的经济效益最大化的重要方法和途径。

3. 工程造价咨询服务

工程造价咨询服务是指工程造价咨询企业接受委托,对建设项目工程造价的确定与控制提供专业服务,出具工程造价成果文件的活动。

工程造价咨询服务的主要内容:建设项目可行性研究经济评价、投资估算、项目后评价报告的编制和审核;建设工程概、预、结算及竣工结(决)算报告的编制和审核;建设工程实施阶段工程招标标底、投标报价的编制和审核;工程量清单的编制和审核;施工合同价款的变更及索赔费用的计算;提供工程造价经济纠纷的鉴定服务;提供建设工程项目全过程的造价监控与服务;提供工程造价信息服务等。工程造价咨询企业资质等级分为甲级、乙级两类。

4.造价工程师

造价工程师是取得造价工程师注册证书和执业印章,在一个单位注册从事建设工程造价活动的专用人员。国家在工程造价领域实施造价工程师执业资格制度,凡是从事工程建设活动的建设、设计、施工、工程造价咨询等单位,必须在计价、评估、审核、审查、控制及管理等岗位配备有造价工程师执业资格的专业人员。造价工程师分为一级造价工程师和二级造价工程师。二级造价工程师主要协助一级造价工程师开展相关工作。

3.5.2 我国工程造价咨询业的形成和发展

工程造价咨询是指工程造价咨询机构面向社会接受委托,承担建设工程项目可行性研究、投资估算、项目经济评价、工程概算、预算、结算、竣工决算、工程招标标底、投标报价的编制和审核,对工程造价进行监控以及提供有关工程造价信息资料等业务工作。

工程造价咨询服务可能是单项的,也可能是从建设前期到工程决算的全过程服务。工程造价咨询是一个为社会委托方提供决策和智力服务的独立行业。

我国工程造价咨询业是随着市场经济体制建立逐步发展起来的。几十年来,工程造价咨询单位得到迅速发展。住建部数据显示,2018年全国共有8139家工程造价咨询企业参加了统计,比上年增长4.3%。其中,甲级工程造价咨询企业4236家,比上年增长13.4%;乙级工程造价咨询企业3903家,比上年减少3.9%。图3-7所示是前瞻产业研究院整理的2011—2018年中国工程造价咨询企业数量统计情况。

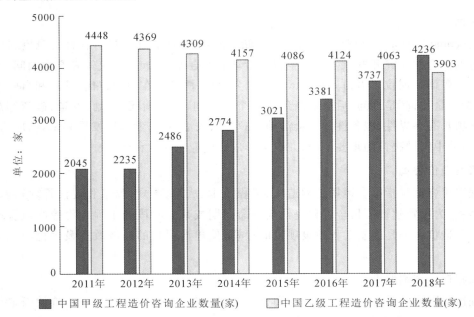

图 3-7 2011—2018 年中国工程造价咨询企业数量统计情况

工程造价咨询业是现代服务业的重要组成部分,在提高投资决策的科学性、控制工程造价、保证投资建设效益、促进经济社会和谐发展等方面具有重要作用。工程造价咨询单位和执业人员依法独立、公正开展工程造价咨询,并对其咨询成果享有相应的权益和承担相应的责任。

随着市场经济的发展越来越快、竞争越来越激烈,工程造价咨询也显得越来越重要,其社会地位和产业规模也不断提高,对从业人员的能力、素养和技术水平的要求也在不断提高。国内外的发展历程表明:工程造价咨询业作为现代服务业的重要组成部分,始终处在快速发展的过程中,特别是在我国,更是处在快速发展的历史时期。

本章小结

1. 工程造价管理的概念

2. 工程造价管理概述
- 工程造价管理的产生
- 工程造价管理的发展
- 现代工程造价管理的三个范式
- 我国工程造价管理的发展

3. 工程造价管理的内容
- 对象、目标和任务
- 基本内容
- 工作内容

4. 造价从业者应具备的基本素养
- 造价从业者的基本道德素养
- 造价从业者的专业技能素养
- 职业道德风险防范

5. 工程造价咨询业概述
- 相关概念
- 我国工程造价咨询业的形成和发展

课后思考题

1. 简述工程造价管理发展过程的特点。
2. 简述工程造价管理的基本内容。
3. 简述有效控制工程造价的三个原则。
4. 何为道德?请从中国文化的角度阐述。
5. 简述造价从业者应具备的基本道德素养。
6. 简述造价从业者应具备的专业技能素养。
7. 如何防范职业道德风险?

Chapter 4

第 4 章　工程造价计价基本理论

【学习目标】

掌握工程造价计价原理。

熟悉工程造价计价的依据。

4.1　工程造价计价的原理

4.1.1　工程造价计价的概念

工程造价计价简称为工程计价（construction pricing or estimating），是指按照法律、法规和标准等规定的程序、方法和依据，对工程造价及其构成内容进行的预测或确定，简而言之，就是计算和确定建设工程项目造价的过程（即对建设工程造价的计算），是工程造价人员在建设项目实施的各个阶段，根据各个阶段的不同要求，遵循一定的原则和程序，采用科学的方法，对建设项目最可能实现的合理价格进行计算，从而确定建设项目工程造价数额、编制工程造价文件的工作过程。

工程计价可以从业主和承包商两个方面进行。对于业主方，工程计价的主要目的是服务于投资决策和投资费用的管理；对于承包商，工程计价的主要目的是进行工程投标以期中标并获得盈利。

4.1.2　工程造价的计价原理

工程造价计价的基本原理就在于工程项目的分解与组合，就是将一个完整的建设项目进行层层分解，划分为可以按照定额等技术经济参数测算价格的基本单元子项（即分部分项工程）。分部分项工程是一种假定的建筑安装产品，是既能够用较为简单的施工过程生产出来，又可以用适当的计量单位计量并便于测定其施工资源消耗的基本工程构成要素。针对这些基本工程构造要素分别测算其数量和单价，就可以计算出每个分部分项工程的造价，然后再进行逐层组合汇总，最终计算出整个建设项目的造价，如图 4-1 所示。

所以，工程造价计价的顺序一般是① 分部分项工程单价；② 单位工程造价；③ 单项工程造价；④ 建设项目总造价。也可以用公式的形式表达，比如

$$分部分项工程费 = \sum[基本构造单元要素的实物工程量 \times 相应的单位价格]$$

一般来说,分解结构的层次越多,基本子项也就越细,计价的结果也就更精确。我们将其分解到分项工程以后还可以根据需要再进一步划分或组合为定额项目或清单项目,这样就可以得到基本构造单元了。

所以,工程造价计价的主要思路就是将建设项目细分至最基本的构造单元,找到适当的计量单位(注意,该计量单位的确定取决于相应单位价格的计量单位)及当时当地的单价,就可以采取一定的计价程序和方法,进行分部组合汇总,计算出相应的工程造价。

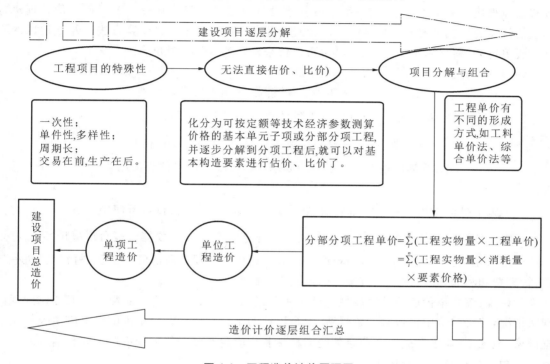

图 4-1　工程造价计价原理图

4.1.3　工程造价的计价模式

由前文章节可知,影响工程造价的主要因素有两个:一个是基本构造要素的实物工程数量,即工程量的计量规则;另一个是基本构造要素的单位价格,即工程单价的计价方式。

1. 工程数量的计算

工程数量的计算包括工程项目的划分和工程量的计算。

单位工程基本构造单元的确定即划分工程项目。工程分解结构的层次越多,基本子项就越小,越便于计量,得到的造价也就越准确,比如在编制投资估算时,由于所能掌握的影响工程造价的信息资料较少,工程方案还停留在设想或概念设计阶段,计算工程造价时单位价格计量单位的对象较大,可能是一个建设项目,也可能是一个单项工程或单位工程,所以得到的工程造价值较粗略;在编制设计概算时,计量单位的对象可以取到扩大分项工程;而编制施工图预算时则可以取到分项工程作为计量单位的基本构造要素,工程分解结构的层次和基本构造要素的数目都大大超过投资估算或设计概算的基本构造要素的数目,因而施工图预算的造价值就较为准确。

工程数量的计算就是按照工程项目的划分和工程量计算规则,根据施工图设计文件和施工组织设计对分项工程实物量进行的计算。目前,工程量计算规则包括两大类,即各类工程定额规定的计算规则和工程量清单的工程计量规范中规定的计算规则。

2. 工程单价的确定

工程单价是指完成单位工程基本构造单元的工程量所需要的基本费用。工程单价包括工料单价和综合单价。

工料单价也称直接费,是确定定额计量单位的分部分项工程的人工费、材料费、施工机具使用费和其他直接费的费用标准,它一般是由各建设行政主管部门或其授权的工程造价管理机构以单位估价表的形式来发布的地区统一的消耗量定额,是按照规定的计算方法以及该地区的人工日工资单价、材料预算价格、施工机具台班单价来确定的,属于"量价合一"。

工料单价计算公式可表示为

$$工料单价 = 人工费 + 材料费 + 施工机具使用费$$

$$人工费 = \sum(定额工日消耗量 \times 人工日工资单价)$$

$$材料费 = \sum(材料定额消耗量 \times 材料预算价格)$$

$$施工机具使用费 = 施工机械使用费 + 施工仪器仪表使用费$$

其中

$$施工机械使用费 = \sum(施工机械台班定额消耗量 \times 机械台班使用单价)$$

$$施工仪器仪表使用费 = \sum(仪器仪表台班定额消耗量 \times 仪器仪表台班单价)$$

综合单价是指为了完成工程量清单中一个规定计量单位项目所需的人工费、材料费、机械使用费、管理费和利润,并考虑一定范围内的风险因素的费用。

换句话说,综合单价应包括完成规定计量单位的合格产品所需的全部费用。但考虑到我国的现实情况,综合单价中仅包含除了规费、税金以外的全部费用。综合单价的确定应由投标企业根据国家、地区、行业定额或本企业定额的消耗量和相应生产要素的市场价格来综合确定。

3. 工程造价计价的两种模式

根据前文章节可知,影响工程造价的因素主要包括两个,从而导致计算依据的不同,以及工程单价确定方式的不同,进而可以将工程造价计价的模式分为定额计价模式和工程量清单计价模式两种,与之相对应的工程量计算规则也分为两种,如图 4-2 所示。

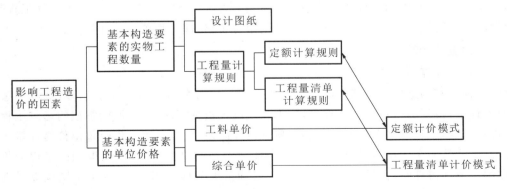

图 4-2 影响工程造价的因素分析图

（1）定额计价模式。

定额计价模式也称为传统计价模式，是指根据工程项目的施工图纸、计价定额（即概算定额和预算定额）、费用定额、施工组织设计或施工方案等文件资料计算和确定工程造价的一种计价模式。

或者说，定额计价模式是在工程造价计价过程中以各地的预算定额为依据，按其规定的分项工程子目和计算规则，逐项计算各分项工程的工程量，套用预算定额中的工、料、机单价确定直接费，然后按规定取费标准确定构成工程价格的其他费用和利税，进而获得建筑安装工程造价的一种计价模式，如图 4-3 所示。

这种计价模式，在我国实行计划经济的几十年时间里被广泛采用，对我国社会主义现代化建设有重要的作用。

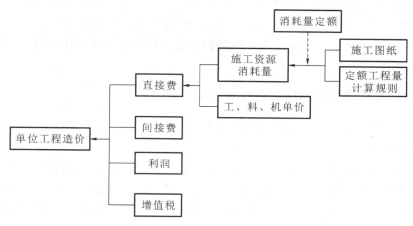

图 4-3 定额计价模式下工程造价构成示意图

（2）工程量清单计价模式。

工程量清单计价模式是指在建设工程招标投标中，招标人或委托具有资质的咨询机构按照国家统一的工程量清单计价规范，编制出反映工程实体消耗和措施消耗的工程量清单，并作为招标文件的一部分提供给投标人，由投标人依据工程量清单，根据各种渠道所得的工程造价信息和经验数据，结合企业定额自主报价，招标人依据投标报价择优确定中标人（承包人）的计价方式，如图 4-4 所示。

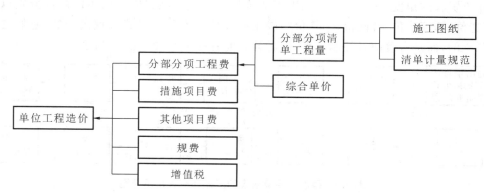

图 4-4 清单计价模式下工程造价构成示意图

工程量清单的作用贯穿于工程施工及合同履约的全过程，包括合同价款的确定、预付款的支付、工程进度款的支付、合同价款的调整、工程变更和工程索赔的处理，以及竣工结算和工程款最

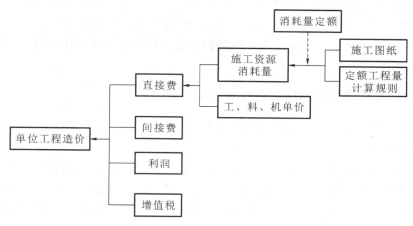

终结清。

采用定额计价模式报价时表现出来的是平均主义,不利于体现市场公平竞争的基本原则。

采用工程量清单计价则能够反映出承建企业的工程个别成本,有利于企业自主报价和公平竞争。目前我国建设工程造价实行"双轨制"计价管理办法。

4.1.4 工程造价的计价对象及其特点

4.1.4.1 工程造价的计价对象

工程造价计价的对象就是工程,泛指一切建设工程,其内涵具有很不确定性。为了工程造价计价的可操作性和计价对象的确定性,我们可以根据项目组成特征,将建设项目进行分解,最终分解成为与消耗量定额等经济技术参数相匹配的分项工程或子分项工程作为工程造价计价最基本的分项单元。

4.1.4.2 工程造价计价的特点及表现形式

工程造价计价的特点是由工程建设的特点所决定的。

1.计价的单件性

建筑产品具有多样性的特点,建筑产品的生产必然表现出单件性的特征,这就决定了每项工程都必须单独计算造价。再者,根据前文章节可知,建筑产品不能像一般工业品那样批量生产、定价,而只能通过特殊的程序(如编制估算、概算、预算、结算等)对各个工程项目进行工程造价的计算,这就是计价的单件性。

2.计价的多次性

计价的多次性也被称为计价的多阶段性,这是与建筑产品的价值巨大特点和建筑产品的生产中生产周期长的特点有密切关系的。

工程项目的实施需要按照建设程序的规定,划分不同的阶段,多次进行工程造价的计算,以保证工程造价的合理确定和有效控制得以落地实施,这也是一个对工程造价逐步深化、细化最终接近工程实际造价的探究过程。

站在投资者的角度,我们不难看到工程造价的计价是在项目实施的不同阶段分别以估算造价、概算造价、预算造价、合同价、结算价和竣工决算价等不同的形式表现出来的,它们之间并不是相互孤立的,而是有着前者控制后者,后者补充前者的关系,如图 4-5 所示。

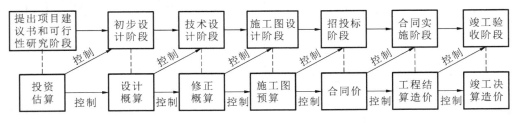

图 4-5 建设程序及对应的工程计价关系示意图

(1)投资估算。

投资估算指在项目建议书或可行性研究阶段,依据现有资料、通过一定的方法对拟建项目所需的投资额进行预先测算和确定的过程。投资估算出的投资额即为工程估算造价,是建设项目决策、筹资和控制造价的主要依据。

（2）设计概算。

设计概算是指在初步设计阶段，根据初步设计图纸、概算定额或概算指标以及各项费用标准等资料，预先测算和确定的建设项目从筹建到竣工验收交付使用所需全部费用的技术经济文件，其准确性较投资估算有所提高，但概算金额受控于投资估算。设计概算的造价文件由建设项目总概算、各单项工程综合概算和各单位工程概算三个层次构成。当项目根据需要采取三阶段设计时，尚应编制修正概算。

（3）施工图预算。

施工图预算是指在施工图设计阶段，根据施工图纸、预算定额、各项取费标准、建设地区的自然条件、技术经济条件以及各种资源的价格信息等资料编制的用以确定拟建工程造价的技术经济文件，其准确性较设计概算有所提高，但预算金额受控于设计概算。施工图预算是签订建安工程承包合同、实行工程预算包干、拨付工程款和进行工程竣工结算的依据。实行招标的工程，施工图预算还可以作为确定招标标底和招标控制价的依据。

（4）合同价。

合同价又称为施工合同价，是指在招投标阶段，由发承包双方在施工合同中约定的工程造价。合同价是发承包双方认可的成交价格，或者说是双方的期望价格，但并不等同于工程最终结算的实际工程造价，仅是事先暂定的工程价格。而招标控制价仅是合同价的最高限额。

（5）工程结算。

工程结算是指发承包双方根据国家有关法律、法规规定和合同约定，对合同工程实施中、终止时、已完工后的工程项目进行的合同价款的计算、调整和确认，是在工程项目施工阶段，依据施工承包合同中有关付款条款的规定和已完成的工程数量，按照法律、法规规定的程序，由承包商向发包方收取工程款的一项经济活动。工程结算文件由施工承包方编制，经发包方的项目管理人员审核后确认工程结算价款。

竣工结算是指发承包双方根据国家有关法律、法规规定和合同约定，在承包人完成合同约定的全部工作后，对最终工程价款的调整和确定。工程完工后应当进行竣工结算，即由施工承包方根据合同价格和实际发生费用的增减变化情况编制竣工结算文件，发承包双方进行工程的竣工结算。需要说明的是，这里的"工程完工后"是指工程施工活动已经完成，而不是工程竣工验收。因为工程结算是竣工验收必备的技术经济文件之一，而竣工验收有时是一个非常漫长的过程。逐期结算的工程价款之和就形成了工程结算价，已完工程结算价是建设项目竣工决算的基础资料之一。

（6）竣工决算。

竣工决算又称为工程决算，是指以实物数量和货币形式对工程建设项目建设期的总投资（投资构成）、投资效果、新增资产价值及财务状况进行的综合测算和分析。

竣工决算是在项目建设竣工验收阶段，当所建设项目全部完工并经验收通过后，由建设单位组织编制的反映从项目筹建到竣工验收、交付使用或建成投产的全过程中实际发生的全部建设费用的技术经济文件，是最终确定的实际工程造价。

竣工决算是反映项目建设成果、实际投资额和财务状况的总结性文件，是建设单位考核投资效果和正确核定新增固定资产价值的依据，其主要内容包括竣工财务决算说明书、竣工财务决算报表、工程竣工图纸和工程竣工造价对比分析四个部分，其中前两部分又称为建设项目竣工财务决算，是竣工决算的核心内容。

3. 计价的组合性

一个建设项目就是一个或若干个有内在联系的独立和不能独立的工程组成的综合体,计价时要按照建设项目和定额等技术经济指标的划分要求,逐个计算,然后再层层加总得到,其造价的计算顺序一般与建设项目分解的顺序相反:

① 分部分项工程单价;② 单位工程造价;③ 单项工程造价;④ 建设项目总造价。

4. 计价方法的多样性

根据前文章节可知,工程造价计价是按照建设阶段的不同分别进行计算的,在每个阶段计算相应的工程造价时所使用的计价依据、所要求的计算精度等都是不相同的,因此,在不同的建设阶段,计价时所采用的计价方法也是千差万别的,存在着明显的计价方法的多样性,比如在计算投资估算时,我们一般采用生产规模指数估算法和分项比例估算法两种计价方法;而在编制施工图预算时,我们常用工料单价法和综合单价法两种计价方法。

5. 计价依据的复杂性

一般来说,建筑产品的生产周期都比较长。因此,影响工程造价的因素也就比较多,比如来自市场的因素、来自政府的因素等。

4.1.5　我国工程造价计价的主要方式

新中国成立初期,我国引进苏联的定额计价方式,该方式属于计划经济的产物。后来,在提出建立社会主义市场经济体制的要求下,定额计价开始走向"量、价分离"的小变革,但此时仍属于定额计价的范畴。

加入 WTO 以后,我国建筑市场逐步放开并与国际接轨,2003 年 7 月 1 日,国家颁布了《建设工程工程量清单计价规范》(GB 50500—2003),并于 2008 年进行了第一次修订,2013 年进行了第二次全面修订,至此,工程量清单计价模式开始全面深入地推行,我国工程造价的确定逐步体现出了市场经济规律的要求和特征。

4.2　工程造价计价的依据

4.2.1　工程造价计价依据的内涵

工程造价计价依据是指据以计算工程造价的各类基础资料的总称,包括工程计量计价标准、工程计价定额及工程造价信息等。工程造价计价依据是工程造价计价中的一个狭义概念,特指与计价方法、计价内容和价格标准等密切相关的工程计量计价标准、工程计价定额、工程造价信息等。在工程造价计价活动中还应包括工程建设法律法规、招标文件、投标文件、合同文件、工程建设标准、技术资料等其他计价依据。

我们知道,影响工程造价的因素很多。每一项工程的造价都需要根据工程的用途、类别、规模尺寸、结构特征、建设标准、所在地区和坐落地点、市场价格信息和涨幅趋势,以及政府的产业政策、税收政策和金融政策等做具体计算。用来确定上述各项因素相关的各种量化的定额、施工依据、法律法规等就是工程造价的计价基础。计价依据除了国家和地方法律法规规定的以外,一般是以合同的形式加以确定的。

4.2.2 工程造价计价依据满足的要求

1. 准确可靠,符合实际

作为计价依据的文件资料,其来源必须准确可靠,不能是道听途说的,也不能仅仅是相关人员单方面的口头解释;作为计价依据的文件资料的内容不能模棱两可,相互矛盾,而是要依据充分,科学合理,与实际情况相吻合,能够经得起验证。

2. 可信度高,有权威性

作为计价依据的文件资料,其来源最好是施工现场的第一手资料。如果必需引用其他信息资料作为计价依据的,也不应只是由利益关系的一方提供。如果利益关系的一方提供的计价依据被相对方认可的,也是可以接受的,但在第三方审计时,审计方是有权就计价依据的真实性与合法性进行核实的。

一般来说,选择没有利益关系的第三方提供的信息资料或者是国家正式出版的期刊、杂志、正规的出版物等作为计价依据,相对来说其可信度是比较高的。对于国家或地方政府颁布的法律法规、行业协会或造价管理机构公开发布的消耗量定额等计价依据,可以认为是权威性比较高的。

3. 数据化表达,便于计算

我们获取计价依据的目的就是用于计算工程造价,这一点,毋容置疑,这就要求工程技术人员或工程造价人员,在计价依据的签署或核定时,应尽可能地以数据的形式予以记录或表达,比如标明具体的数量、尺寸、规格型号等,从而方便计价依据的后期应用,避免出现不必要的争议。

4. 定性描述清晰,便于正确利用

对于实在没有办法以数据形式准确记录或表达的文件资料作为计价依据使用的,需要现场技术人员做好完备的施工记录,并采取定性的方法,将事件发生的时间、地点、参与的人员以及事件的来龙去脉、各方意见、处理方案、实施情况、产生的结果等尽可能地描述清楚,主要用于后期还原事件真相,辨别真伪,以使得该计价依据能够获得正确的利用。

4.2.3 工程造价计价依据的种类

工程造价的计价依据按用途来分,概括起来可以分为 7 大类 18 个小项。

第一类,规范工程计价的依据。

(1)国家标准《建设工程工程量清单计价规范》(GB 50500—2013)。

第二类,计算设备数量和工程量的依据。

(2)可行性研究资料。

(3)初步设计、扩大初步设计、施工图设计的图纸和资料。

(4)工程量计算规则。

第三类,计算分部分项工程人工、材料、机械台班消耗量及费用的依据。

(5)概算指标、概算定额、预算定额。

(6)人工单价、材料预算单价、机械台班单价。

(7)工程造价信息。

第四类,计算建筑工程施工费用的依据。

(8)综合费用(管理费及利润)的内容及计算方法。

(9)施工措施费的内容及计算方法。

(10)其他费用、税金的内容及计算方法。

(11)价格指数。

第五类,计算设备的依据。

(12)设备价格和运杂费率等。

第六类,计算工程建设其他费用的依据。

(13)用地指标。

(14)各项工程建设其他费用规定等。

第七类,和计算造价相关的法规和政策。

(15)包含在工程造价内的税种、税率。

(16)与产业政策、能源政策、环境政策、技术政策和土地等资源利用政策有关的取费标准。

(17)利率和汇率。

(18)其他计价依据。

本章小结

1. 工程造价计价的原理
- 工程造价计价的概念
- 工程造价的计价原理
- 工程造价的计价模式
  - 工程数量的计算
  - 工程单价的确定
  - 工程造价计价的两种模式
- 工程造价的计价对象及其特点
- 我国工程造价计价的主要方式

2. 工程造价计价的依据
- 工程造价计价依据的内涵
- 工程造价计价依据满足的要求
- 工程造价计价依据的种类

课后思考题

1. 什么是工程计价?

2. 简述工程造价的计价原理。

3. 简述工程造价计价的特点。

4. 作为工程造价计价的依据应满足哪些要求?

Chapter 5

第 5 章　定额计价原理

【学习目标】

掌握建筑工程定额的概念、体系及特点。

掌握基础定额消耗量的确定。

掌握人工、材料、机械台班单价的确定方法。

熟悉预算定额的概念、编制、构成及应用。

熟悉其他计价定额。

了解工期定额的概念及应用。

5.1　概述

5.1.1　定额的一般概念

1.定额的概念

从字面理解,"定"就是规定,"额"就是额度、限额。定额就是规定的额度或限额,即标准或尺度。用于生产领域的定额统称为生产性定额或生产消耗定额。

在社会化生产中,任何一种合格产品的生产都必须消耗一定数量的人工、材料、机械台班等资源,定额所要研究的对象正是生产过程中所消耗的各种资源的数量标准。

我们知道,生产同一产品,常常会因为生产要素、生产条件等的变化,所需消耗的资源数量会有所不同。一般来说,在生产同一产品时,所消耗的资源越多,产品的成本就越高,企业盈利就会降低,对社会的贡献也就会降低;反之,所消耗的资源越少,产品的成本就越低,企业盈利就会增加,对社会的贡献也会增加。但此时所消耗的资源数量不可能无限地降低或者无限地增加,它在一定的生产要素和生产条件下,在相同的质量与安全要求下,必然会有一个合理的数额,即规定完成某一合格单位产品所需消耗的活劳动和物化劳动等社会资源的数量标准(或尺度),这就是定额。当然,定额作为衡量资源消耗的数量标准或尺度,还会受到不同社会制度的制约。

因此,定额就是在一定的社会制度、生产技术和组织条件下规定完成单位合格产品所需人工、材料、机械台班的消耗标准,它反映了一定时期的生产力水平。

在数值上,定额表现为生产成果与生产消耗之间一系列对应的比值常数,用公式表示为

$$T_Z = \frac{Z_{1,2,3,\cdots,n}}{H_{o1,2,3,\cdots,m}}$$

式中：T_Z——产量定额；

　　　H_o——单位劳动消耗量（如每一工日、每一机械台班等）；

　　　Z——与单位劳动消耗相对应的产量。

或者，也可表示为

$$T_h = \frac{H_{1,2,3,\cdots,m}}{Z_{o1,2,3,\cdots,n}}$$

式中：T_h——时间定额；

　　　Z_o——单位产品数量（如每立方米混凝土、每平方米抹灰等）；

　　　H——与单位产品相对应的劳动消耗量。

产量定额与时间定额是定额的两种表现形式，在数值上互为倒数关系，即

$$T_Z = \frac{1}{T_h} \quad 或 \quad T_h = \frac{1}{T_Z}$$

即，$T_Z \times T_h = 1$。

上式亦表明：生产单位产品所需的消耗越少，则单位消耗所获得的生产成果就越大，反之亦然。它也反映出经济效果的提高或降低。

2. 建筑工程定额

建筑工程定额是专门为满足建筑产品生产的需要而制定的一种定额，是生产建筑产品消耗资源的限额规定。换句话说，就是在建筑产品生产过程中，完成某一分项工程或结构构件的生产，必须消耗的一定数量的人工、材料和机械台班。这些消耗是随着生产技术、组织条件等的变化而变化的，它反映了一定时期的社会劳动生产力水平。

建筑工程定额是指在正常的施工条件下，在合理的劳动组织、合理地使用材料和机械的条件下，完成一定计量单位的合格建筑产品基本构造要素或某种构配件所必须消耗（投入）的人工、材料和机械台班的数量标准（或额度），如图 5-1 所示。

例如，砌筑 1 砖外墙 10 m³ 需要消耗：人工 18.98 工日；红砖 5385 块，M5 混合砂浆 2.29 m³；200 L 砂浆搅拌机 0.38 台班；基价为 177.14 元/m³。

这里的"正常施工条件"是指绝大多数施工企业和施工队组，在合理组织施工条件下所处的施工条件，比如按合理的施工工期完成等，或是用来说明该建筑产品生产的前提条件，比如施工所处正常的政治环境条件、正常的自然环境条件，如气温、海拔高度等。

"合理的劳动组织、合理地使用材料和机械"是指应按照定额规定的劳动组织条件来组织生产，在施工过程中应当严格遵守国家现行的施工规范、规程和标准等。

"计量单位"是指定额子目（即按工程结构分解的最小计量单元）中所规定的定额计量单位，因定额性质的不同而有所不同。

"合格建筑产品"是指生产出来的产品符合施工验收规范等标准。如有特殊要求的，应在合同中约定，比如优质优价等。

不难看出，建筑工程定额不仅规定了建筑产品生产投入产出的数量标准，同时还规定了具体的工作内容、质量标准和安全要求。因此，建筑工程定额是质量、数量和安全的统一体。

3. 定额水平

定额水平是指在一定生产力水平下完成一定计量单位合格产品所需的人工、材料、机械台班

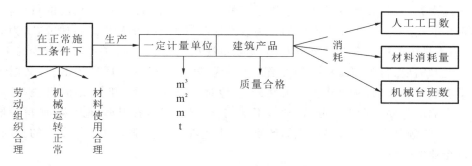

图 5-1　建筑工程定额概念解析示意图

消耗数量标准的高低程度,是在一定施工组织条件和生产技术下规定的施工生产中活劳动和物化劳动的消耗水平。人们一般把定额所反映的资源消耗量的大小称为定额水平,它反映和受制于当时的生产力发展水平。目前定额水平有平均先进水平和社会平均水平两类。定额水平是根据社会必要劳动时间来确定的。

所谓社会必要劳动时间是指在现有的社会正常生产条件下,在社会的平均劳动熟练程度和劳动强度下,完成一定计量单位合格产品所需的劳动量。所以,定额水平又称为平均水平。

5.1.2　定额的产生和发展

定额作为确定各种消耗的数量标准,被广泛用于生产、生活的各个方面,它反映了一定时期社会生产力的发展水平,同时又随着社会生产力的不断发展而变化。

19 世纪末至 20 世纪初,美国工业出现了前所未有的资本积累和工业技术进步。虽然科学技术得到快速发展,先进的机械设备也不断投入生产,但由于采用的是陈旧的管理方法,生产效率低下,生产能力得不到充分发挥,再加之当时工人和资本家之间矛盾的激化,严重影响了社会劳动生产率的提高,阻碍了社会经济的进一步繁荣和发展。在这样的社会背景下,著名的美国工程师泰勒(F. W. Taylor,1856—1915)开始了企业管理的研究。在西方国家,管理成为科学应该说是从泰勒开始的,他的科学的企业管理方法被称为"泰勒制",他本人也被称为西方的"管理之父"。

泰勒提倡科学管理,以提高劳动生产率为目标,重点研究如何提高工人的劳动效率。他突破传统管理方法的束缚,通过科学实验,对工人的操作进行深入细致的观察和研究。首先他将工人的工作时间分为若干组成部分,接着又将每一个组成部分划分成若干个操作,并对工人完成每一个操作所需要的时间以秒为单位加以测定,确定其时间消耗,进而制定出工时消耗的数量标准,并以此标准作为衡量工人工作成效的尺度。与此同时,他还研究了工人在劳动中的每一个操作,甚至每一个动作,并通过对工人进行相应的训练,逐步剔除多余动作,改变工人原来的习惯性操作方式,进而制定出所谓的最优的标准操作方法。这样,就在合理操作的基础上制定出了工人工时消耗的数量标准,作为评价工人工作优劣的标准,这个数量标准就是最初的工时定额。为了鼓励工人努力工作达到定额要求,大大提高工作效率,泰勒一方面对劳动工具、机器、材料和作业环境制定了"标准化原理";另一方面,泰勒完善了管理制度,实行有差别的计件工资制度。这样,工人为了取得更多的工资报酬,势必要努力按照标准操作程序开展工作,争取达到或超过标准所规定的水平。

"泰勒制"的产生和推行,在提高社会生产率方面取得了显著的成果,给企业管理带来了根本性的改变。继泰勒之后,管理科学又有了许多新的发展。20世纪20年代出现的行为科学,从社会学和心理学的角度,对工人在生产中的行为以及这些行为产生的原因进行研究,认为劳动工人是社会人,而不是单单追求金钱的经济人,强调要重视社会环境、人际关系对人行为的影响,着重研究人的本性和需要、行为和动机。20世纪70年代,随着系统管理理论的出现,又把管理科学与行为科学有机结合起来,从事物整体出发,系统地对劳动者、材料、机器设备、环境、人际关系等对工时产生影响的重要因素进行分析研究,不断完善管理理论,提升管理效果,取得最好的经济效益。所以说,定额是企业管理科学化的产物,是伴随着管理科学的发展而发展的。同时,它也是科学管理企业的基础。

在我国,早在唐朝就有制定营造规范的记载,如在《大唐六典》中就有各种用工量计算方法的记述。到了北宋时期,著名的土木建筑家李诫分行业将工料限量与设计、施工结合在一起编修成书《营造法式》,标志着由国家所制定的第一部建筑工程定额的诞生。清朝时期,为了适应营造业的发展,专门设立了"洋房"和"算房"两个部门,"洋房"负责图样设计,"算房"负责用工、用料的计算。清朝工部的《工程做法则例》中,有许多内容是说明工料计算方法的,它是一部算工算料的著作。

新中国成立以后,我国的建筑工程定额是在学习苏联的经验基础上,结合我国的国情建立起来的,其发展大致经历了起步、发展、变革等几个阶段。

1955年,中华人民共和国国家建设委员会颁发的《1955年度建筑工程设计预算定额(草案)》表示我国拥有了自己的预算定额。1956年国家建设委员会颁发了《建筑工程预算定额》(1957年1月1日实施),标志着我国建筑工程定额已经成功起步。

其后,我国建筑工程定额经历了从"大跃进"到"文化大革命"时期。在这一特殊时期,定额曾一度被看成是"管、卡、压"的工具,彻底否定了科学管理和经济规律。定额制度遭到破坏,建筑业全行业亏损,甚至出现了"设计无概算,施工无预算,竣工无决算,投资大敞口,花钱大撒手"的状况。"文化大革命"结束后,又经历了两年的徘徊局面,直到十一届三中全会(1978年12月)以后,我国建筑工程定额才得到更进一步的发展。1978年国家计委、国家建委、财政部(78)建发设字第386号、(78)财基字第534号《关于试行〈关于加强基本建设概、预、决算管理工作的几项规定〉的通知》中规定:"要坚决纠正施工图设计不算经济账的倾向"。1979年国家重新颁发了《建筑安装工程统一劳动定额》,1985年城乡建设环境保护部对此进行了修订。

1988年国家计委颁发的《印发〈关于控制建设工程造价的若干规定〉的通知》(计标〔1988〕30号)中明确"工程造价的确定必须考虑影响造价的动态因素""为充分发挥市场机制、竞争机制的作用,促使施工企业提高经营管理水平,对于实行招标承包制的工程,将原施工管理费和远地施工增加费、计划利润等费率改为竞争性费率"。这表明我国已启动计价定额管理的改革。1992年党的十四大提出"我国经济体制改革的目标是建立社会主义市场经济体制"后,对定额预算的体制也正式提出了改革要求。

1995年,在建设部颁发了《全国统一建筑工程基础定额》(GJD 101—1995)之后,全国各地都先后重新修订了各类建筑工程预算定额,使定额管理更加规范化和制度化。基础定额是以保证工程质量为前提,完成按规定计量单位计量的分项工程的基本消耗量标准。基础定额是按照量、价分离,工程实体消耗和施工措施性消耗分离确定的,在项目划分、计量单位、工程量计算规则等方面统一的基础上实现了消耗量的基本统一,是编制全国统一定额、地区统一定额的基础,也是国家对工程造价计价消耗量实施宏观调控的基础,对建立全国统一建筑市场、规范市场行为、促进和保护平等竞争起到积极作用。

1999年1月建设部颁发《建设部关于印发〈建设工程施工发承包价格管理暂行规定〉的通知》（建标〔1999〕1号），第十六条指出："编制标底、投标报价和编制施工图预算时，采用的要素价格应当反映当时市场价格水平，若采用现行预算定额基价计价，应充分考虑基价的基础单价与当时市场价格的价差"。此时，工程造价开始了"统一量、指导价、竞争费"的改革。

我国于2001年12月正式加入世界贸易组织（WTO），标志着我国产业对外开放进入一个全新的阶段。为满足建筑业与国际接轨的需要，建设部于2003年颁布实施了《建设工程工程量清单计价规范》（GB 50500—2003），这不仅是适应市场定价机制、深化工程造价管理改革的重要举措，还增加了招投标的透明度，更进一步体现招投标过程的公平、公正、公开三个原则。施工企业可以根据自己企业的技术实力、管理水平自行确定人工、材料、机械的消耗量及各分部分项工程的报价，以确定工程造价。这种计价模式能充分发挥工程建设市场主体的主动性和能动性，是一种与市场经济相适应的工程计价方式。2008年，住建部对《建设工程工程量清单计价规范》进行了修订，2013年，又对其进行了大幅度的修订和完善，同时，为了配合13清单的更好实施，还颁布了《建筑安装工程费用项目组成》（建标〔2013〕44号）文件，2013年7月1日施行；《建筑工程施工发包与承包计价管理办法》（建设部第16号令），2014年2月1日起施行；《建设工程施工合同（示范文本）》（GF—2013-0201）等。

应该注意的是，在我国虽已制定并推广了工程量清单计价制度，但由于各地区的实际差异，工程造价的计价方式不可避免地出现双轨并行的局面。同时，由于我国各施工企业的消耗量定额尚未全面建立起来，因此，在今后较长的一段时期里，建筑工程定额仍将是工程造价管理的重要手段。

5.1.3 实行定额的目的和作用

实行定额的目的是通过科学、合理地制定定额，并对其进行及时的补充、修正等动态管理，严格控制建设过程中的人力、物力和财力的消耗，生产出符合质量标准的建筑产品，取得令人满意的经济效益。定额既是促使建筑安装活动中的计划、设计、施工、安装等各项工作取得最佳经济效益的有效工具，又是衡量、考核上述各项工作业绩的尺度。定额还是企业实行科学管理的必备条件，没有定额就谈不上企业的科学管理。随着改革的逐步深入和发展，定额作为企业科学管理的基础，也必将得到进一步完善和提高。

定额既不是计划经济的产物，也不是中国的特产和专利，定额与市场经济的共融性是与生俱来的。定额在不同社会制度的国家都被需要，并不断得到完善和发展，使之适应不断发展的生产力的需要，推动社会和经济的进步。

1. 定额对节约社会劳动、提高劳动生产率起到保证作用

在工程建设中，建筑工程定额是通过对工时消耗、劳动组织、机械工具、材料使用、作业环境等主要影响要素进行科学的分析研究，并不断挖潜后制定出来的。通过建筑工程定额的使用，可以切实地把提高劳动生产率的任务落实到各项工作和每个劳动者，从而更加合理有效地利用社会资源和节约社会劳动。

2. 定额是国家对建筑工程进行宏观调控和管理的手段

市场经济并不排斥宏观调控。利用定额对工程建设进行宏观调控和管理主要表现在三个方面：第一，对工程造价进行宏观调控和管理；第二，对社会资源进行合理配置；第三，对社会经济结构进行合理的调控，包括对企业、技术和产品结构等进行合理调控。

3.定额有利于促进公平竞争和规范市场行为

市场经济规律作用下的商品经济是以等价交换为原则的,就是要按照交换商品所含价值量进行交换。建筑产品的价值量是由社会必要劳动时间决定的,定额所标定的消耗量标准就是建筑产品形成市场公平竞争的基础。

建筑产品的形成过程中需要消耗大量的社会物质资源。建筑工程定额制定出的资源消耗量标准是以资源消耗的合理配置为基础的,这样一方面制约了建筑产品的价格,另一方面企业的投标报价中必须要充分考虑定额的要求。由此,定额就实现了规范市场主体的经济行为的作用。

4.定额有利于完善市场信息系统

信息是建筑市场中不可缺少的要素,信息的可靠性、完备性和灵敏性是市场成熟和效率的标志。实行定额管理可以利用计算机技术对大量的建筑市场信息进行加工整理、传递和反馈。这些信息能为市场主体在交易过程中提供较为准确的决策依据,并能反映出不同时期的社会生产力水平与市场实际之间的适应程度。

5.2 建筑工程定额的体系及特点

5.2.1 建筑工程定额的体系

建筑工程定额反映了建筑产品与各种资源消耗之间的客观规律,它是一个综合概念,是多种类、多层次单位产品生产消耗数量标准的总和。可将其按生产要素分类,按编制用途分类,按专业分类,按颁发部门和执行范围分类,如图5-2所示。

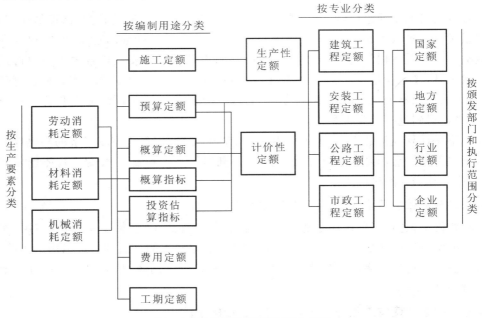

图 5-2 建筑工程定额体系示意图

1.按生产要素分类

物质资料的生产必须具备劳动者、劳动手段和劳动对象三要素。劳动者是指从事生产活动的生产工人,劳动手段是指劳动者使用的生产工具和机械设备,劳动对象是指原材料、半成品和构配件等。按此三要素进行分类,建筑工程定额可以分为劳动消耗定额、材料消耗定额和机械消耗定额。

（1）劳动消耗定额。

劳动消耗定额简称劳动定额,也称为人工定额,是在正常的施工技术和组织条件下,完成规定计量单位合格的建筑安装产品所消耗的人工工日的数量标准。劳动定额的主要表现形式是时间定额,但同时也表现为产量定额。时间定额与产量定额在数值上是互为倒数的关系。

（2）材料消耗定额。

材料消耗定额简称材料定额,是指在正常的施工技术和组织条件下,完成规定计量单位合格的建筑安装产品所消耗的原材料,成品,半成品,构配件,燃料、水以及电等动力资源的数量标准。

（3）机械消耗定额。

机械消耗定额是以一台机械工作一个工作班（即 8 h）——一个"台班"作为计量单位,所以又称为机械台班消耗定额。机械消耗定额是指在正常的施工技术和组织条件下,完成规定计量单位合格的建筑安装产品所消耗的施工机械台班的数量标准。机械消耗定额的主要表现形式是机械时间定额,同时也以产量定额表现。

劳动定额、材料消耗定额和机械台班使用定额,这三种定额是制定其他各种定额的基础,所以又称全国统一基础定额或基础定额。

2. 按编制用途分类

建筑工程定额按编制用途可以分为施工定额、预算定额、概算定额、概算指标、投资估算指标、费用定额和工期定额七种。

（1）施工定额。

施工定额是完成一定计量单位的某一施工过程或基本工序所需消耗的人工、材料和机械台班数量标准。它是施工企业（建筑安装企业）用来组织生产和加强管理在企业内部使用的一种定额,属企业定额性质。比如,在施工管理方面,要安排好劳动力、机械的使用,就要根据工作量的多少,安排好他们在施工作业上的时间、进出场的时间,以避免闲置或紧缺。要根据原材料和周转材料的消耗和使用数量,合理安排分期使用数量和供应时间,以避免不足或浪费。还要按照规范检查工序的实施和防止偷工减料,以保证工程的质量。这些都必须以施工定额为依据或辅助依据。

建筑安装企业应根据本企业的生产力水平和管理水平制定施工定额,同类企业或同一地区的施工企业编制的施工定额在定额水平上可能存在一定的差别,各企业之间一般对自己编制的施工定额及其水平保密。总体来说,施工定额的制定水平应该以"平均先进"为原则,在内容和形式上应满足施工管理的需要。

施工定额是以同一性质的某一施工过程或基本工序作为研究对象,为表示生产建筑产品的数量与生产要素消耗之间的综合关系所编制的定额。为了适应组织生产和管理的需要,施工定额的项目划分很细,是工程定额中分项最细、定额子目最多的一种定额。

施工定额由劳动定额、材料消耗定额、机械台班定额三部分组成,是建筑工程定额中的基础性定额,也是编制预算定额的基础。

（2）预算定额。

预算定额是指在正常的施工条件下,完成一定计量单位合格分项工程或结构构件所需消耗的人工、材料、施工机械台班的数量标准。它在各地区的具体价格表现为单位估价表或综合预算定额。预算定额是根据发生在整个施工现场的各项综合操作过程、各项构件的制作过程以分部

分项工程为对象制定的,一般在定额中都会列有相应地区的单价,是一种计价性定额。

从工程定额编制程序上看,预算定额是以施工定额为基础综合扩大编制的,同时它也是编制概算定额或投资估算指标的基础。

应该注意的是,在编制施工图预算时,以工程中的分项工程,即在施工图纸和工程实体上都可以区分开的产品作为测定对象。

预算定额是统一预算工程量计算规则、统一项目划分、统一计量单位的依据,是编制地区单位估价表、确定工程造价、编制施工图预算的依据,还可以作为制定招标工程标底、企业定额和投标报价的基础。

(3)概算定额。

概算定额是完成单位合格扩大分项工程或扩大结构构件所需消耗的人工、材料和施工机械台班的数量及其费用标准,是一种计价性定额。它是编制初步设计概算、扩大初步设计概算和确定建设项目投资额的依据,也可作为编制概算指标的依据,还可以作为编制估算指标的基础。

概算定额项目划分的粗细,与扩大初步设计的深度相适应,一般是在预算定额的基础上或根据历史的工程预、结(决)算资料、价格变动资料等,以工程的扩大结构构件的制作过程甚至整个单位工程的施工过程为对象制定的,是对预算定额的综合扩大,即每一综合分项概算定额都包含了数项预算定额。其定额水平与预算定额一样,一般为社会平均水平。

(4)概算指标。

概算指标是以单位工程为对象,反映完成一个规定计量单位建筑安装产品的经济消耗的指标。它是在三阶段(初步、技术、施工图)设计中的初步设计阶段,编制工程概算、计算和确定工程的初步设计概算造价,计算人工、材料、机械台班需要量时所采用的一种定额。

概算指标的内容包括人工、机械台班、材料定额三个基本部分,同时还包括各结构分部的工程量及单位建筑工程(以体积或面积计)的造价,是一种计价性定额。

概算指标一般是在概算定额和预算定额的基础上编制的,比概算定额更加综合扩大。

概算指标是控制投资的有效工具,它所提供的数据也是计划工作的依据和参考。

(5)投资估算指标。

投资估算指标是以建设项目、单项工程、单位工程为对象,反映建设项目总投资及其各项费用构成的经济指标。它是在项目建议书和可行性研究阶段编制投资估算、计算投资需要量时使用的一种定额。它的概略程度与可行性研究阶段相适应。

投资估算指标往往根据历史工程的预、结(决)算资料和价格变动资料等编制,但其编制仍然离不开预算定额和概算定额。

常用定额间关系的比较如表5-1所示。

表 5-1　常用定额间关系的比较

	施工定额	预算定额	概算定额	概算指标	投资估算指标
对象	施工过程或基本工序	分项工程和结构构件	扩大的分项工程或扩大的结构构件	单位工程	建设项目、单项工程、单位工程
用途	编制施工预算	编制施工图预算	编制扩大初步设计概算	编制初步设计概算	编制投资估算
项目划分	最细	细	较粗	粗	很粗
定额水平	平均先进	社会平均			
定额性质	生产性定额	计价性定额			

（6）费用定额。

费用定额又被称为建设工程施工费用计算规则，主要是在建设工程预算定额计价方式中，明确工程费用计取的依据以及建设工程施工费用的要素构成内容、计算方法和计算程序等。如《上海市建设工程施工费用计算规则》（SHT 0—33—2016）。

（7）工期定额。

工期定额是对企业在一个单位工程上或者是一个项目上，一个小区或一个群体建筑上，从基础破土动工到完成设计规定的全部内容，按期交付使用所规定的时间标准。工期定额对保证工程质量、科学组织施工、提高施工管理水平、提高经济效益和社会效益有着重要的意义和作用。

5.2.2 建筑工程定额的特点

1. 系统性

从系统论的观点看，工程建设就是一个庞大的实体系统，建筑工程定额就是为这个实体系统服务的。因而工程建设本身的多种类、多层次就决定了以它为服务对象的建筑工程定额的多种类、多层次。

另外，建筑工程定额是由多种定额结合而成的有机整体，虽然结构复杂，但有着鲜明的层次和明确的目标。

2. 科学性

建筑工程定额的科学性包括两重含义：一重含义是指建筑工程定额是和其所处时期的社会生产力发展水平相适应的，反映了工程建设中生产消费的客观规律；另一重含义是指建筑工程定额的管理在理论、方法和手段上是适应现代科学技术和信息社会发展需要的。

建筑工程定额的科学性，首先表现在用科学的态度制定定额上，尊重客观实际，通过对施工生产过程的长期观察、测定和综合分析，在广泛搜集资料和认真总结的基础上，实事求是地运用科学的方法制定出来，并力求定额水平的合理；其次表现在制定定额的技术方法上，利用现代科学管理的成就，形成一套系统的、严密的、在实践中行之有效的、确定定额水平的手段和方法；最后表现在定额从科学制定到贯彻落实的一体化上，科学制定是为了提供贯彻落实的依据，而贯彻落实又是为了实现管理的目标，也是对定额的信息反馈和完善。

3. 统一性

建筑工程定额的统一性，主要是由国家对经济发展的有计划的宏观调控职能决定的。为了使国民经济按照既定的目标发展，就需要借助于某些标准、参数等，对工程建设进行规划、组织、调节、控制。而这些标准，如定额、参数等，必须在一定范围内是一种统一的尺度，才能实现上述职能。

另外，依其影响力和执行范围来看，建筑工程定额的统一性又表现在有全国统一定额、地区定额上；按照定额的制定、颁布和贯彻使用来看，建筑工程定额有着统一的项目划分、统一的计量单位、统一的工程量计算规则和统一的材料名称。

4. 指导性

建筑工程定额是由国家或其授权机关组织编制和颁发的一种消耗指标，是根据客观规律的要求，用科学的方法编制的，对工程造价的确定与控制有着十分重要的指导性作用。同时，企业在编制企业定额时，也应将建筑工程定额作为重要的参考依据。

应当注意的是，在社会主义市场经济不断深化的今天，定额在计划经济下所具有的经济法规

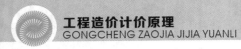
性质的权威性逐步被弱化。定额作为主观对客观的反映,其科学性也会受到人们在认识上的局限限制。加之投资主体多元化格局的形成和企业经营机制的转变,他们可以根据市场的变化和自身的实际,自主灵活地调整决策行为,定额的指导性逐渐得到加强。

5. 稳定性和时效性

建筑工程定额是一定时期的技术发展和管理水平的反映,因而在一段时间内表现出稳定的状态。这个稳定的时间有长有短,一般为 5～10 年。随着生产技术的进步,新工艺、新材料的不断出现,社会生产力水平也会有较大的提高,原有的定额就会与已经发展了的生产力不相适应,这样就需要根据新的情况对原定额进行修编。

综上所述,定额是在深入生产实际,对各种生产要素进行调查,取得第一手资料的基础上,采用以行业专家为主并与群众相结合的工作方法,经过科学计算、综合分析或是经过生产实践测算出来的对人工、材料、机械使用的消耗标准。

5.3 基础定额消耗量的确定

5.3.1 建筑工程作业研究

5.3.1.1 施工过程及其分解

1. 施工过程概述

施工过程是指在建筑工地范围内所进行的生产过程,即在施工现场所进行的生产过程,可大可小,大到一个建设项目,小到一个工序。其基本内容是劳动过程,最终目的是建造、恢复、改建、移动或拆除工业、民用建筑物或构筑物的全部或一部分。砌筑墙体、粉刷墙体、安装门窗、敷设管道等都是施工过程。

每个施工过程的结束,均可获得一定的产品,这种产品或者是改变了劳动对象的外表形态、内部结构或性质(制作或加工的结果),或者是改变了劳动对象在空间上的位置(运输或安装的结果)。

建筑安装施工过程由劳动者、劳动对象、劳动工具三大要素组成,而施工过程的完成则必须具备以下四个方面的条件:

① 具有生产力三要素。劳动者,即不同工种、不同技术等级的建筑安装工人;一定的劳动对象,如建筑材料、半成品、成品、构配件等;一定的劳动工具,如手动工具、小型机具、机械等。

② 具有完成施工过程的工作地点,即施工过程所发生的地点、活动空间。

③ 具有为完成施工过程的空间组织,即施工现场范围内的"三通一平",材料、工器具的存放等空间相对位置的布置。

④ 具有对施工过程的指挥、协调等管理工作,以及工作地点的选择等方面的组织工作。

2. 施工过程的分类

对施工过程进行分类的目的就是要通过对施工过程的组成部分进行分解,来区别和认识施工过程的性质和包含的全部内容,使我们能够更为深入地确定施工过程中各个工序组成的必要性及其顺序的合理性,从而正确制定出各个工序所需要消耗的工时标准。

（1）根据施工过程组织的复杂程度，可以将施工过程分解为工序、工作过程和综合工作过程，如图5-3所示。

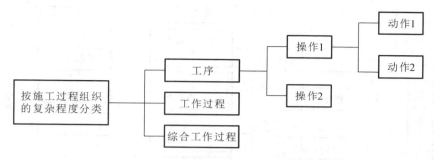

图5-3　按施工过程组织的复杂程度分类图

① 工序。

工序就是在组织上不可分割的，在操作过程中技术上属于同类的施工过程。其主要特征是劳动者（或工人班组）、劳动对象、使用的劳动工具和工作地点均不发生变化。在施工作业中，如果有一项发生改变，就说明已经由一道工序转入下一道工序了。

从施工的技术操作和组织观点看，工序是工艺方面最基本、最简单的施工过程。但从劳动过程的观点看，工序一般是由一系列的操作组成的，每一个操作往往又是由一系列的动作来完成的（如钢筋制作）。工序又可以分解为施工操作和施工动作。施工操作是一个施工动作接着另一个施工动作的综合；施工动作是工序中可以测算的最小的组成部分，是工人接触材料、构配件等劳动对象的举动，目的是使之移位、固定或者对其进一步加工。例如，把钢筋放在工作台上这一操作，可以分解为以下施工动作：a. 走向堆放钢筋处；b. 弯下腰；c. 找到并抓取所需的钢筋；d. 直起腰；e. 返回工作台；f. 把钢筋靠近立柱等。由于组成工序的各个操作均具有不同的目的和作用，所以施工操作又可分为基本操作和辅助操作。

基本操作就是那些直接以实现某一工序的工艺要求为目的而进行的操作，即工人利用劳动工具作用于劳动对象，使其性能、结构、形状或位置等发生变化的操作；而辅助操作则是为了保证工序顺利完成，除基本操作以外必须进行的其他各种操作。每一个动作和操作都是完成工序的一部分。钢筋工程施工过程中工序、操作和动作之间的关系，如图5-4所示。

在用计时观察法测定定额消耗量时只需将施工过程分解和标定到工序即可。因为工序是最基本的施工过程，是施工定额的主要研究对象。但如果要对某项新技术、新工艺或是新技术、新工艺的工时进行研究，就要分解到操作甚至动作，以研究是否可以改进操作或节约工时。

工序可以由一个人来完成，也可以由小组或施工队内的几名工人协同完成；可以手动完成，也可以由机械操作完成。机械化的施工工序还可以分为由工人自己完成的各项操作和由机器完成的工作两部分。

② 工作过程。

工作过程是指由同一工人或同一工人班组所完成的在技术操作上相互有机联系的工序的总合体。其特点是劳动者（施工人员）不变、工作地点不变，而材料和工具可以变换。例如，在调制砂浆这一工作过程中，劳动者是固定不变的，工作地点是相对稳定的，但时而要添砂子，时而要加水泥，即材料在发生变化；时而用铁铲，时而用箩筐，即工具在发生变化。

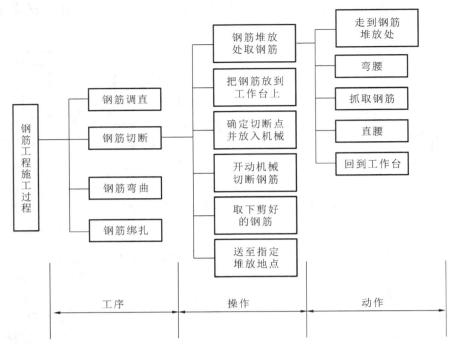

图 5-4　钢筋工程施工过程分解

③ 综合工作过程。

综合工作过程又称为复合施工过程,是指在施工现场同时进行的,在组织上有机联系在一起的,为完成一个最终产品而结合起来的各个工作过程的综合。例如,砌砖墙这一综合工作过程,就是由调制砂浆、运砂浆、运砖、砌墙等工作过程构成的,它们在不同的空间同时进行,在组织上有直接联系,最终形成的共同产品是一定数量的砖墙。

(2)按照工艺特点,施工过程还可以分为循环施工过程和非循环施工过程两类。凡各个组成部分按一定顺序依次循环进行,并且每经一次重复都可以生产出同一种产品的施工过程,称为循环施工过程;反之,若施工过程的工序或其组成部分不是以同样的次序重复,或者生产出来的产品各不相同,这种施工过程则称为非循环施工过程。

3. 影响施工过程的因素

对单位建筑产品工时消耗产生影响的各种因素,称为施工过程的影响因素。根据施工过程影响因素产生的原因和特点,施工过程的影响因素一般分为技术因素、组织因素和自然因素三个方面。

(1)技术因素。技术因素主要包括拟生产产品的类别和质量要求,所用材料、半成品、构配件的类别、规格和性能,所用工具和机械设备的类别、型号、性能及完好情况等。

(2)组织因素。组织因素主要包括施工组织与施工方法,劳动组织,工人技术水平、操作方法和劳动态度,工资分配方式等。

(3)自然因素。自然因素包括施工环境,如酷暑、大风、雨、雪、冰冻等;劳动者的身体素质等。

如果将影响施工过程的因素从完成施工过程需要具备的条件方面分析,则可以划分为五个方面的因素:

（1）劳动力方面，即有关劳动者自身的自然素质和社会素质。

（2）劳动工具方面，即生产工具，它是劳动者在生产过程中用来对劳动对象进行加工的物件，其质量的优劣、先进与否、是否能够满足劳动者需要等，均可能影响到施工过程的正常完成。

（3）劳动对象方面。劳动对象是在生产过程中，劳动者把劳动作用于其上并使之成为人们所需要产品的物质资料，即原材料、半成品、构配件等。

（4）劳动条件与环境方面，是指劳动者所处的劳动条件（包括自然条件、人际关系等）和周围的劳动环境，直接关系到劳动者的身心健康、安全卫生和劳动效率。

（5）企业经营管理方面。企业经营管理水平的高低，对工人完成定额量、实现先进合理劳动定额水平影响极大。

5.3.1.2 工作时间的分类与研究

工作时间简称工时，即工作班的延续时间。国家现行制度为 8 小时工作制，午休时间不包括在内，即日工作时间为 8 小时。研究施工过程中的工作时间及其特点，最主要的目的就是确定施工的时间定额和产量定额。

1. 人工工时消耗的分类

人工工时消耗是指工人在工作班内从事施工过程消耗的工作时间，按其消耗的性质可以分为两大类：必须消耗的时间（定额时间）和损失时间（非定额时间）。图 5-5 所示为人工工时消耗分类图。

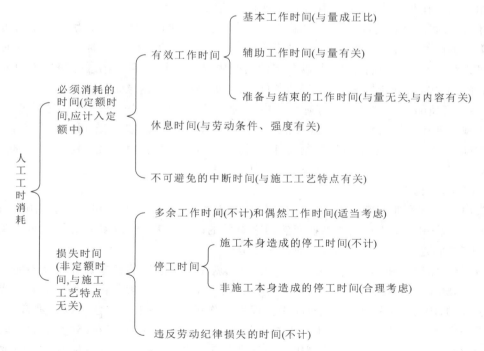

图 5-5 人工工时消耗分类图

（1）必须消耗的时间。

必须消耗的时间即定额时间，是指工人在正常的施工条件下，完成某一合格建筑产品（或工作任务）所必须消耗掉的工作时间，是确定定额消耗量的主要依据，包括有效工作时间、休息时间和不可避免的中断时间三部分内容。

① 有效工作时间。有效工作时间是从生产效果来看与产品生产直接有关的时间消耗,包括基本工作时间、辅助工作时间和准备与结束的工作时间三部分内容。

a.基本工作时间。基本工作时间是指工人直接完成能生产出一定产品的施工工艺过程所消耗的时间。通过这些工艺过程可以使劳动对象直接发生变化:使材料外形改变,如钢筋揻弯等;使材料的结构与性质改变,如混凝土制品的养护干燥等;使预制构配件安装组合成形;改变产品外部及表面的性质,如粉刷、油漆等。总体来说,基本工作时间所包括的内容依工作性质的不同而各不相同。基本工作时间的长短和工作量大小成正比。

b.辅助工作时间。辅助工作时间是为保证基本工作能顺利进行所消耗的时间。辅助工作不能直接使产品的形状、大小、性质或位置发生变化。例如,清理操作面上的垃圾,给机械上油,设备校正等。但辅助工作时间的结束,往往就是基本工作时间的开始。辅助工作一般是手工操作,但如果在机手并动的情况下,辅助工作是在机械运转过程中进行的,为避免重复,则不应再计辅助工作时间。辅助工作时间长短与工作量大小有关。

c.准备与结束的工作时间。准备与结束的工作时间是在执行任务前或任务完成后所消耗的工作时间,如工作地点、劳动工具和劳动对象的准备工作时间,工作结束后的整理工作时间等。准备与结束的工作时间一般分为班内的准备与结束工作时间和任务的准备与结束工作时间。其中,任务的准备与结束工作时间是在一批任务的开始与结束时产生的,如熟悉图纸、准备相应的工具、技术交底、事后清理场地等,通常不反映在每一个工作班里。准备与结束的工作时间的长短与所担负的工作量大小无关,但往往和工作内容有关。

② 休息时间。休息时间指工人在施工过程中,在工作班内,为保持体力所必需的短暂休息和生理需要的时间消耗。例如,在施工过程中喝水、上厕所、短暂休息的时间等。这种时间是为了保证工人精力充沛地进行工作,所以在定额时间中必须进行计算。休息时间的长短和劳动条件、劳动强度有关,劳动越繁重紧张、劳动条件越差(如高温),则休息时间越长。

③ 不可避免的中断时间。不可避免的中断时间是指由施工过程中施工工艺特点引起的在施工组织或作业中难以避免或不可避免的中断所消耗的时间。比如,汽车司机在等待装、卸货时消耗的时间,安装工等待起重机吊预制构件的时间等。该项时间消耗应包括在定额时间内,但应尽量缩短。

(2) 损失时间。

损失时间又称为非定额时间,是指与产品生产无关,而与施工组织和技术上的缺点有关,与工人在施工过程中的个人过失或某些偶然因素有关的时间消耗,包括多余工作时间和偶然工作时间、停工时间、违反劳动纪律损失的时间三部分。

① 多余工作时间和偶然工作时间。多余工作,就是工人进行的任务以外而又不能增加产品数量的工作,如重砌质量不合格的墙体。多余工作的工时损失,一般是由工程技术人员或工人的差错而引起的,因此,不应计入定额时间中。偶然工作虽然也是工人在任务以外进行的工作,但能够获得一定产品。例如,抹灰工不得不补上偶然遗留的墙洞,钢筋工在绑扎、安放钢筋前必须对木工遗留在模板内的杂物进行清理等。由于偶然工作能获得一定产品,拟定定额时要适当考虑它的影响。

② 停工时间。停工时间是指在工作班内停止工作所造成的工时损失。停工时间按其性质可分为施工本身造成的停工时间和非施工本身造成的停工时间两种。施工本身造成的停工时间,是由于施工组织不善、材料供应不及时、工作面准备不好、工作地点组织不良、劳动力安排不

当等情况引起的停工时间。非施工本身造成的停工时间,是由于气候条件以及水源、电源的中断等引起的停工时间。前一种情况在拟定定额时不应该计算,而后一种情况则应在定额拟定中给予合理的考虑。

③ 违反劳动纪律损失的时间。违反劳动纪律损失的时间是指工人在工作班开始或午休后的迟到、午饭前或工作班结束前的早退、擅自离开工作岗位、工作时间内聊天或办私事等造成的工时损失。由于个别工人违反劳动纪律而影响其他工人无法工作的时间损失也包括在内。此项时间损失在定额中不予考虑。

2. 机器工作时间消耗的分类

机器的工时消耗,按其性质也可分为必须消耗的时间(定额时间)和损失时间(非定额时间)两大类,如图 5-6 所示。

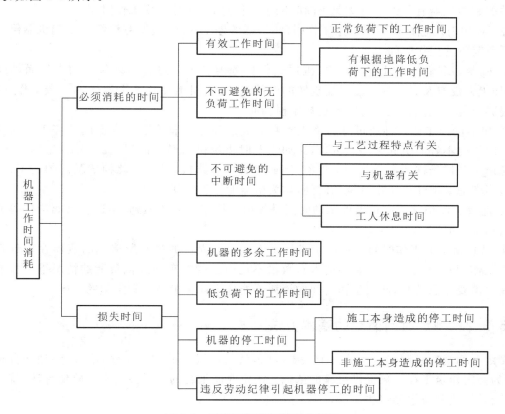

图 5-6　机器工作时间消耗分类图

(1)必须消耗的时间包括有效工作时间、不可避免的无负荷工作时间和不可避免的中断时间,而有效工作时间又包括正常负荷下的工作时间、有根据地降低负荷下的工作时间。

① 正常负荷下的工作时间是指机器在与其使用说明书中规定的额定负荷相符的情况下进行工作的时间。

② 有根据地降低负荷下的工作时间是指在个别情况下,由于技术上的原因,机器在低于其额定负荷下工作的时间消耗。例如,汽车运输重量轻而体积大的货物时,不能充分利用汽车的载重吨位,因而不得不降低其计算负荷。

③ 不可避免的无负荷工作时间是指由于施工过程的特点或机械结构的特点造成的机械无

负荷工作时间。例如,出租车下客后到重新载客的这段空载时间、筑路机械在工作区末端调头等,就属于此项工作时间的消耗。

④ 不可避免的中断时间是与工艺过程特点、机器的使用和保养、工人休息有关的中断时间。

a.与工艺过程特点有关的不可避免的中断时间有循环的和定期的两种。循环的不可避免中断,在机器工作的每一个循环中重复一次,如汽车装货和卸货时的停车。定期的不可避免中断,经过一定时期重复一次,比如把混凝土搅拌机由一个工作地点转移到另一个工作地点时的工作中断。

b.与机器有关的不可避免中断时间是指由于操作工人进行准备与结束工作或辅助工作时,机器停止工作而引起的中断时间。它是与机器的使用与保养有关的不可避免中断时间。

c.工人休息时间是机上操作工人必要的休息时间。这里要注意的是,应尽量利用与工艺过程有关的和与机器有关的不可避免中断时间进行休息,以充分利用工作时间。

(2)损失时间包括机器的多余工作时间、机器的停工时间、违反劳动纪律引起机器停工的时间和低负荷下的工作时间。

① 机器的多余工作时间,一是指机器进行任务内和工艺过程内未包括的工作而延续的时间,比如工人没有及时供料而使机器空转的时间;二是指机械在负荷下所做的多余工作的时间,比如混凝土搅拌机搅拌混凝土时超过规定搅拌时间。

② 机器的停工按其性质可分为施工本身造成的停工和非施工本身造成的停工。前者是由于施工组织得不好而引起的停工现象,比如未及时供给机器燃料而引起的停工,定额不予考虑。后者是由于气候条件所引起的停工现象,例如暴雨时压路机的停工,此种情况下的停工,定额应给予适当考虑。上述停工中延续的时间,均为机器的停工时间。

③ 违反劳动纪律引起机器停工的时间是指由于操作工人的迟到、早退或擅离岗位等原因引起的机器停工时间。

④ 低负荷下的工作时间是指由于操作工人或技术人员的过错所造成的机器在降低负荷的情况下工作的时间,例如工人装车的砂石数量不足引起的汽车在降低负荷的情况下工作所损失的时间。需要注意的是,此项工作时间的消耗不能作为计算机械时间定额的基础。

5.3.2　测定时间消耗的基本方法

测定时间消耗是制定定额的一个主要步骤,就是用科学的方法观察、记录、整理和分析施工过程,为制定建筑工程定额提供可靠的依据。测定时间消耗的方法主要有经验估计法、统计分析法、比较类推法和技术测定法。

5.3.2.1　经验估计法

该方法由定额人员、工程技术人员和施工操作工人三者相结合,以工序(或单项产品)为对象,将工序分为操作(或动作),分别测算出操作(或动作)的基本工作时间,然后再考虑辅助工作时间、准备与结束工作时间和休息时间等,经过综合整理,并对整理结果予以优化处理,即得出该工序的时间定额或产量定额。此方法易受参加人员的主观因素和某些局限性影响,使制定出的定额出现偏高或偏低的现象,仅适用于企业内部,或作为某些局部项目的补充定额的测定方法。

5.3.2.2　统计分析法

统计分析法是把过去施工中的同类工程或同类产品的工时消耗的统计资料,与当前的生产技术、组织条件等的变化因素结合在一起进行研究制定劳动定额。其特点是依据的统计资料反映的是工人过去已经达到的水平,一般偏于保守。

5.3.2.3 比较类推法

比较类推法即典型定额法,是以同类型、相似类型产品或工序的典型定额项目的定额水平为标准,经过分析比较,类推出同一组定额中相邻项目定额水平的方法。此方法适用于同类型规格多、批量小的施工过程。

5.3.2.4 技术测定法

技术测定法又叫计时观察法,就是对施工过程进行观察、测时,计算实物和劳务产量,记录施工过程所处的施工条件和确定影响工时消耗的因素,这是计时观察法的三项主要内容和要求。接下来,我们将在这里重点介绍这一定额测定法。

1.计时观察法概述

计时观察法是研究工作时间消耗的一种科学的技术观测方法。它是以研究施工过程中具体活动的工时消耗为对象,以观察测时为手段,通过运用密集抽样和粗放抽样等技术,如实记录操作工人或施工机械的工作时间,同时记录完成产品的数量、施工过程所处的施工条件和有关影响因素等,然后对记录的结果进行直接的时间研究,为编制定额提供数据的一种方法。

计时观察法一般用于建筑施工中以现场观察为主要技术手段的工时测定,也被称为现场观察法。这种方法能够把施工现场的工时消耗情况和施工组织技术条件联系起来加以考察,并且通过计时观察法测定所得的资料,不仅能为制定定额提供基础数据,而且能为改善施工组织管理、改善工艺过程和操作方法、消除不合理的工时损失、进一步挖掘生产潜能提供技术根据,同时也能总结和推广先进施工作业方法和操作技术,促进生产班组不断改进生产措施,提高生产效率,取得最佳效益。但是,计时观察法的局限性在于考虑人的因素不够。因此,我们利用计时观察法的主要目的就在于:① 查明工时消耗的性质和数量;② 查明和确定各种因素对工时消耗数量的影响;③ 找出工时损失的原因并研究缩短工时、减少损失的可能性。

2.计时观察法的分类

计时观察法有很多分类方法,常见的有如下三种分类方法,如图 5-7 所示。

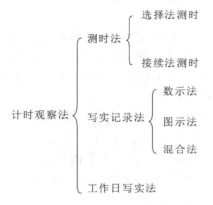

图 5-7 计时观察法的分类

(1)测时法。

测时法主要适用于测定定时重复的循环工作的工时消耗,是精确度比较高的一种计时观察

法,一般可达 0.2~15 s。但它只用来测定施工过程中循环组成部分的工作时间消耗,不研究工人休息、准备与结束等其他非循环的工作时间。测时法可以为制定人工定额提供完成单位合格产品所必需的基本工作时间的可靠数据;可以用于分析研究工人的操作方法,总结先进经验,帮助工人班组提高劳动生产率。

① 测时法可分为选择法和接续法两种。

a.选择法测时又称为间隔测时法或重点计时法。它是间隔地选择施工过程中非紧密连接的组成部分(工序或操作)来测定其工时消耗的方法,精确度达 0.5 s。

采用选择法测时,当被观察的某一循环工作的组成部分开始,观察者立即启动秒表,当该组成部分终止,则立即停止秒表。然后把秒表上指示的延续时间记录到选择法测时记录(循环整理)表上,并把秒针拨回到零点。下一组成部分开始时,再启动秒表,如此依次观察,并依次记录下延续时间。经过若干次选择测时后,直到填满表格中规定的测时次数,完成各个组成部分全部测时工作为止。

选择法测时比较容易掌握,使用比较广泛,它的缺点是在测定开始和结束的时间点上,容易发生读数的偏差。

b.接续法测时也称作连续测时法。它是对一个施工过程各工序(或操作)的延续时间进行连续测定,并且每次测定都要记录各工序(或操作)的终止时间,同时计算出该工序(或操作)的延续时间。

接续法测时比选择法测时准确、完善,因为接续法测时包括了施工过程的全部循环时间,同时各组成部分延续时间之间的误差还可以互相抵销,但观察技术也较为复杂。其特点是在工作进行中和非循环组成部分出现之前一直不停止秒表,秒针走动的过程中,观察者需要根据各组成部分之间的定时点,记录它的终止时间,再用定时点与终止时间之间的差来表示各组成部分的延续时间。因此,在测定时间时应使用具有辅助秒针的计时表(即人工秒表),以便使其辅助针停止在某一组成部分的结束时间上。

② 测时法的观察次数。测时法是属于抽样调查的方法,为了保证选取样本的数据可靠,就需要对同一施工过程进行重复测时。一般来说,观测的次数越多,所获得的资料就越准确,但因此而花费的时间和人力也越多,这样既不经济,也不现实。所以,确定观测次数较为科学的方法,应该是依据误差理论和经验数据相结合的方法。

(2)写实记录法。

写实记录法可以用来研究各种性质的工作时间消耗,包括基本工作时间、辅助工作时间、不可避免中断时间、准备与结束时间以及各种损失时间等。通过写实记录法可以获得分析工时消耗和制定定额所必需的全部资料。该方法比较简便,又易于掌握,并能保证一定的精确度。因此,写实记录法在实际中得到了广泛应用。

写实记录法的观察对象,可以是一个操作工人,也可以是一个工人班组。当观察的是一个人的单独操作或生产产品的数量可以单独计算时,采用个人写实记录;当观察的是工人班组的集体操作,而生产的产品数量又无法单独计算时,则可采用集体写实记录。

① 采用写实记录法测时的方法有数示法、图示法和混合法三种。计时工具采用有秒针的普通计时表即可。

a.数示法。数示法是直接用数字记录工时消耗的记录方法。该方法是三种写实记录法中精确度较高的一种,精确度可达 5 s,可同时对两个以内的工人进行测定,适用于组成部分较少且比较稳定的施工过程。

b. 图示法。图示法是在规定格式的图表上画出不同类型时间进度线条来表示完成施工过程所需消耗工时的记录方法,精确度可达 30 s。该方法适用于 3 个以内的工人共同完成某一产品的施工过程,优点是记录时间简单、明了。

c. 混合法。混合法兼具数示法和图示法的优点,以图示法中的时间进度线条表示所测施工过程各组成部分的延续时间,在进度线的上部加写数字表示每一组成部分或时间区段的工人数。该方法适用于 3 个以上工人工作时间的集体写实记录。混合法记录时间仍采用图示法写实记录表。

② 写实记录法的延续时间。为保证写实记录法采集到的数据的可靠性,就需要确定写实记录法的延续时间。延续时间的确定是指在采用写实记录法中的任何一种方法进行测定时,对每个被测施工过程或同时测定的两个及以上施工过程所需的总延续时间的确定。

延续时间的确定原则是既不消耗过多的观察时间,又能得到比较可靠和准确的结果。同时还须注意:

a. 所测施工过程的广泛性和经济价值;

b. 已经达到的功效水平的稳定程度;

c. 同时测定不同类型施工过程的数目;

d. 被测定的工人人数以及测定完成产品的可能次数等。

（3）工作日写实法。

工作日写实法是在工作日内对整个工作班内的各种工时消耗进行观察、记录的一种分析研究方法,如实记录整个工作班内各种必须消耗时间和损失时间。

运用工作日写实法主要有两个目的:一是取得编制定额的基础资料;二是检查定额的执行情况,找出缺点,改进工作。

当用于第一个目的时,通常需要测定 3～4 次。观测到的工时消耗应该按工时消耗的性质予以分类记录。

当用于第二个目的时,通常需要测定 1～3 次。主要目的是查明工时损失量和引起工时损失的原因,并制定出消除工时损失、改善劳动组织等的措施;查明熟练工人是否能发挥自己的专长;确定合理的小组编制和分工;确定机器在时间利用和生产率方面的情况,找出使用不当的原因,制定出改善机器使用情况的技术组织措施;测算出工人或机器完成定额的实际百分比和可能百分比。

工作日写实法具有技术简便、费时不多、应用面广和资料全面的优点,在我国是一种应用较广的编制定额的方法。工作日写实法利用写实记录表记录观察资料。工作日写实记录表示例如表 5-2 所示。

表 5-2　工作日写实记录表

工作日写实记录表	观察的对象和工地:××厂工地宿舍楼							
	工作队(小组):小组成员　　工种:瓦工							
工程(过程)名称:垒2砖混水墙 观察日期:××年××月××日 工作班:8工时	工人组成(完成工作数量 6.66 千块)							
	1 级	2 级	3 级	4 级	5 级	6 级	7 级	共计
				2		2		4

序号	工时消费种类	工时消耗量 /工分	百分比 /(%)	劳动组织的主要缺点
1	必须消耗的时间			
2	适合于技术水平的有效工作	1120	58.3	
3	不适合于技术水平的有效工作	67	3.5	
4	有效工作时间合计	1187	61.8	
5	休息	176	9.2	
6	不可避免的中断			
7	必须消耗的时间共计(A)	1363	71.0	1. 架子工搭设脚手板的工作没有保证质量,同时架子工的工作未按计划进度完成,以致影响了砌砖工人的工作。
8	损失时间	49	2.6	
9	由于砖层垒砌不正确而加以更改	54	2.8	2. 灰浆搅拌机时有故障发生,使灰浆不能及时供应。
10	因架子工把脚手板铺得太差而加以修正			
11	多余和偶然工作时间共计	103	5.4	3. 工长和工地技术人员,对于工人工作指导不及时,并缺乏经常的检查、督促,致使砌砖返工,架子工搭设脚手板后也未校验。又由于没有及时指示,而造成砌砖工停工。
12	因为没有灰浆而停工	112	5.9	
13	因脚手板准备不及时而停工	64	3.3	
14	因工长耽误指示而停工	100	5.2	
15	施工本身而停工时间小计	276	14.4	
16				
17	因雨停工	96	5.0	4. 由于工人宿舍距施工地点远,工人经常迟到
18	因停电而停工	12	0.6	
19	非施工本身而停工时间小计	108	5.6	
20				
21	工作班开始时迟到	34	1.7	
22	午后迟到	36	1.9	
23	违反劳动纪律小计	70	3.6	
24	损失时间共计(B)	557	29.0	
25	总共消耗的时间(C)	1920	100	

结论:全工作日时间损失占据 29%,原因主要是施工技术人员指导不力。如果能够保证对工人小组的工作给予切实有效的指导,改善施工组织管理,劳动生产率就可以提高 30% 以上。	实际生产率: 1920/(60×8×6.66)工日/千块=0.601 工日/千块 可能生产率: 1471/(60×8×6.66)工日/千块=0.460 工日/千块 可提高:(0.601/0.460-1)×100%≈30.7%

— 5.3.3　劳动消耗定额的确定 —

　　劳动消耗定额又称为劳动定额或人工定额,是考察生产单位合格产品的活劳动消耗量,是对产品生产过程中的有效劳动、符合产品质量要求的劳动消耗的规定。马克思说:劳动本身的量是用劳动的持续时间来计量,而劳动时间又是用一定的时间单位如工时、工日等作尺度。这就意味着工时或工日是衡量劳动消耗量的计量尺度。

1. 劳动消耗定额的表现形式

　　时间定额和产量定额是劳动消耗定额的两种表现形式。拟定出时间定额,也就可以计算出产量定额。

　　(1)时间定额。

　　时间定额是在正常的施工条件下,某工种某一等级的工人或工人班组,完成单位合格产品所需消耗工作时间的数量标准。时间定额以"工日"为计量单位,如工日/m²、工日/m³、工日/t 等。不难发现,不同的工作内容有着共同的时间单位,因此定额完成的工作量是可以相加的,也便于计算某工序(或工种)所需总工日数,适用于编制劳动计划和统计完成任务情况。例如,现浇混凝土构造柱的时间定额为 1.207 工日/m³。

(2)产量定额。

产量定额是在正常的施工条件下,某工种某一等级的工人或工人班组,在单位时间(工日)内应完成合格产品的数量标准。产量定额以"产品的单位"为计量单位,如 m²/工日、m³/工日、t/工日等。产量定额表示的完成产品的数量直观、具体,易被工人理解和接受,适用于向工人班组下达生产任务,考核工人的劳动生产率。例如,砌筑 1 砖混水墙的产量定额为 0.889 m³/工日。

(3)时间定额与产量定额的关系。

时间定额与产量定额在数值上互为倒数,即

$$时间定额 = \frac{1}{产量定额}$$

或者

$$时间定额 \times 产量定额 = 1$$

值得注意的是,当时间定额减少时,产量定额相应地增加,反之也成立。但它们在增减的百分比方面并不相同,比如,当时间定额减少 5% 时,产量定额增加 5.26%,而不是 5%。

2. 劳动消耗定额的编制依据

劳动消耗定额既是技术定额,又是一项重要的经济法规,需要反映一定时期的社会生产力发展水平。因此,劳动消耗定额的制定必须以国家有关技术、经济政策和可靠的科学技术资料为依据。

(1)国家的经济政策和劳动制度。国家的经济政策和劳动制度主要有《安装工人技术等级标准》、工资标准、工资奖励制度、劳动保护制度、人工工作制度等。

(2)技术资料。技术资料可分为有关技术规范和统计资料两部分。

① 技术规范主要包括建筑安装工程施工验收规范、建筑安装工程操作规范、《建筑工程施工质量验收统一标准》《建筑安装工人安全技术操作规程》、国家建筑材料标准等。

② 统计资料主要包括现场技术测定数据和工时消耗的单项或综合统计资料。

3. 劳动消耗定额的编制步骤及方法

(1)分析基础资料,拟定编制方案。拟定编制方案时主要考虑以下 4 个方面。

① 影响工时消耗因素的确定:技术因素、组织因素、系统性因素或偶然因素。

② 计时观察资料的整理:大多采用平均修正法。

③ 日常积累资料的整理和分析:现行定额的执行情况,补充定额资料,新工艺和新操作方法的资料,技术规范、操作规程、安全规程和质量标准等。

④ 拟定定额的编制方案:定额水平、子目划分、计量单位、定额的形式和内容。

(2)确定正常的施工条件,如拟定工作地点的组织、拟定工作组成、拟定施工人员的编制。

(3)确定人工定额消耗量。

在取得现场测定资料,搜集齐相关编制依据后,将制定劳动消耗定额的各种必需时间进行归纳,有的需要经过换算,有的则根据不同的工时规范附加,最后把各种定额时间加以综合、类比就是整个工作过程的人工消耗的时间定额。

① 确定工序作业时间。

根据计时观察资料的分析和选择,我们可以获得各种产品的基本工作时间和辅助工作时间,将这两种时间合并,称为工序作业时间。它是生产产品主要的必须消耗的工作时间,是各种因素的集中反映,决定着整个产品的定额时间。

a. 拟定基本工作时间。

基本工作时间在必须消耗的工作时间中所占的比重最大,也是完成产品生产最重要的时间。基本工作时间的消耗一般应根据计时观察资料来确定。

具体做法是,首先确定工作过程每一组成部分的工时消耗,然后再综合出工作过程的工时消耗。如果工作过程各组成部分的产品计量单位和最终产品计量单位不一致,就需先求出不同计量单位的换算系数,进行产品计量单位的换算,然后才能相加,求得工作过程的工时消耗。

如果工作过程各组成部分的产品计量单位与最终产品单位一致,单位产品的基本工作时间就是施工过程各组成部分工时的总和,计算公式为

$$T = \sum_{i=1}^{n} t_i$$

式中:T——单位产品的基本工作时间;

t_i——工作过程各组成部分的基本工作时间;

n——工作过程各组成部分的个数。

如果工作过程各组成部分的产品计量单位与最终产品单位不一致,各组成部分的基本工作时间应分别乘以相应的换算系数,计算公式为

$$T = \sum_{i=1}^{n} k_i \times t_i$$

式中:k_i——对应于 t_i 的换算系数。

【案例 5-1】 砌砖墙勾缝的计量单位是 m²,但若将勾缝作为砌砖墙施工过程的一个组成部分对待,即将勾缝时间按砌墙厚度以砌体体积计算,设每平方米墙面所需的勾缝时间为 10 min,试分别计算 1 砖厚墙和 $1\frac{1}{2}$ 砖厚墙两种不同厚度的墙体每立方米砌体所需的勾缝时间是多少。

b. 拟定辅助工作时间。

辅助工作时间的确定方法与基本工作时间相同。如果在计时观察法中不能取得足够的资料,也可以采用工时规范或经验数据来确定。如有现行的工时规范,就可以直接利用工时规范中规定的辅助工作时间占工序作业时间的百分比来计算。表 5-3 所示为木作业工程工时规范。

表 5-3 木作业工程工时规范

工作项目	疲劳程度	规范时间占工作日						
		准备与结束时间		休息时间		不可避免的中断时间		合计
		范围	%	范围	%	范围	%	%
门窗框扇安装、立木楞、吊水楞、铺地楞、钉立墙板条,以及各式室内木装修的安装工程	较轻	准备与收拾工具、领会任务单、研究工作、穿脱衣服、转移工作地及组长指导检查等	3.98	大小便、吸烟、喝水、擦汗、恢复疲劳的局部休息	6.25			10.14

工作项目	疲劳程度	规范时间占工作日						
		准备与结束时间		休息时间		不可避免的中断时间		合计
		范围	%	范围	%	范围	%	%
地板安装、顶天棚板条	中等	同上						

附注:计算定额作业时间时,依照下表所列的辅助时间在各工序中相应增加

工作项目	占工序作业时间/(%)	工作项目	占工序作业时间/(%)
磨刨刀	12.3	磨线刨	8.3
磨槽刨	5.9	锉锯	8.2
磨凿子	3.4		

② 确定规范时间。

规范时间内容包括工序作业时间以外的准备与结束时间、不可避免的中断时间以及休息时间。它们可以根据计时观察资料通过整理分析获得,也可以根据经验数据或工时规范,以占定额工作延续时间的百分比来计算。

a.拟定准备与结束时间。

准备与结束时间分为工作班内的准备与结束时间和任务的准备与结束时间两种。任务的准备与结束时间通常不能集中在某一个工作班内,而要分摊在单位产品的定额时间里。

b.拟定不可避免的中断时间。

在拟定不可避免的中断时间时,必须注意,应是由工艺特点所引起的不可避免的中断时间才可以列入工作过程的定额时间。而由于工人的任务分配不均、组织不善等引起的中断,则要通过合理安排劳动力的分配、改善劳动组织来克服,不应列入工作过程的定额时间。

c.拟定休息时间。

休息时间应根据工作班作息制度、经验资料、计时观察资料,以及工作的疲劳程度等的全面分析来确定。同时,还应尽可能利用不可避免的中断时间作为休息时间,以提高劳动生产率。

③ 拟定时间定额。

确定了基本工作时间、辅助工作时间、准备与结束工作时间、不可避免的中断时间和休息时间后,即可以计算劳动消耗定额中的时间定额。计算公式如下:

定额工作延续时间=基本工作时间+辅助工作时间+准备与结束工作时间
+不可避免的中断时间+休息时间

根据定额消耗量编制方案以及所占有测时资料的不同,对于定额时间有两种计算方法。

a.根据计时观察法获得基本工作时间的数据,而将辅助工作时间、准备与结束工作时间、不可避免的中断时间、休息时间之和作为其他工作时间,以其他工作时间所占定额工作延续时间的百分比来表达,计算公式为

定额工作延续时间=基本工作时间+其他工作时间

式中:定额工作延续时间=定额时间;

其他工作时间=辅助工作时间+准备与结束工作时间+不可避免的中断时间+休息时间。

$$定额时间=\frac{基本工作时间}{1-其他工作时间所占百分比}$$

b.根据先确定工序作业时间,然后确定规范时间,最后计算定额时间的编制顺序,计算公式为

$$定额工作延续时间 = 工序作业时间 + 规范时间$$

式中:工序作业时间 = 基本工作时间 + 辅助工作时间;

规范时间 = 准备与结束工作时间 + 不可避免的中断时间 + 休息时间。

$$工序作业时间 = \frac{基本工作时间}{1 - 辅助工作时间所占百分比}$$

$$定额时间 = \frac{工序作业时间}{1 - 规范时间所占百分比}$$

【案例 5-2】 某型钢支架制作,测时资料表明,焊接每吨型钢支架需消耗基本工作时间为 50 h,辅助工作时间、准备与结束工作时间、不可避免的中断时间和休息时间分别占工作延续时间的 3%、2%、2% 和 16%。试确定该支架制作的人工时间定额和产量定额。

【案例 5-3】 通过计时观察法获取的资料得知:人工挖 1 m³ 二类土需要消耗的基本工作时间为 6 h,辅助工作时间占工序作业时间的 2%,准备与结束工作时间、不可避免的中断时间、休息时间分别占工作延续时间的 3%、2%、18%。试计算该人工挖二类土的时间定额。

【课堂练习 1】 人工挖土方,按土壤分类属于二类土(普通土),测时资料表明,挖 1 m³ 土需消耗基本工作时间 55 min,辅助工作时间占基本工作时间的 2.5%,准备与结束工作时间占基本工作时间的 3%,不可避免的中断时间占基本工作时间的 1.5%,休息时间占工作延续时间的 15%,试确定人工挖土方的时间定额和产量定额。

【课堂练习 2】 采用技术测定法的测时法取得人工手推双轮车 65 m 运距运输标准砖的数据如下。

双轮车装载量:105 块/次。

工作日作业时间:400 min。

每车装卸时间:10 min。

往返一次运输时间:2.90 min。

工作日准备与结束工作时间:30 min。

工作日休息时间:35 min。

工作日不可避免的中断时间:15 min。

问题:

(1)计算每日单车运输次数;

(2)计算每运 1000 块标准砖的作业时间;

(3)计算准备与结束工作时间、休息时间、不可避免的中断时间分别占作业时间的百分比;

(4)确定每运 1000 块标准砖的时间定额。

4.劳动消耗定额的应用

表 5-4 至表 5-6 所示为柱(钢)模板工程、柱钢筋工程、柱混凝土工程劳动定额表。

表 5-4 柱(钢)模板工程劳动定额表/(工日/10 m²)

工作内容:熟悉施工图纸,布置操作地点,领退料具,队(组)自检互检,排除一般机械故障,钢支撑安装、拆除,机具保养,操作完毕后的场地清理等。

项目		综合	安装	拆除	定额编号
矩形柱	周长/m				
	1.6 以内	2.500	1.750	0.752	AF0046
	2.4 以内	2.070	1.450	0.619	AF0049
	3.6 以内	1.880	1.320	0.555	AF0052
	3.6 以外	1.700	1.200	0.501	AF0055
构造柱		3.020	2.110	0.910	AF0058
序号		一	二	三	

注:1.构造柱不分几面支模,均按本标准执行。

2.柱如带牛腿、方角者,每10个,制作增加2.00工日,安装(包括部分木模制作)增加3.00工日,拆除增加0.600工日,工程量与柱合并计算。

3.构造柱阴角需堵缝者(除钢模板外),每10 m制、安、拆增加0.200工日,工程量按实堵缝的延长米计算。

表 5-5 柱钢筋工程劳动定额表/(工日/t)

工作内容:熟悉施工图纸,布置操作地点,领退料具,队(组)自检互检,机械加油加水,排除一般机械故障,钢筋制作、绑扎,机具保养,操作完毕后的场地清理等。

项目			综合		制作		手工绑扎	定额编号
			机制手绑	部分机制手绑	机械	部分机械		
矩形、构造柱	主筋直径/mm	16 以内	6.50	7.38	2.66	3.54	3.84	AG0025
		25 以内	4.51	5.12	1.83	2.44	2.68	AG0026
		25 以上	3.48	3.94	1.40	1.86	2.08	AG0027
圆形、多角形柱		12 以内	9.04	9.99	3.16	4.11	5.88	AG0028
		20 以内	6.52	7.25	2.42	3.15	4.10	AG0029
		20 以上	5.19	5.71	1.74	2.26	3.45	AG0030
序号			一	二	三	四	五	

注:1.柱钢筋绑扎如带牛腿、方角、柱帽、柱墩者,每10个增加1.00工日,其钢筋重量与柱合并计算,制作不另加工。

2.柱不论竖筋根数多少或单、双箍,均按标准执行。

【案例 5-4】 某工程采用现捣钢筋混凝土柱(带一牛腿),已计算每个柱钢筋用量:Φ25 为 1.011 t,Φ20 为 0.652 t,Φ12 为 0.212 t,Φ8 为 0.153 t。采用机制手绑,共有同类型柱 20 根。试计算完成这批柱钢筋制作绑扎所需的总工日数。

表 5-6 柱混凝土工程劳动定额表/(工日/m³)

工作内容:熟悉施工图纸,布置操作地点,领退料具,队(组)自检互检,机械加油加水,排除一般机械故障,混凝土搅拌、捣固,机具保养,操作完毕后的场地清理等。

定额编号		AH0023	AH0024	AH0025	AH0026	序号
项目		矩形柱				
		周长/m				
		≤1.6	≤2.4	≤3.6	>3.6	
机拌机捣	双轮车	1.72	1.58	1.44	1.30	一
	小翻斗	1.54	1.42	1.29	1.17	二
	塔吊直接入模	1.28	1.18	1.08	0.97	三
商品混凝土机捣	汽车泵送	0.823	0.738	0.653	0.559	四
商品混凝土机捣	现场地泵送	0.871	0.781	0.691	0.592	五
集中搅拌机捣	塔吊吊斗送	0.968	0.868	0.768	0.658	六
机械捣固		1.30	1.18	1.05	0.96	七

注：1. 柱的牛腿、方角、柱帽、柱墩及带沿者，均包括在标准内，工程量合并计算，不另加工。

2. 柱子与墙连接者，按墙相应项目的标准执行。

【案例 5-5】 某工程一楼层有现捣矩形柱，设计断面为 500 mm×500 mm，柱混凝土体积为 130 m³，施工采用机拌、机捣，塔吊直接入模。每天有 25 名专业工人投入混凝土浇捣。试计算完成该工程柱浇捣所需的定额施工天数。

5.3.4 材料消耗定额的确定

建筑材料是消耗于建筑产品的物化劳动。在一般工业与民用建筑工程中，材料消耗占工程成本的 60%～70%。材料消耗定额的任务，就在于利用定额这一技术经济指标，对材料的消耗进行监督和控制。

因此，材料消耗定额是控制材料需用量计划、供应计划、存储计划的依据，也是企业对工人签发材料限额领用单和材料核算的依据，以保证材料的合理供应，减少浪费、积压或供应不及时等现象发生，从而实现降低物资消耗和节约工程成本的目的。

5.3.4.1 材料的分类

要合理确定材料的定额消耗量，必须先研究和区分出材料在施工过程中的类别。

1. 按材料消耗的性质划分

施工中材料的消耗按其性质可以分为必须消耗的材料和损失的材料两类。

(1) 必须消耗的材料是指在合理用料的条件下，生产单位合格产品所需消耗的材料，属于施工正常的材料消耗，应计入材料消耗定额中，是确定材料消耗定额的基本数据。它包括直接用于建筑和安装工程的材料、不可避免的施工废料和不可避免的施工操作损耗。其中，直接用于建筑和安装工程的材料用量称为材料净用量，是可以在建筑产品上看得见、摸得着、数得出的，一般来说，净用量占材料消耗量的 95% 以上；不可避免的施工废料和施工操作损耗数量称为材料损耗量，是在正常条件下不可避免的，如现场内材料运输及施工操作过程中的损耗等（比如不可回收的砌墙落地灰，液体的溅洒、挥发等）。

可见,材料的消耗量由材料净用量和材料损耗量组成,其公式如下:

$$材料消耗量=材料净用量+材料损耗量$$

材料损耗量可用材料损耗率(%)来表示,即材料的损耗量与材料净用量的比值,可用下式表示:

$$材料损耗率=\frac{材料损耗量}{材料净用量}\times100\%$$

材料损耗率(%)确定后,材料消耗量可用下式表示:

$$材料消耗量=材料净用量\times(1+材料损耗率)$$

另外,材料损耗量也可以采用在材料净用量的基础上乘以材料损耗率来表示。在已知材料净用量和材料损耗率的条件下,要计算出材料损耗量就需要找出它们之间的关系系数,这个关系系数称为损耗率系数。

$$材料损耗量=材料净用量\times损耗率系数$$

$$损耗率系数=\frac{材料损耗量}{材料净用量}$$

【案例 5-6】 已知每 10 m³ 的砖墙砌体中的标准砖净用量为 5143 块,砌筑砂浆为 2.260 3 m³,从材料损耗表中查得,砖墙中的标准砖及砂浆的损耗率均为 1%。试计算每 10 m³ 一砖厚墙砌体中标准砖和砌筑砂浆的损耗量和消耗量。

(2)损失的材料。

损失的材料是施工生产中的不合理耗费,一般是可以通过加强管理来避免的,所以在确定材料定额消耗量时一般不予考虑。

2.按材料消耗与工程实体的关系划分

施工中的材料也可分为实体材料和非实体材料两类。

(1)实体材料是指直接构成工程实体的材料,包括工程直接性材料和辅助性材料。工程直接性材料主要是指一次性消耗的、直接用于工程上构成建筑物或结构本体的材料,如钢筋混凝土柱中的钢筋、水泥、砂、碎石等;辅助性材料主要是指虽然也是施工过程中所必需的,但它并不构成建筑物或结构本体,如土石方爆破工程中所需的炸药、引信、雷管,油漆工程施工中使用的松香水等。直接性材料用量大,辅助性材料用量少。

(2)非实体材料是指在施工中必须使用但又不能构成工程实体的施工措施性材料。非实体材料主要是指周转性材料,如模板、脚手架等。

5.3.4.2 确定实体材料定额消耗量

构成工程实体的材料净用量和损耗量的计算数据,可以通过现场技术测定、实验室试验、现场统计和理论计算等方法获得。

现场技术测定法又称为观测法,是根据对施工现场材料消耗过程的观察与测定,通过对完成产品的数量和所消耗材料数量的计算,进而确定各种材料消耗定额的一种方法。该方法主要用于确定材料的损耗量,因为材料损耗量的数值用统计法或其他方法较难得到。通过现场观察,还可以区别出哪些是可以避免的损耗,哪些是难以避免的损耗,以明确定额中不应列入的、可以避免的损耗。

实验室试验法主要用于编制材料净用量定额。在实验室内采用专门的仪器设备,通过实验能够对材料的结构、化学成分和物理性能,以及按强度等级控制的混凝土、砂浆、沥青、油漆等配比做出科学的结论,给编制材料消耗定额提供有技术根据的、比较精确的计算数据。但其缺点在

于无法估计到施工现场某些因素对材料消耗量的影响。

现场统计法是以施工现场积累的分部分项工程使用材料数量、完成产品数量、完成工作原材料的剩余数量等统计资料为基础,经过整理分析,获得材料消耗数据的方法。这种方法由于不能分清材料消耗的性质,因而不能作为确定材料净用量定额和材料损耗定额的依据,只能作为编制定额的辅助性方法使用。

需要指出的是,上述三种方法的选择必须符合国家有关标准规范,即材料的产品标准,计量要使用标准容器和称量设备,质量符合施工验收规范要求,以保证获得可靠的定额编制依据。

理论计算法是运用一定的数学公式来计算材料的消耗定额的方法。它是根据设计图纸、施工规范及材料规格,运用一定的理论计算式,制定材料消耗定额的方法。这种方法主要适用于按件论块的现成制品材料和砂浆、混凝土等半成品材料,例如砌砖工程中的砖、块料镶贴中的瓷砖、面砖、大理石、花岗石等块料。这种方法比较简单,先按一定公式计算出材料的净用量,再根据损耗率计算出损耗量,然后将两者相加,即为材料消耗定额。

1. 砌体材料消耗量的计算

砌体材料消耗量计算的一般公式(仅适用于实砌墙体):

$$1\ \text{m}^3\ \text{砌体砌块的净用量} = \frac{2}{\text{墙厚} \times (\text{砖长} + \text{灰缝宽}) \times (\text{砖厚} + \text{灰缝宽})} \times k$$

式中:k——墙厚的砖数,是指用标准砖的长度来标明墙体的厚度。半砖($\frac{1}{2}$砖)墙指120墙体,砖墙计算厚度115 mm,$k = 0.5$;$\frac{3}{4}$砖墙指180墙体,砖墙计算厚度178 mm,$k = 0.75$;1砖墙指240墙体,砖墙计算厚度240 mm,$k = 1$;$1\frac{1}{2}$砖墙指370墙体,砖墙计算厚度365 mm,$k = 1.5$。图5-8所示为1砖厚标准砖砌体尺寸示意图,图5-9所示为$1\frac{1}{2}$砖厚标准砖砌体砌筑施工图,表5-7所示为不同规格砌块砌筑砌体的计算尺寸和设计标注尺寸对比。

$$\text{砂浆净用量} = 1\ \text{m}^3\ \text{砌体} - 1\ \text{m}^3\ \text{砌体砌块净用量} \times \text{砌块的单位体积}$$

比如,标准砖砌块的尺寸为240 mm×115 mm×53 mm,其材料净用量的计算公式:

$$1\ \text{m}^3\ \text{砌体标准砖净用量} = \frac{2}{\text{墙厚} \times (\text{砖长} + \text{灰缝宽}) \times (\text{砖厚} + \text{灰缝宽})} \times k$$

$$1\ \text{m}^3\ \text{砌体标准砖消耗量} = \text{标准砖净用量} \times (1 + \text{损耗率})$$

$$\text{砂浆净用量} = 1\ \text{m}^3 - 1\ \text{m}^3\ \text{砌体标准砖净用量} \times 0.24 \times 0.115 \times 0.053$$

$$1\ \text{m}^3\ \text{砌体砂浆消耗量} = \text{砂浆净用量} \times (1 + \text{损耗率})$$

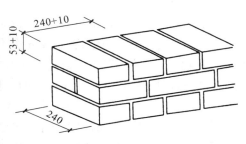

图5-8　1砖厚标准砖砌体尺寸示意图

图5-9　$1\frac{1}{2}$砖厚标准砖砌体砌筑施工图

表 5-7　不同规格砌块砌筑砌体的计算尺寸和设计标注尺寸对比

砌体规格尺寸（长×宽×厚）/mm	砖墙/mm	1 砖墙/mm	$1\frac{1}{2}$ 砖墙/mm	备注
240×115×90	115/120	240	365/370	多孔砖 KP$_1$-2
240×190×90	190/200	240	—	多孔砖 DM$_1$-2
190×190×90	—	190/200	—	
190×90×90	90/100	190/200	290/300	
190×95×90	95/100	190/200	295/300	
200×95×90	95/100	200	305/300	
200×90×90	90/100	200	300	

【案例 5-7】　计算 1 m³ 标准砖砌筑 1 砖外墙砌体所消耗的砖数和砂浆的数量。灰缝 10 mm 厚,砖损耗率为 1.5%,砂浆损耗率为 1.2%。

【课堂练习 3】　某框架结构填充墙,采用混凝土空心砌块砌筑,墙厚 190 mm,空心砌块尺寸为 390 mm×190 mm×190 mm,损耗率为 1%;砌块墙的砂浆灰缝宽为 10 mm,砂浆损耗率为 1.5%。问题:(1)计算每 1 m³ 厚度为 190 mm 的混凝土空心砌块墙的砌块净用量和消耗量;(2)计算每 1 m³ 厚度为 190 mm 的混凝土空心砌块墙的砂浆消耗量。

2. 块料面层材料消耗量的计算

$$100\ \text{m}^2\ 块料净用量 = \frac{100}{(块料长+灰缝宽)\times(块料宽+灰缝宽)}\ 块$$

$$100\ \text{m}^2\ 灰缝砂浆净用量 = [100\ \text{m}^2 - (块料长\times块料宽\times100\ \text{m}^2\ 块料净用量)]\times灰缝深$$

$$100\ \text{m}^2\ 结合层砂浆净用量 = 100\ \text{m}^2\times结合层厚度$$

$$100\ \text{m}^2\ 块料消耗量 = 100\ \text{m}^2\ 块料净用量\times(1+损耗率)$$

$$100\ \text{m}^2\ 块料面层砂浆消耗量 = (100\ \text{m}^2\ 灰缝砂浆净用量+100\ \text{m}^2\ 结合层砂浆净用量)\times(1+损耗率)$$

【案例 5-8】　用 1∶1 水泥砂浆贴 150 mm×150 mm×5 mm 瓷砖墙面,结合层厚度为 10 mm,试计算每 100 m² 瓷砖墙面中瓷砖和砂浆的消耗量(灰缝宽为 2 mm)。假设瓷砖损耗率为 1.5%,砂浆损耗率为 1%。

【课堂练习 4】　屋面防水油毡卷材规格 0.915×21.86 m² = 20 m²,铺卷材时,长边搭接 160 mm,短边搭接 110 mm,损耗率 1%。试计算屋面每 100 m² 防水油毡卷材的消耗量。

3. 确定周转材料定额消耗量

周转材料是指在施工中不是一次性消耗的材料,而是随着多次周转使用而逐渐消耗掉的工具性材料,亦称为材料型工具或工具型材料。在周转使用过程中,该类材料尚需要不断补充,多次重复使用,例如各种模板、脚手架、支撑、挡土板、活动支架、跳板等。按照该类材料的使用特点,在确定周转材料定额消耗量时,就应当按照多次使用、分期摊销的方式进行计算。

以常用的现浇混凝土结构木模板为例,介绍该类材料定额消耗量的确定。

(1)确定一次使用量。

一次使用量是指周转材料在建筑产品生产中第一次制作时(不再重复使用)的材料耗用量,通常可以根据结构设计图纸计算。计算公式:

一次使用量=混凝土构件模板接触面积×每平方米接触面积的模板净用量×(1+制作损耗率)

＝一次净用量×(1+制作损耗率)

现浇构件模板一次使用量如表 5-8 所示。

（2）周转损耗量。

周转材料在从第二次使用起，每完成一次产品生产后必须进行一定的修补加工才能使用。周转损耗量是指每次加工修补所需补充新材料的平均数量，即补损量。

补损率是指周转材料使用一次后为了修补难以避免的损耗所需补充新材料的平均数量占一次使用量的百分数。补损率的大小主要取决于材料的拆除、运输和堆放的方法，以及施工现场的条件。一般情况下，它随着周转次数的增多而加大，一般用平均补损率来计算。

$$周转损耗量 = \frac{一次使用量 \times (周转次数 - 1) \times 补损率}{周转次数}$$

$$补损率 = \frac{平均每次损耗量}{一次使用量} \times 100\%$$

（3）周转次数。

周转次数是指周转材料从第一次开始使用起到报废为止，可以重复使用的次数，其数值一般采用现场观察法或统计分析法来测定。

（4）周转使用量。

周转使用量是指周转材料在周转使用和补损的条件下，每周转使用一次平均所需的材料数量。

$$周转使用量 = \frac{一次使用量 + 一次使用量 \times (周转次数 - 1) \times 补损率}{周转次数} = \frac{一次使用量}{周转次数} + 周转损耗量$$

$$= \frac{一次使用量}{周转次数} \times [1 + (周转次数 - 1) \times 补损率]$$

$$= 一次使用量 \times k_1$$

式中：k_1——周转使用系数。

$$k_1 = \frac{1 + (周转次数 - 1) \times 补损率}{周转次数}$$

（5）材料回收量。

材料回收量指周转材料每周转一次后，可以平均回收材料的数量。这部分材料回收量应从摊销量中扣除，通常可以规定一个合理的回收折价率进行折算。特别是在计算钢筋混凝土现捣构件木模板摊销量时，应考虑木模板回收时的折价率。

$$材料回收量 = \frac{一次使用量 \times (1 - 补损率)}{周转次数} \times 折价率$$

$$= 一次使用量 \times \frac{1 - 补损率}{周转次数} \times 折价率$$

（6）材料摊销量。

材料摊销量是周转材料在重复使用条件下，应分摊到每一计量单位结构构件上的周转材料的消耗数量，是应纳入定额的实际周转材料的消耗数量。周转材料摊销量是指完成一定计量单位产品，每使用一次这类材料应分摊在该单位产品上的消耗数量，即定额规定的平均一次消耗量。

$$材料摊销量 = 周转使用量 - 回收量$$

$$材料摊销量 = 一次净用量 \times (1 + 制作损耗率)$$

$$\times \left[\frac{1 + (周转次数 - 1) \times 补损率}{周转次数} - \frac{(1 - 补损率) \times 折价率}{周转次数} \right]$$

表 5-8　现浇构件模板一次使用量表　　　　　　　　单位:100 m² 模板接触面积

编号	项目	模板种类	支撑种类	混凝土体积	一次使用量							周转次数	周转补损率
					组合式钢模	模板木材	复合模板	复合模板木龙骨	钢支撑	零星卡具	木支撑		
				m³	kg	m³	m²	m³	kg	kg	m³	次	%
46	矩形柱	钢模	钢	10.35	3866	0.305			5458.8	1308.6	1.73	50	
47		复模		10.35			100	2.676	5458.8		1.73	5	15
48	构造柱	钢模	钢	10.01	3866	0.305			5458.8	1308.6	1.73	50	
49		复模		10.01			100	2.676	5458.8		1.73	5	15
57	矩形梁	钢模	钢	10.96	3828.5	0.08			9535.7	806	0.29	50	
58		复模		10.96			100	3.098	9535.7		0.29	5	15
59	异形梁	木模	钢	11.17		6.306			9535.7		7.603	5	15
77	有梁板	钢模	钢	12.66	3567	0.283			7163.9	691.2	1.392	50	
78		复模		12.66			100	3.127	7163.9		1.392	5	15
81	平板	钢模	钢	12.66	3380	0.217			5704.8	542.4	1.448	50	
82		复模		12.66			100	3.127	5704.8		1.448	5	15

摘自:《房屋建筑与装饰工程消耗量定额》(TY01—31—2015)

【案例 5-9】　根据选定的现浇钢筋混凝土矩形梁施工图计算出每 10 m³ 矩形梁模板接触面积为 68.70 m²,经计算每 10 m² 模板接触面积需枋板材 1.64 m³,制作损耗率为 5%,周转次数为 5 次,补损率为 15%,模板回收折价率为 50%。

问题:

① 计算每 10 m³ 现浇混凝土矩形梁模板的一次使用量。

② 计算模板的周转使用量。

③ 计算模板回收量。

④ 计算每 10 m³ 现浇混凝土矩形梁模板的摊销量。

【课堂练习 5】　钢筋混凝土构造柱按选定的模板设计图纸计算,每 10 m³ 混凝土模板接触面积 66.7 m²,每 10 m² 接触面积需木板材 0.375 m³,模板的施工制作损耗率为 5%,周转次数为 8 次,每次周转补损率为 15%,试计算模板摊销量。

——5.3.5　机械台班消耗定额的确定——

如前所述可知,机械台班消耗定额的表现形式可分为时间定额和产量定额两种,且二者数值上互为倒数,即机械台班时间定额×机械台班产量定额＝1。

机械台班时间定额是指在正常的施工条件和合理的劳动组织下,完成单位合格产品所必须消耗的机械台班数量,用公式表示如下:

$$机械台班时间定额 = \frac{1}{机械台班产量定额}$$

机械台班产量定额指在正常的施工条件和合理的劳动组织下,在一个台班时间内必须完成

的单位合格产品的数量,用公式表示如下:

$$机械台班产量定额 = \frac{1}{机械台班时间定额}$$

由于机械生产必须由工人的配合才能得以实现,机械台班人工配合定额就是指机械台班的配合用工部分,即机械和工人共同作业时的人工定额,用公式表示如下:

$$人工时间定额 = \frac{机械台班内工人的总工日数}{机械的台班产量}$$

要正常发挥机械的额定能效,对机械与作业对象的相互位置、操作,以及配合人员的能力和数量的配置等都有很高的要求。因此,在确定机械台班消耗量定额时,要先确定施工机械的正常作业条件。图 5-10 所示为确定机械台班定额消耗量的流程图。

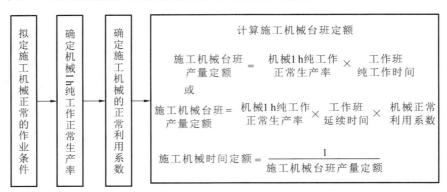

图 5-10 确定机械台班定额消耗量的流程图

1. 拟定施工机械正常的作业条件

机械作业与人工操作相比较,其劳动生产率与其施工条件紧密相关。拟定机械的作业条件主要是拟定作业地点的合理组织和工人的合理编制。

(1)拟定作业地点的合理组织,就是对施工地点机械和材料的放置位置、工人从事操作的场所等在平面布置上和空间布置上做出科学合理的安排,尽可能充分发挥机械的效能,同时适当减少工人的劳动强度。

(2)拟定工人的合理编制就是参照施工机械的性能、作业特点和机械的设计产能,结合工人的专业分工和劳动工效,合理确定能够保证机械正常生产率和工人正常劳动工效的工人编制人数。

2. 确定机械 1 h 纯工作正常生产率

机械纯工作时间是指机械的必须消耗时间,包括在满载和有根据地降低负荷下的工作时间、不可避免的无负荷工作时间和必要的中断时间。机械 1 h 纯工作正常生产率就是在正常施工组织条件下,具有必需的知识和技能的技术工人操作机械一小时的生产率。

根据机械工作特点的不同,机械 1 h 纯工作正常生产率的确定方法主要有循环动作机械和连续动作机械两种。

(1)循环动作机械。

循环动作机械是指重复地、有规律地在每一周期内进行着同样次序的动作的机械。如混凝土搅拌机、挖掘机等,每一循环动作的正常延续时间包括不可避免的空转和中断时间,但在同一时间区段内不能重叠计时。

对于按照同样次序、定期重复固定的工作与非工作组成的循环动作机械，机械 1 h 纯工作正常生产率的计算如下。

① 首先要根据现场观察资料和机械说明书确定机械循环一次由几个部分组成，以及各组成部分各自的延续时间，然后将各组成部分的延续时间相加，再减去各组成部分之间的交叠时间，即可求出机械循环一次的正常延续时间。

$$机械一次循环的正常延续时间 = \sum(循环各组成部分正常延续时间) - 交叠时间$$

② 计算机械 1 h 纯工作循环次数。

$$机械 1 h 纯工作循环次数 = \frac{60 \times 60}{一次循环的正常延续时间}$$

③ 计算机械 1 h 纯工作正常生产率。

机械 1 h 纯工作正常生产率 = 机械 1 h 纯工作循环次数 × 一次循环生产的产品数量

（2）连续动作机械。

连续动作机械是指工作时无规律性的周期界线，不停地做某一种动作的机械，如皮带运输机等。对于该类机械，在确定机械 1 h 纯工作正常生产率时，要根据机械的类型和结构特征，以及工作过程的特点来进行计算。计算公式如下：

$$机械 1 h 纯工作正常生产率 = \frac{工作时间内生产的产品数量}{工作时间}$$

式中，工作时间内生产的产品数量和工作时间，要通过多次现场观察和机械说明书来取得。

3. 确定施工机械的正常利用系数

施工机械的正常利用系数是指机械在工作班内对工作时间的利用率。施工机械的正常利用系数和施工机械在工作班内的工作状况有着密切关系。机械正常利用系数的计算公式如下：

$$施工机械的正常利用系数 = \frac{施工机械在一个工作班内纯工作时间}{一个工作班延续时间（8 h）}$$

4. 计算施工机械台班定额

施工机械台班产量定额 = 机械 1 h 纯工作正常生产率 × 工作班纯工作时间

= 机械 1 h 纯工作正常生产率 × 工作班延续时间 × 施工机械的正常利用系数

$$施工机械时间定额 = \frac{1}{施工机械台班产量定额}$$

【案例 5-10】 某工程施工现场采用出料容量 500 L 的混凝土搅拌机拌制混凝土，每一次循环中，装料、搅拌、卸料、中断需要的时间分别为 1 min、3 min、1 min、1 min，机械的正常利用系数为 0.9，求该机械的台班产量定额。

【案例 5-11】 采用机械翻斗车运输砂浆，运输距离 200 m，平均行驶速度 10 km/h，候装砂浆时间平均每次 5 min，每次装载砂浆 0.60 m³，台班时间利用系数按 0.9 计算。

问题：

① 计算机动翻斗车运砂浆的每次循环延续时间。

② 计算机动翻斗车运砂浆的台班产量定额和时间定额。

【课堂练习 6】 某轮胎式起重机吊装大型屋面板，每次吊装一块，经过现场计时观察，测得循环一次的各组成部分的平均延续时间为：挂钩时的停车时间为 30.2 s，将屋面板吊至 15 m 高的时间为 95.6 s，将屋面板下落就位的时间为 54.3 s，解钩时的停车时间为 38.7 s，回转悬臂、放下吊绳空回至构件堆放处的时间为 51.4 s。工作班 8 h 内的实际工作时间为 7.2 h，求产量定额和时间定额。

89

【课堂练习7】 某现浇框架结构房屋的二层柱、梁混凝土为 C25,共计 3.83 m³。采用出料容积为 400 L 的混凝土搅拌机现场拌制。框架间墙为混凝土空心砌块墙体,图示墙体厚度为 200 mm,工程量为 21.45 m²。相关技术资料测定如下。

(1)上述搅拌机每一次搅拌循环:装料 55 s,搅拌 140 s,卸料 40 s,不可避免中断 15 s,机械利用系数为 0.8,混凝土损耗率为 1.5%。

(2)砌筑 1 m² 空心砌块墙需要消耗基本工作时间 35 min,辅助时间占工作延续时间的 6%,不可避免的中断时间占基本工作时间的 3%,休息时间占基本工作时间的 4%。

(3)已知砌块规格为 390 mm×190 mm×190 mm,损耗率为 1%;砌块墙的砂浆灰缝厚度为 10 mm,砂浆损耗率为 1.5%。

试计算:

(1)需要混凝土搅拌机的台班数量。

(2)完成框架间填充墙砌筑需多少工日。

(3)混凝土空心砌块和砂浆的耗用量各是多少。

5.4 人工、材料、机械台班单价的确定

5.4.1 人工日工资单价的组成和确定方法

1.人工日工资单价及其组成

按照住房城乡建设部、财政部颁布的《关于印发〈建筑安装工程费用项目组成〉的通知》(建标〔2013〕44 号),人工日工资单价是指施工企业平均技术熟练程度的生产工人在每工作日(国家法定工作时间内)按规定从事施工作业应得的日工资总额,由计时工资或计件工资、奖金、津贴补贴以及特殊情况下支付的工资组成。

(1)计时工资或计件工资是指按计时工资标准和工作时间或对已做工作按计件单价支付给个人的劳动报酬。

(2)奖金是指对超额劳动和增收节支支付给个人的劳动报酬,如节约奖、劳动竞赛奖等。

(3)津贴补贴是指为了补偿职工特殊或额外的劳动消耗和因其他特殊原因支付给个人的津贴,以及为了保证职工工资水平不受物价影响而支付给个人的物价补贴,如流动施工津贴、特殊地区施工津贴、高温(寒)作业临时津贴、高空津贴等。

(4)特殊情况下支付的工资是指根据国家法律、法规和政策规定,因病、工伤、产假、计划生育假、婚丧假、事假、探亲假、定期休假、停工学习、执行国家或社会义务等原因,按计时工资标准或计时工资标准的一定比例支付的工资。

需要特别注意的是,《上海市建设工程施工费用计算规则》(SHT 0—33—2016)规定:人工单价指在单位工作日内,支付给直接从事建筑安装工程施工作业的生产工人和附属生产单位工人的各项费用,一般包括计时工资或计件工资、奖金、津贴补贴、社会保险费(个人缴纳部分)等。

2.人工日工资单价的计算与管理

(1)年平均每月法定工作日。

由于人工日工资单价是每一个法定工作日的工资总额,因此需要对年平均每月法定工作日

进行计算。计算公式如下：

$$年平均每月法定工作日 = \frac{全年日历日 - 法定假日}{12}$$

式中，法定假日指双休日（104 天）和法定节日（11 天），但法定节日是带薪休假的。故年平均每月法定工作日（即计薪日）一般可按 21.75 天计。

（2）人工日工资单价的计算。

$$人工日工资单价 = \frac{生产工人平均月工资（计时、计件） + 平均月（奖金 + 津贴补贴 + 特殊情况下支付的工资）}{年平均每月法定工作日}$$

（3）人工日工资单价的管理。

随着我国社会主义市场经济的快速发展，人工日工资单价应主要参考建筑劳务市场来确定。但由于人工日工资单价在我国具有一定的政策性，因此工程造价管理机构也需要确定人工日工资单价。

工程造价管理机构确定人工日工资单价应通过市场调查、根据工程项目的技术要求、参考实物工程量人工单价综合分析确定，最低人工日工资单价不得低于工程所在地人力资源和社会保障部门所发布的最低工资标准的倍数，普工 1.3 倍，一般技工 2 倍，高级技工 3 倍。

工程计价定额不可只列一个综合工日单价，应根据工程项目技术要求和工种差别适当划分多种日人工单价，以确保各分部工程人工费的构成合理。

3. 影响人工日工资单价的因素

（1）社会平均工资水平。它取决于经济发展水平。由于经济的增长，社会平均工资也会增长，从而使人工日工资单价提高。

（2）生活消费指数。生活消费指数的变动决定于物价的变动，尤其是生活消费品物价的变动。

（3）人工日工资单价的组成内容。建标〔2013〕44 号文中将职工福利费和劳动保护费从人工日工资单价中删除，这也必然影响人工日工资单价的变化。

（4）劳动力市场供需变化。

（5）政府推行的社会保障和福利政策。

4. 人工费及其组成

按照住房城乡建设部、财政部颁布的《关于印发〈建筑安装工程费用项目组成〉的通知》（建标〔2013〕44 号）规定，人工费是指按工资总额构成规定，支付给从事建筑安装工程施工的生产工人和附属生产单位工人的各项费用，其内容包括计时工资或计件工资、奖金、津贴补贴、加班加点工资和特殊情况下支付的工资。其中，加班加点工资是指按规定支付的在法定节假日工作的加班工资和在法定日工作时间外延时工作的加班加点工资。计算公式：

$$人工费 = \sum（工日消耗量 \times 日工资单价）$$

5.4.2 材料单价的组成和确定方法

1. 材料单价

材料单价是指材料（包括构件、成品及半成品等）从其来源地（或交货地点、供应者仓库提货地点）到达施工工地仓库（施工地点内存放材料的地方）后出库形成的综合平均价格。

2. 材料单价构成及其计算方法

材料单价指单位材料价格,一般由材料原价(或供应价格)、材料运杂费、运输损耗费、采购及保管费组成。采用一般计税方法计取增值税的,材料单价组成中的各项费用,均不包含增值税可抵扣进项税额。

(1)材料原价也称为材料的采购价、进价。材料原价一般是指材料、工程设备的出厂价格或商家的供应价格,即国内采购材料的出厂价格或国外采购材料抵达买方边境、港口或车站并交纳完各种手续费、税费后形成的价格,是材料单价中最重要的组成部分。在确定材料的原价时,同一种材料因来源地、交货地、供货单位、生产厂家不同而有几种价格(原价)时,根据不同来源地供货数量比例,采取加权平均的方法确定其综合原价。计算公式如下:

$$加权平均原价 = \frac{K_1C_1 + K_2C_2 + \cdots + K_nC_n}{K_1 + K_2 + \cdots + K_n}$$

式中:$K_1, K_2, \cdots, K_n$——各不同供应地点的供应量或各不同使用地点的需要量;

$C_1, C_2, \cdots, C_n$——各不同供应地点的原价。

【案例 5-12】 某建筑工程需要采购商品混凝土,由甲、乙两地的供应商供货,其中:甲地供应 200 m³,出厂价 420 元/m³;乙地供应 300 m³,出厂价 410 元/m³。试计算本次采购商品混凝土的原价。

(2)材料运杂费是指材料、工程设备国内采购自来源地、国外采购自到岸港运至工地仓库或指定堆放地点的过程中所发生的全部费用,含外埠中转运输过程中所发生的一切费用,比如车船运费、调车和驳船费、装卸费、过境过桥费和其他附加的费用等。一般按外埠运杂费和市内运杂费两种计算。

(3)运输损耗费是指材料在场外运输和装卸过程中不可避免的损耗。

(4)采购及保管费是指为组织采购、供应和保管材料、工程设备的过程中所需要支出的各项费用,包括采购费、仓储费、工地仓库的保管费、过秤费、仓储损耗等。

3. 材料费的计算方法

(1)材料费。

材料费是指施工过程中耗费的各种原材料、辅助材料、构配件、零件、半成品或成品、工程设备的费用。这里的"工程设备"是指构成或计划构成永久工程一部分的机电设备、金属结构设备、仪器装置及其他类似的设备和装置。

(2)材料费计算方法。

计算材料费的基本要素就是材料单价和材料消耗量。以发承包双方按材料单价所包括的内容为基础,根据建设工程具体特点及市场情况,采用工程造价管理机构发布的建设工程材料价格信息,或参照建筑、建材市场材料价格,约定材料单价,并乘以相应材料的定额消耗量计算出的材料费用。

材料费的计算公式:

① 材料费 $= \sum$(材料消耗量 × 材料单价)。材料单价包括材料原价、材料运杂费、运输损耗费和采购及保管费。

② 工程设备费 $= \sum$(工程设备量 × 工程设备单价)。其中,工程设备单价=(设备原价+运杂费)×[1+采购及保管费费率(%)]。

【案例 5-13】 某工程采用袋装水泥,由甲、乙两家水泥厂直接供应。甲水泥厂供应量为 5000 t,出厂价 280 元/t,汽车运距 35 km,运价 1.2 元/(t·km),装卸费 8 元/t;乙水泥厂供应量为 7000 t,出厂价 260 元/t,汽车运距 50 km,运价 1.2 元/(t·km),装卸费 7.5 元/t。已知:每吨水泥 20 袋,包装纸袋费用已包括在出厂价内,每只水泥袋原价 2 元,运输损耗率 2.5%,采购及保管费费率 3%。求该工程水泥价格。

4. 影响材料预算价格变动的因素

（1）市场供求变化。材料原价是材料单价中最基本的组成。市场供给大于需求时,价格就会下降;反之,价格就会上升。市场供求变化会影响材料单价的涨落。

（2）材料生产成本的变动,直接影响材料单价的波动。

（3）流通环节的多少和材料供应体制也会影响材料单价。

（4）运输距离和运输方法的改变会影响材料运输费用的增减,从而也会影响材料价格。

（5）国际市场行情会对进口材料价格产生影响。

5.4.3 机械台班单价的组成和确定方法

1. 机械台班单价

机械台班单价是指一台施工机械,在正常运转条件下,一个工作班中所发生的全部费用,每台班按 8 小时工作制计算。施工机械使用费是根据施工中耗用的机械台班数量和机械台班单价确定的。

2. 机械台班单价的组成

（1）折旧费:施工机械在规定的耐用总台班内,陆续收回其原值的费用。

（2）检修费:施工机械在规定的耐用总台班内,按规定的检修间隔进行必要的检修,以恢复其正常功能所需的费用。

（3）维护费:施工机械在规定的耐用总台班内,按规定的维护间隔进行各级维护和临时故障排除所需的费用,包括为保障机械正常运转所需替换与随机配备工具附具的摊销和维护费用、机械运转及日常维护所需润滑与擦拭的材料费用及机械停滞期间的维护和保养费用等。

（4）安拆及场外运费。安拆费指施工机械在现场进行安装与拆卸所需的人工、材料、机械和试运转费用,以及机械辅助设施的折旧、搭设、拆除等费用;场外运费指施工机械整体或分体自停放地点运至施工现场或由一施工地点运至另一施工地点的运输、装卸、辅助材料等费用。

（5）人工费:机上司机(司炉)和其他操作人员的人工费。

（6）燃料动力费:施工机械在运转作业中所耗用的燃料及水、电等费用。

（7）其他费:施工机械按照国家规定应交纳的车船税、保险费及检测费等。

综上所述,施工机械台班单价的组成可以分成两类。

第一类费用:不变费用,指属于分摊性质的费用,包括折旧费、检修费、维护费和安拆及场外运费。

第二类费用:可变费用,指属于支出性质的费用,包括人工费、燃料动力费和其他费。

特别说明,采用一般计税方法计取增值税的,施工机械台班单价费用组成中的各项费用均以不含增值税可抵扣进项税额的价格计算。

3. 机械台班单价的确定方法

$$施工机械台班单价 = 折旧费 + 检修费 + 维护费 + 安拆及场外运费$$
$$+ 人工费 + 燃料动力费 + 其他费$$

（1）折旧费。

$$折旧费 = \frac{预算价格 \times (1 - 残值率)}{耐用总台班}$$

式中：预算价格即为施工机械的购置价格，可分为国产施工机械预算价格和进口施工机械预算价格；

残值率指施工机械报废时回收其残余价值占施工机械预算价格的百分数；

耐用总台班指施工机械从开始投入使用至报废前使用的总台班数。

（2）检修费。

$$检修费 = \frac{一次检修费 \times 检修次数}{耐用总台班} \times 除税系数$$

$$除税系数 = 自行检修比例 + 委外检修比例 \div (1 + 税率)$$

式中：一次检修费指施工机械一次检修发生的工时费、配件费、辅料费、油燃料费等；

检修次数指施工机械在其耐用总台班内的检修次数；

自行检修比例、委外检修比例是指施工机械自行检修、委托专业修理修配部门检修费用分别占检修费的比例；

税率按增值税修理修配劳务适用税率计取。

（3）维护费。

$$维护费 = \frac{\sum(各级维护一次费用 \times 除税系数 \times 各级维护次数) + 临时故障排除费}{耐用总台班}$$
$$+ 替换设备和工具附具台班摊销费$$

该项费用的计算公式中各项数值难以确定时，也可以按下式计算：

$$维护费 = 检修费 \times K$$

式中，K 为维护费系数。

（4）安拆及场外运费。

① 安拆及场外运费根据施工机械的不同分为不需计算、需计入台班单价和需单独计算三种类型。

a.不需计算。

ⅰ.不需安拆的施工机械，不计算一次安拆费。

ⅱ.不需相关机械辅助运输的自行移动机械，不计算场外运费。

ⅲ.固定在车间的施工机械，不计算安拆及场外运费。

b.需计入台班单价。

安拆简单、移动需要起重及运输机械的轻型施工机械，其安拆及场外运费计入台班单价。

c.需单独计算。

ⅰ.安拆复杂、移动需要起重及运输机械的重型施工机械，其安拆及场外运费单独计算。

ⅱ.利用辅助设施移动的施工机械，其辅助设施（包括轨道与枕木等）的折旧、搭设和拆除等费用可单独计算。

② 安拆及场外运费应按下式计算：

$$安拆及场外运费 = \frac{一次安拆及场外运费 \times 年平均安拆次数}{年工作台班}$$

式中：一次安拆费应包括施工现场机械安装和拆卸一次所需的人工费、材料费、机械费、安全监测部门的检测费及试运转费；

一次场外运费应包括运输、装卸、辅助材料、回程等的费用；

年平均安拆次数应按施工机械的相关技术指标取定。

运输距离均按平均 30 km 计算。

③ 自升式塔式起重机、施工电梯安拆费的超高起点及其增加费，各地区、部门可根据具体情况取定。

（5）人工费。

$$人工费＝人工消耗量×（1＋\frac{年制度工作日－年工作台班}{年工作台班}）×人工日工资单价$$

式中，人工消耗量指机上司机（司炉）和其他操作人员工日消耗量。

（6）燃料动力费。

$$燃料动力费＝\sum（燃料动力消耗量×燃料动力单价）$$

（7）其他费。

$$其他费＝\frac{年车船税＋年保险费＋年检测费}{年工作台班}$$

式中，年保险费指强制性保险规定的险种。

4. 机械停滞费及租赁费计算

（1）施工机械停滞费。

施工机械停滞费是指施工机械非自身原因停滞期间所发生的费用。

$$施工机械停滞费＝折旧费＋人工费＋其他费$$

（2）施工机械租赁费。

施工机械租赁费由各地区、部门参照租赁市场价格并结合本地区、部门实际情况确定。

【案例 5-14】　某载重汽车配司机 1 人，当年制度工作日为 250 天，年工作台班为 230 台班，人工日工资单价为 100 元。该载重汽车的台班人工费为多少？

$$解：台班人工费＝1×（1＋\frac{250－230}{230}）×100 元/台班＝108.70 元/台班$$

【案例 5-15】　计算某地 10 t 自卸汽车的台班使用费。有关资料如下：

机械预算价格 250 000 元/台，使用总台班 3150 台班，大修间隔台班 625 台班，年工作台班 250 台班，一次大修理费 26 000 元，经常维修费系数 $K＝1.52$，替换设备、工附具费及润滑材料费 45.10 元/台班，机上人工消耗 2.50 工日/台班，人工单价 16.5 元/工日，柴油耗用 45.6 kg/台班，柴油预算价格 3.5 元/kg，养路费 95.8 元/台班。

5. 影响机械台班单价的因素

（1）施工机械购置价格。施工机械购置价格直接影响到折旧费用，二者之间成正比关系。

（2）耐用总台班。耐用总台班即施工机械的使用寿命，指施工机械更新的时间，由机械自然因素、经济因素和技术因素等决定。它直接影响施工机械台班单价构成中的折旧费、检修费和维护费等，对施工机械台班单价影响较大。

（3）施工机械的市场供需变化和使用效率、管理水平。施工机械的市场供需状况直接造成机械台班单价的升高或降低，而施工企业对施工机械的管理水平、日常维护和使用效率等方面的管控力度，直接影响施工机械台班的投入产出比。

（4）国家及地方对施工机械征收税费的政策等也会对施工机械台班单价产生较大的影响。

5.5 预算定额 ⋯⋯⋯⋯⋯⋯⋯⋯⋯⋯⋯⋯⋯⋯⋯⋯⋯⋯⋯⋯⋯⋯⋯⋯⋯

5.5.1 预算定额的概述

5.5.1.1 预算定额的概念

预算定额是建筑安装工程预算定额的简称,一般指在正常合理的施工条件与组织下,规定完成一定计量单位合格分项工程或结构构件所需消耗的人工、材料、机械台班的数量标准。同时,预算定额还必须规定完成的工作内容、相应的质量标准及安全要求等。

如图 5-11 所示,2016 年《上海市建筑和装饰工程预算定额》(SH 01—31—2016)的第五章"混凝土及钢筋混凝土工程"中,现浇混凝土基础垫层的定额编号为 01-5-1-1,预拌混凝土(泵送)垫层项目规定完成 1 m³ 现浇基础垫层混凝土的工作内容是混凝土浇捣、抹平、看护、浇水养护等全部操作过程,需要消耗施工资源数量如下。

1. 人工

(1) 00030121 混凝土工:0.355 4 工日。

(2) 00030153 其他工:0.122 8 工日。

2. 材料

(1) 80210401 预拌混凝土(泵送型):1.010 0 m³。

(2) 34110101 水:0.320 9 m³。

3. 机械

99050929 混凝土震捣器:0.061 5 台班。

第五章 混凝土及钢筋混凝土工程

1. 现浇混凝土基础

工作内容:混凝土浇捣、抹平、看护、浇水养护等全部操作过程。

定 额 编 号			单位	01-5-1-1	01-5-1-2	01-5-1-3
项 目				预拌混凝土(泵送)		
				垫层	带形基础	独立基础、杯形基础
				m³	m³	m³
人工	00030121	混凝土工	工日	0.3554	0.2980	0.2250
	00030153	其他工	工日	0.1228	0.0307	0.0270
		人工工日	工日	0.4782	0.3287	0.2520
材料	80210401	预拌混凝土(泵送型)	m³	1.0100	1.0100	1.0100
	02090101	塑料薄膜	m²		0.7243	0.7177
	34110101	水	m³	0.3209	0.0754	0.0758
机械	99050929	混凝土震捣器	台班	0.0615	0.0615	0.0615

图 5-11 上海预算定额(2016)截图(一)

预算定额是由各省、市主管机关或被授权单位组织编制并颁发实施的一种在工程建设中具有指导意义的技术经济指标,其各项指标综合反映了在当地一定时期内社会平均消耗的活劳动和物化劳动的限度。预算定额中的人工、材料和机械台班等施工资源的消耗水平是在施工定额的基础上综合取定的,预算定额项目的综合程度大于施工定额。与施工定额不同,预算定额是社会性的,而施工定额则是企业性的。

随着社会主义市场经济体制改革的深入发展,工程造价管理领域的改革步伐也在不断加快,但在目前依然存在着"双轨制"。一部分地区已经执行了《全国统一建筑工程基础定额》《建设工程工程量清单计价规范》,另一部分地区仍在执行本地区颁发的预算定额。

5.5.1.2 预算定额的作用

在定额计价模式下,预算定额体现了国家、建设单位(发包人)和建筑施工企业(承包商)之间的一种经济关系。建设单位按预算定额所确定的工程造价,为拟建工程提供必要的投资资金,建筑施工企业则在预算定额包含的范围内,通过建筑施工活动,按质、按量、按期完成工程建设任务。因此,预算定额在建筑工程施工活动中具有以下重要作用。

1. 预算定额是编制施工图预算的主要依据,是编制单位估价表、确定工程造价、控制建设工程投资的基础和依据

施工图设计一经确定,工程预算造价的大小更多地取决于预算定额水平的高低程度。预算定额是人工消耗、材料消耗和机械台班消耗的标准,对工程直接费的影响很大,对建筑产品的价格水平起着控制作用。另外,地区单位估价表也是以预算定额为依据编制完成的。

2. 预算定额是编制施工组织设计的依据

施工组织设计的重要内容之一就是在施工前确定人力、物力等施工资源的供应量,并做出最佳安排。施工单位在缺少本企业的企业定额的情况下,可参照预算定额,较为精准地测算出施工中各项资源的需用量,为合理地组织采购材料、构配件,合理地组织劳动力和施工机具的调配等提供可靠依据。

3. 预算定额是工程结算的依据

工程结算是建设单位和施工单位就通过竣工验收的合同工程实现货币支付的行为。按进度支付工程款时,需根据预算定额将已完分部分项工程的造价算出;单位工程竣工验收通过后,再按竣工工程量、预算定额和施工合同约定进行工程结算。

4. 预算定额是施工单位进行经济活动分析的依据

预算定额规定的物化劳动和活劳动的消耗指标是施工单位在生产经营中允许消耗的最高标准。施工单位应根据预算定额对施工中的资源消耗进行具体分析和控制,进而寻求可以降低施工资源消耗和提高劳动生产率的措施,以增强企业的竞争力。

5. 预算定额是编制概算定额的基础

概算定额是在预算定额的基础上综合扩大编制而成的。这样不但可以节省编制概算定额消耗的大量人力、物力,还可以使概算定额的水平与预算定额保持一致。

6. 预算定额是合理编制招标控制价、投标报价的基础

由于预算定额具有科学性和指导性,预算定额作为编制招标控制价和施工单位按照工程个别成本报价的基础性作用依然存在。

5.5.2 预算定额的编制

5.5.2.1 预算定额的编制原则

1. 按社会平均水平编制预算定额的原则

预算定额的社会平均水平是指在正常的施工条件下,合理的施工组织和工艺条件、平均劳动熟练程度和劳动强度下,完成单位分项工程或结构构件的基本构造要素所需要消耗的劳动时间。

预算定额是以施工定额为基础编制的,二者之间有着密切的联系,但预算定额绝不是简单地套用施工定额。首先,预算定额是若干项施工定额的综合。就是说一项预算定额不仅包含了若干项施工定额的内容,同时还包含了更多的可能发生或需要发生的因素。因此,还需要考虑合理的幅度差(如人工幅度差、机械幅度差等),材料超运距用工,辅助用工,材料堆放、场内运输、施工操作等的损耗,以及项目由细到粗的综合后所产生的量差等。

其次,预算定额的水平是以施工定额水平为基础的,相对于施工定额,预算定额水平要低一些,但应限制在一定的范围之内。所以,预算定额是社会平均水平,而施工定额则是平均先进水平。

2. 简明适用的原则

一是编制预算定额时的项目划分、步距大小要适当。对于那些主要的、常用的、价值量大的项目,分项工程划分宜细一些;反之,次要的、不常用的、价值量相对小的项目则可以放粗一些。

二是预算定额的项目要尽量齐全。特别要注意补充那些因采用新技术、新材料、新工艺、新结构等而出现的新的定额项目。如果项目不全,有缺项,则计价工作缺少充足的可靠依据。

三是对预算定额的活口设置要适当。所谓活口,是指在定额中规定当符合一定条件时,允许该定额项目进行调整。在预算定额的编制中应尽量少留或不留活口,即使留有活口,也要注意尽量规定清楚换算的方法,避免采取按实调整。

四是要求合理确定预算定额的计量单位,以简化工程量的计算。比如,砖砌体定额中用"m^3"作为定额计量单位就比用"块"作为定额计量单位要简单和方便一些。同时,还要尽可能地避免同一种材料用不同的计量单位,尽量减少定额附注和换算系数。

五是要求预算定额的内容与形式、各种文字说明应简明扼要、层次清晰、结构严谨,力求在适用的基础上做到简单明了。

5.5.2.2 预算定额的编制依据及步骤

1. 预算定额的编制依据

(1)现行劳动定额、施工定额、机械台班使用定额、材料消耗定额等。预算定额一般是在现行劳动定额和施工定额的基础上编制的。预算定额中的人工、材料、机械台班的消耗水平,需要根据劳动定额或施工定额等综合取定;预算定额的计量单位的选择、计算口径,也需要以施工定额等基础定额作为参考,从而保证二者的协调性和可比性,以减轻预算定额编制的工作量,缩短编制时间。

(2)现行设计规范、施工及验收规范、质量评定标准和安全操作规程。这体现了定额不仅是规定建设工程投入与产出的数量标准,同时还是工作内容、质量标准和安全要求的统一体。

(3)具有代表性的典型工程施工图及有关标准图。对这些图纸进行仔细的分析研究,并计算出工程数量,可作为编制定额时选择施工方法、确定定额含量的重要依据。

（4）新技术、新结构、新材料、新工艺和先进的施工方法等。这类资料是调整定额水平和增加新的定额项目所必需的依据。

（5）有关科学实验、技术测定和统计资料、经验数据等。这类工作的开展,是确定定额水平的重要依据。比如,可以通过实验室试验法确定材料的净用量,可以使用现场统计法获取材料消耗的第一手数据资料。

（6）国家和地区现行的预算定额、人工工资标准、材料预算价格、机械台班价格及有关文件规定等。过去定额编制过程中积累的基础资料,也是编制预算定额的依据和重要参考。

2. 预算定额的编制程序、要求及主要工作

预算定额的编制,大致可以分为准备工作、收集资料、编制定额、定额审核、修改定稿和报批、整理资料归档等阶段。各阶段的工作相互交叉,有些工作还会出现多次反复。其中,预算定额在编制阶段的主要工作有以下 4 个方面。

（1）确定编制细则。

主要包括统一编制表格及编制方法,统一计算口径、计量单位和小数点位数,统一名称、用字、专业术语、符号代码等,文字简练、明确。

在计量单位的确定方面,预算定额计量单位的确定应与定额项目相适应。预算定额与施工定额在计量单位方面往往不完全一致。施工定额一般是按照工序或施工过程确定的,而预算定额则主要是根据分部分项工程和结构构件的形体特征及其变化确定的。由于二者工作内容综合的程度不同,预算定额的计量单位亦具有综合的性质,而工程量计算规则的规定应能够确切反映定额项目所包含的工作内容。因此,预算定额的计量单位关系到预算编制工作的繁简和准确性。一般依据分项工程或结构构件的形体特征、变化规律等特点,按照公制或自然计量单位来确定各分部分项工程的计量单位,以便于计算和使用。

当物体的断面形状一定而长度不定时,宜采用延长米"m"作为计量单位,如木装饰线条、落水管等。

当物体有一定的厚度而长与宽变化不定时,宜采用面积单位"m^2"作为计量单位,如楼地面、墙面抹灰、屋面工程等。

当物体的长、宽、高均变化不定时,宜采用体积单位"m^3"作为计量单位,如土方、砖石、混凝土工程等。

当物体的长、宽、高均变化不大,但其重量与价格差异很大时,宜采用质量单位"kg"或"t"作为计量单位,如钢筋工程、金属构件的制作安装等。

在预算定额的项目表中,有时还会采用扩大的计量单位,如 100 m、100 m^2、10 m^3 等,以方便预算定额的编制和使用。

在计算精度的确定方面,预算定额项目中各种消耗量指标的数值单位及计算时小数点位数的取定如下:

人工消耗以"工日"为单位,也有用"综合工日"表达的,计算结果保留小数点后 2 位;

机械消耗以"台班"为单位,计算结果保留小数点后 2 位;

木材消耗以"m^3"为单位,计算结果保留小数点后 3 位;

钢材以"t"为单位,计算结果保留小数点后 3 位;

标准砖以"千块"为单位,计算结果保留小数点后 2 位;

砂浆、混凝土、沥青膏等半成品以"m^3"为单位,计算结果保留小数点后 2 位。

一般建议计算的中间结果应比最终结果的小数点后位数多保留1位。

（2）确定定额的项目划分和工程量计算规则。

预算定额的项目划分是根据各个分项工程项目的人工、材料、机械消耗水平的不同和各工种、材料品种以及使用的施工机械类型的不同而划分的。一般有以下几种划分方法。

① 按工程的现场条件划分，如挖土方按土壤的等级划分。

② 按施工方法的不同划分，如灌注混凝土桩按钻孔、打孔、打孔夯扩、人工挖孔等划分。

③ 按照具体尺寸或重量的大小划分，如钢屋架按1.5 t以内、3 t以内等划分。

依据有代表性的典型工程施工图及有关标准图计算工程数量的目的是计算出典型设计图纸所包括的施工过程的工程量，以便在编制预算定额时，利用施工定额的人工、材料、机械台班消耗指标确定预算定额所含工序的施工资源的消耗量。

（3）预算定额的人工、材料、机械台班等施工资源耗用量的计算、复核和测算。

（4）编制预算定额表和拟定有关说明。

定额项目表的一般格式是横向排列为各分项工程的项目名称、定额编号等信息，竖向排列为该分项工程的人工、材料、施工机械台班等施工资源的名称及消耗量指标，项目表的表头是具体工作内容和计量单位（有的定额计量单位列在项目表中）。有的项目表下部还有附注，以说明设计有特殊要求时怎样进行调整或换算。

预算定额的说明分为定额总说明、分部工程说明和各分项工程说明（或以注解的形式表示）。涉及各部分需说明的共性问题列入总说明，属于某一部分需要说明的事项，则列在章节说明中。

5.5.2.3 预算定额的人工、材料和机械台班消耗量的确定

确定预算定额的人工、材料、机械台班消耗量指标时，必须先按施工定额的分项逐项计算出相应的消耗量指标，然后再按预算定额的项目加以综合。但是，这种综合不是简单的合并或相加，而需要在综合的过程中增加两种定额之间的水平差。预算定额的水平首先取决于这些消耗量的合理确定。

人工、材料、机械台班消耗量指标应根据定额编制原则和要求，采用理论与实际相结合、施工图纸计算与施工现场测算相结合、编制人员与现场工作人员相结合等方法进行计算和确定，使得定额既符合政策要求，又与客观实际相一致，便于贯彻执行。

1. 预算定额中人工工日消耗量的计算

预算定额中人工工日消耗量是指在正常施工条件下，生产单位合格产品所必须消耗的各种用工数量。人工的工日数可以有两种方法确定：一种是以劳动定额为基础确定；另一种是以现场观察测定资料为基础来确定。

（1）以劳动定额为基础确定人工工日消耗量。

以劳动定额为基础来确定的人工工日消耗量是由分项工程所综合的各个工序劳动定额包括的基本用工以及其他用工两部分构成。

① 基本用工。基本用工是指完成一定计量单位的分项工程或结构构件的各项工作过程的施工任务所必须消耗的技术工种用工。这部分工日数是按技术工种相应劳动定额中的工时定额计算的，是以不同工种列出的定额工日数。基本用工包括以下3个方面。

a.完成定额计量单位的主要用工。本部分的工日数可按综合取定的工程量和相应的劳动定额进行计算得到。计算公式如下：

$$基本用工 = \sum(综合取定的工程量 × 劳动定额)$$

例如,工程实际中的砖基础,有一砖厚、一砖半厚、二砖厚等,用工各不相同,在预算定额中,由于不区分砖基础墙的厚度,就需要按照统计的比例,加权平均(即上述公式中的综合取定)得出综合的人工消耗。

b.按照劳动定额的规定应增加(或减少)计算的用工量。例如,砖基础埋深超过 1.5 m 时,超过部分要增加用工,预算定额中应按一定比例给予增加;在砖墙项目中,分项工程的工作内容包括了附墙烟囱、垃圾道、壁橱等零星组合部分,其人工消耗量应相应增加附加的人工消耗。

c.由于预算定额是在施工定额的子目基础上综合扩大得到的,所包括的工作内容较施工定额多,施工的工效也视具体部位的不同而存在差异,所以需要另外增加人工消耗,这种增加的人工消耗也应列入基本用工内。

② 其他用工。其他用工主要包括超运距用工、辅助用工和人工幅度差三部分内容。

a.超运距用工。超运距是指劳动定额中已包括的材料、半成品场内水平搬运距离与预算定额所考虑的现场材料、半成品自堆放地点到施工操作地点的水平运输距离之差。如《建设工程劳动定额 建筑工程—砌筑工程》(LD/T 72.4—2008)规定,本分册定额已包括材料场内运距 ≤50 m(水泥、石灰粉、石灰膏为运距≤100 m)水平运输,运距超过部分按《建设工程劳动定额 材料运输及材料加工》中相应的时间定额执行。

超运距用工就是指因超距离运输所增加的用工量。预算定额的水平搬运距离是综合施工现场一般必需的各技术工种的平均运距。各技术工种劳动定额内的运距是按其项目本身基本的运距计算的,因此,预算定额取定的运距往往要大于劳动定额包括的运距。超运距用工数量可按劳动定额相应材料超运距定额计算。计算公式:

$$超运距 = 预算定额取定的运距 - 劳动定额已包含的运距$$

$$超运距用工 = \sum(超运距材料数量 × 工时定额)$$

需要指出的是,实际工程现场运距超过预算定额取定运距时,可另行计算现场二次搬运费。

b.辅助用工。辅助用工是指技术工种劳动定额内未包括,而在预算定额中又必须考虑的用工。例如机械土方工程配合用工,材料再加工所用的工时(如筛砂子、洗石子、淋化石膏等用工),电焊点火用工等。计算公式:

$$辅助用工 = \sum(材料加工数量 × 相应的加工劳动定额)$$

c.人工幅度差。人工幅度差是指预算定额与劳动定额之间由于定额水平的不同而产生的差额,主要是指在劳动定额内未包括,而在预算定额中必须考虑、在正常施工条件下不可避免但又很难准确计量的各种零星用工和各种工时损失。其内容主要包括各工种间的工序搭接及交叉作业、互相配合或影响所发生的停歇用工,现场内施工机械在单位工程之间转移及临时水、电线路移动所造成的停工,质量检查和隐蔽工程验收工作影响工人操作的时间消耗,班组操作地点转移用工,工序交接时对前一工序不可避免的修整用工,施工中不可避免的其他零星用工。

计算公式:

$$人工幅度差 = (基本用工 + 辅助用工 + 超运距用工) × 人工幅度差系数$$

人工幅度差系数一般为 10%~15%。

综上所述:

$$人工工日消耗量 = 基本用工 + 其他用工$$
$$= 基本用工 + 超运距用工 + 辅助用工 + 人工幅度差$$

$$=（基本用工＋超运距用工＋辅助用工）×（1＋人工幅度差系数）$$

（2）以现场观察测定资料为基础确定人工工日消耗量。

这种方法是指在遇到劳动定额缺项时，可采用现场工作日写实、写实记录法等计时观察法来测定和计算工时消耗的数值，再考虑一定数量的人工幅度差来计算预算定额的人工消耗量。

【案例 5-16】 某省预算定额人工挖地槽深 1.5 m，按三类土编制，已知现行劳动定额规定：挖地槽深 1.5 m 以内，底宽分为 0.8 m、1.5 m、3 m 以内三档，其时间定额分别为 0.492 工日/m³、0.421 工日/m³、0.399 工日/m³，并规定底宽超过 1.5 m 时，如为一面抛土者，时间定额系数为 1.15。经测算，该省编制预算定额时综合考虑以下因素：

① 底宽为 0.8 m 以内占 50％、1.5 m 以内占 40％、3 m 以内占 10％。

② 底宽为 3 m 以内，单面抛土按 50％计算。

③ 人工幅度差按 10％计算。

试计算基本用工和预算定额工日消耗量。

2. 预算定额中材料消耗量的计算

预算定额中的材料（包括构配件、零件、半成品及成品）主要包括施工中消耗的主要材料、辅助材料、周转材料和其他材料，这些材料均按符合国家质量标准和相应设计要求的合格产品予以考虑。凡能计量的材料，定额均按品种、规格逐一列出数量，并计入相应的损耗。对于难以计量的用量少、低值易耗的零星材料（如棉纱等）的费用，则列入其他材料费中，以该项目材料费之和的百分比来计费。

以图 5-12 中定额编号 01-3-1-1 为例，其他材料费是按编号 04290301 预制钢筋混凝土短桩和编号 05030106 大方材≥101 cm² 两种材料费用之和的 0.269 7％计算的。其他材料费是按金额以"元"为单位列入的，没有编号。

第三章 桩基工程

1. 打桩

工作内容：准备打桩机具、运桩、喂桩、吊桩就位、拆卸桩帽、校正、打桩、接桩、送桩等全部操作过程。

定 额 编 号			单位	01-3-1-1	01-3-1-2
项 目				打钢筋混凝土短桩	
				桩长8.0m以内	桩长16.0m以内
				m³	m³
人工	00030113	打桩工	工日	2.5700	1.8700
	00030153	其他工	工日		0.2100
		人工工日	工日	2.5700	2.0800
材料	04290301	预制钢筋混凝土短桩	m³	1.0100	1.0100
	05030106	大方材 ≥101cm²	m³	0.0040	0.0040
	03160241	预埋铁件	kg		4.5500
	03130115	电焊条 结422 Φ4	kg		0.4850
		其他材料费	%	0.2697	0.2700
机械	99030030	履带式柴油打桩机 2.5t	台班	0.2920	0.2810
	99090080	履带式起重机 10t	台班	0.2920	0.2810
	99250020	交流弧焊机 32kVA	台班		0.2810

图 5-12　上海预算定额（2016）截图（二）

主要材料是指直接构成工程实体的材料,包括原材料、半成品、成品等;辅助材料是指构成工程实体的材料中除去主要材料以外的其他材料,如铁钉、钢丝等。

预算定额中的材料消耗量包括净用量和损耗量,如图 5-13 所示。损耗量包括从工地仓库、现场集中堆放地点(或现场加工地点)至操作(或安装)地点的施工场内运输损耗、施工操作损耗、施工现场堆放损耗等,但规范(或设计文件)规定的预留量、搭接量不在损耗中,需另计。

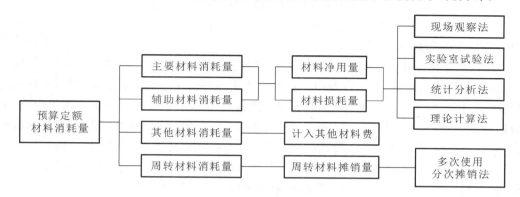

图 5-13 预算定额材料消耗量分类示意图

对于周转材料(如钢模板、复合模板、木模板、脚手架等)定额,则按不同施工方法,不同类别、材质及摊销量考虑,且已包括回库维修的消耗量。

预算定额材料消耗量的计算方法主要有:

(1) 凡有标准规格的材料,按规范要求计算定额计量单位的耗用量,如砖、防水卷材、块料面层等。

(2) 凡设计图纸标注尺寸及下料要求的材料,按设计图纸尺寸计算材料净用量,如门窗制作用料,方、板料等。

(3) 换算法。各种胶结料、涂料等材料的配合比用料,可以根据要求条件换算,得出材料用量。

(4) 测定法。包括实验室试验法和现场观察法,指各种强度等级的混凝土及砌筑砂浆配合比的耗用原材料数量的计算,须按照规范要求试配,然后经过试压合格以后并经过必要的调整后得出的水泥、砂子、石子和水的用量。对于新材料、新结构等不能用其他方法计算定额消耗量时,需用现场测定的方法来确定,根据不同条件可以采用写实记录法和观察法,得出定额消耗量。

由于预算定额是在劳动消耗定额、材料消耗定额和机械消耗定额等基础定额的基础上综合而成的,所以预算定额中的材料消耗量也要综合计算。同时,还必须综合考虑定额工程量计算规则等对预算定额材料消耗量的影响。如每砌筑 10 m^3 一砖内墙的灰砂砖和砂浆用量的计算过程如下:

计算 10 m^3 一砖内墙的灰砂砖净用量;

根据典型工程的施工图计算每 10 m^3 一砖内墙中梁头、板头等所占体积;

扣除 10 m^3 砖墙体积中梁头、板头所占体积;

计算 10 m^3 一砖内墙砌筑砂浆的净用量;

计算 10 m^3 一砖内墙灰砂砖和砂浆的定额消耗量。

【案例 5-17】 经测算,每 10 m^3 一砖标准砖墙墙体中的梁头、板头体积占 2.8%,0.3 m^2 以内孔洞体积占 1%,突出墙面部分的砌体占 0.54%。砖墙中标准砖的损耗率按 0.5% 考虑,砂浆的

损耗率按 1‰ 考虑。试计算标准砖和砂浆的定额用量。

解:(1) 每 10 m³ 一砖标准砖墙砌体中标准砖的理论净用量。

$$砖数 = \frac{2}{墙厚×(砖长＋灰缝宽)×(砖厚＋灰缝宽)}×k$$

$$= \frac{2}{0.24×(0.24＋0.01)×(0.053＋0.01)}×1×10 \ 块/10 \ m^3$$

$$= 5291 \ 块/10 \ m^3$$

式中:k——墙厚的砖数,如 0.5、1 等。

(2) 按砖墙定额工程量计算规则规定:不扣除梁头、板头及每个孔洞在 0.3 m² 以下的孔洞等所占体积,凸出墙面的腰线、虎头砖及门窗套等的体积亦不增加。如上海预算定额(2016)第四章 "砌筑工程"中工程量计算规则:砖及砌块墙均按设计图示尺寸以体积计算。扣除门窗、洞口、嵌入墙内的钢筋混凝土柱、梁、板、圈梁、挑梁、过梁,以及凹进墙内的壁龛、管槽、暖气槽、消火栓箱所占体积,不扣除梁头、板头、檩头、垫木、木楞头、沿缘木、木砖、门窗走头、砖墙内加固钢筋、木筋、铁件、钢管及单个面积不超过 0.3 m² 的孔洞所占的体积。凸出墙面的腰线、挑檐、压顶、窗台线、虎头砖、门窗套的体积亦不增加。凸出墙面的砖垛并入墙体体积内计算。

这种为简化工程量计算而做出的规定对定额消耗量的影响在制定定额时已给予消除,即

$$定额净用量 = 理论净用量×(1＋不增加部分比例－不扣除部分比例)$$

$$= 5291×[1＋0.54\%－(2.8\%＋1\%)] \ 块/10 \ m^3$$

$$= 5291×0.9674 \ 块/10 \ m^3$$

$$= 5119 \ 块/10 \ m^3$$

(3) 砌筑砂浆净用量。

$$砂浆净用量 = [1－529.1×(0.24×0.115×0.053)]×10×0.9674 \ m^3/10 \ m^3$$

$$= 2.187 \ m^3/10 \ m^3$$

(4) 标准砖和砂浆定额消耗量。

$$标准砖定额消耗量 = 5119×(1＋0.5\%) \ 块/10 \ m^3 = 5145 \ 块/10 \ m^3$$

$$砂浆定额消耗量 = 2.187×(1＋1‰) \ m^3/10 \ m^3 = 2.209 \ m^3/10 \ m^3$$

3. 预算定额中机械台班消耗量的计算

预算定额中的机械台班消耗量是指在正常施工条件下,生产单位合格产品(分部分项工程或结构构件)必须消耗的各种型号施工机械的台班数量。

预算定额中的机械是按常用机械、合理机械配备和施工企业的机械化装备程度,结合工程实际综合确定的,即分别按不同施工机械的功能、产量等,区别单机或与主机配合辅助机械作业,按正常机械施工工效,考虑机械幅度差综合确定,以"台班"来表示。零星辅助机械列入其他机械费,以该定额项目机械费之和的百分比来表示,如图 5-14 所示。

对于单位价值在 2000 元以下、使用年限在一年以内的不构成固定资产的施工机械,不列入机械台班消耗量,而作为"工具用具"在建筑安装工程费中的企业管理费里考虑。

预算定额中的机械台班消耗量是以施工定额的机械台班消耗量为基础综合计算出来的,即用施工定额中的机械台班产量加上机械幅度差计算得到的。

机械幅度差即机械台班幅度差,是指在施工定额中所规定的范围内没有包括,而在实际施工中又不可避免产生的影响机械或使机械停歇的时间。其内容主要有施工中施工机械转移工作面及配套机械相互影响损失的时间;在正常施工条件下,机械在施工中不可避免的工序间歇,比如

工作内容：1、2、锚具制作、安装等全部操作过程。
3、预埋管孔道灌浆等全部操作过程。

定 额 编 号			单位	01-5-11-48	01-5-11-49	01-5-11-50
项 目				锚具安装		预埋管孔道铺设灌浆
				单锚	群锚	
				套	套	m
人工	00030119	钢筋工	工日	0.3130	0.5290	0.1190
	00030153	其他工	工日	0.1340	0.2260	0.0510
		人工工日	工日	0.4470	0.7550	0.1700
材料	03230406	单孔锚具	套	2.0000		
	03230408	群锚锚具（三孔）	套		2.0000	
	17210151	钢质波纹管 DN60	m			1.1220
	33334811	承压板垫板	kg	2.0000	2.0000	
	80110601	素水泥浆	m³			0.0060
		其他材料费	%	2.0000	2.0000	2.0000
机械	99170100	预应力钢筋拉伸机 650kN	台班	0.0580		
	99170130	预应力钢筋拉伸机 900kN	台班		0.0710	
	99050140	电动灌浆机	台班			0.0050
		其他机械费	%	1.5500	2.5900	0.0600

图 5-14　上海预算定额（2016）截图（三）

施工技术导致的作业中断等；工程开工或收尾时工作量不饱和所损失的时间；检查工程质量影响机械操作的时间；临时停机、停电影响机械操作的时间，比如配合机械施工作业的工人因与其他工种交叉作业造成的停歇时间；施工中不可避免的机械故障排除、维修引起的停歇时间。

大型机械幅度差系数一般为：土方机械25%，打桩机械33%，吊装机械30%。塔吊，卷扬机，砂浆、混凝土搅拌机等由于是按小组配用，以小组产量来计算机械台班产量的，则不另增加机械幅度差。其他分部工程中如钢筋加工、木材、水磨石等各项专用机械的幅度差一般为10%。

预算定额中的机械台班消耗量按下式计算：

　　　　预算定额机械台班消耗量＝施工定额机械台班消耗量×（1＋机械幅度差系数）

如果是根据施工现场的实际需要计算机械台班消耗量，则不应再增加机械幅度差。

如果遇到施工定额缺项的项目，编制预算定额的机械台班消耗量时，则需通过对机械现场实地观测得到机械台班消耗量，并在此基础上综合考虑适当的机械幅度差来确定计入预算造价中的机械台班消耗量。

【案例 5-18】 已知某挖土机挖土一次正常循环工作时间是 40 s，每次循环平均挖土量 0.3 m³，机械正常利用系数为 0.8，机械幅度差为 25%。试计算该机械挖土 1000 m³ 的预算定额机械台班消耗量。

5.5.2.4　预算定额的编制实例

1. 典型工程的工程量计算

计算一砖厚标准砖内墙及墙内构件体积时选择了六个典型工程，它们分别是某食品厂加工车间、某单位职工住宅、某中学教学楼、某大学教学楼、某单位综合楼、某住宅商品房。具体计算过程见表 5-9。

表 5-9　标准砖内墙及墙内构件体积工程量计算分析表

分部名称:砌筑工程　　　　　　　　　　　　　　　　分项名称:标准砖内墙
分节名称:砌砖　　　　　　　　　　　　　　　　　　子目名称:一砖厚

序号	工程名称	砖墙体积/m³		门窗面积/m²		板头体积/m³		梁头体积/m³		弧形及圆形旋/m	附墙烟囱孔/m	垃圾道/m	抗震柱孔/m	墙顶抹灰抹平/m²	壁棚/个	吊柜/个
		1	2	3	4	5	6	7	8	9	10	11	12	13	14	15
		数量	%	数量	%	数量	%	数量	%	数量	数量	数量	数量	数量	数量	数量
一	加工车间	30.01	2.51	24.50	16.38	0.26	0.87									
二	职工住宅	66.10	5.53	40.00	12.68	2.41	3.65	0.17	0.26	7.18			59.39	8.21		
三	普通中学教学楼	149.13	12.47	47.92	7.16	0.17	0.11	2.00	13.4					10.33		
四	大学教学楼	164.14	13.72	185.09	21.30	5.89	3.59	0.46	0.28							
五	综合楼	432.12	36.12	250.16	12.20	10.01	2.32	3.55	0.82		217.36	19.45	161.31	28.68		
六	住宅商品房	354.73	29.65	191.58	11.47	8.65	2.44				189.36	16.44	138.17	27.54	2	2
	合计	1196.23	100	739.25	12.92	27.39	2.29	6.18	0.52	7.18	406.72	35.89	358.87	74.76	2	2

对表中数值进行分析。

数量为按典型工程施工图纸计算出的工程量,百分比为占墙体的百分比。如门窗洞口面积占墙体(外墙,但不包括女儿墙)总面积的百分比的计算公式为

$$门窗洞口面积占墙体总面积的百分比 = \frac{门窗洞口面积}{砖墙体积 \div 墙厚 + 门窗洞口面积} \times 100\%$$

例如,加工车间门窗洞口面积占墙体总面积的百分比的计算式为

$$加工车间门窗洞口面积占墙体总面积的百分比 = \frac{24.50}{30.01 \div 0.24 + 24.50} \times 100\% = 16.38\%$$

根据对上述六个典型工程的分析、测算,在一砖内墙中,单面清水砖墙、双面清水砖墙各占20%,剩余混水砖墙占60%。

预算定额中砌砖工程的材料超运距计算见表 5-10。

表 5-10　预算定额中砌砖工程的材料超运距计算表

材料名称	预算定额运距/m	劳动定额运距/m	超运距/m
砂子	80	50	30
石灰膏	150	100	50
灰砂砖	170	50	120
砂浆	180	50	130

注:每砌筑 10 m³ 一砖内墙用砂子的定额用量为 2.43 m³,石灰膏用量为 0.19 m³。

2. 人工工日消耗量的确定

根据上述计算的工程量有关数据和某劳动定额计算的每 10 m³ 一砖内墙的预算定额人工消

耗见表 5-11。

表 5-11　预算定额项目劳动力计算表

用工	施工过程名称	工程量	单位	劳动定额编号	工种	时间定额	工日数
	1	2	3	4	5	6	7＝2×6
基本用工	单面清水砖墙	2.0	m³	AD0014	砖工	1.23	2.460
	双面清水砖墙	2.0	m³	AD0009	砖工	1.27	2.540
	混水砖内墙	6.0	m³	AD0022	砖工	1.02	6.120
	小计						11.12
	弧形及圆形旋	0.06	m	3.7.4 表 3 加工表	砖工	0.03	0.001 8
	附墙烟囱孔	3.4	m	3.7.4 表 3 加工表	砖工	0.05	0.17
	垃圾道	0.3	m	§4-2 加工表	砖工	0.06	0.018
	预留抗震柱孔	3.0	m²	3.7.4 表 3 加工表	砖工	0.05	0.15
	墙顶面抹灰找平	0.625	个	§4-2 加工表	砖工	0.08	0.05
	壁柜	0.016 7	个	§4-2 加工表	砖工	0.30	0.005
	吊柜	0.016 7	个	§4-2 加工表	砖工	0.15	0.002 5
	小计						0.397
	合计						11.517
超运距用工	砂子超运距 30 m	2.43	m³	AA0141	普工	0.016	0.038 8
	石灰膏超运距 50 m	0.19	m³	AA0139	普工	0.035	0.006 7
	标准砖超运距 120 m	5.194	千块	AA0133	普工	0.110	0.571 3
	砂浆超运距 130 m	2.218	m³	AA0148	普工	0.109	0.241 8
	合计						0.859
辅助用工	筛砂子	2.43	m³	AA0254	普工	0.140	0.340 2
	淋石灰膏	0.19	m³	AA0250	普工	0.544	0.103 4
	合计						0.444
共计	人工幅度差＝(11.517＋0.859＋0.444)×10％工日＝1.282 工日						
	预算定额人工消耗量＝(11.517＋0.859＋0.444＋1.282)工日＝14.102 工日						

3. 材料消耗量的确定

① 10 m³ 一砖内墙灰砂砖净用量。

每 10 m^3 砌体灰砂砖净用量 $= \dfrac{2}{0.24 \times (0.24 + 0.01) \times (0.053 + 0.01)} \times 1 \times 10$ 块 $= 5291$ 块

② 扣除 10 m³ 砌体中梁头、板头所占体积。

查"工程量计算分析表"可知,梁头和板头占墙体积的百分比为 0.52％＋2.29％＝2.81％。
扣除梁头和板头体积后的灰砂砖净用量为

灰砂砖净用量＝5291×(1−2.81％)块＝5291×0.971 9 块＝5142 块

③ 10 m³ 一砖内墙砌筑砂浆净用量为

砂浆净用量＝(1−529.1×0.24×0.115×0.053)×10 m³＝2.26 m³

④ 扣除梁头、板头体积后的砂浆净用量为

砂浆净用量＝2.26×(1−2.81％)＝2.26×0.971 9 m³＝2.196 m³

⑤ 材料总消耗量计算。

当灰砂砖损耗率为 1%,砌筑砂浆损耗率为 1% 时,计算每 10 m³ 一砖内墙灰砂砖和砂浆的总消耗量为

$$灰砂砖总消耗量 = 5142 \times (1 + 1\%)块 = 5194 \text{ 块}$$
$$砌筑砂浆总消耗量 = 2.196 \times (1 + 1\%) \text{ m}^3 = 2.218 \text{ m}^3$$

4. 机械台班消耗量的确定

预算定额项目中配合工人班组施工的施工机械台班按小组产量计算。

根据上述六个典型工程的工程量数据和劳动定额的规定,按砌砖工人小组由 22 人组成考虑,计算每 10 m³ 一砖内墙的塔吊和灰浆搅拌机的台班定额。

$$小组总产量 = 22 \times (20\% \times \frac{1}{1.23} + 20\% \times \frac{1}{1.27} + 60\% \times \frac{1}{1.02}) \text{ m}^3/工日$$
$$= 22 \times (20\% \times 0.813 + 20\% \times 0.787 + 60\% \times 0.98) \text{ m}^3/工日$$
$$= 22 \times 0.908 \text{ m}^3/工日$$
$$= 19.976 \text{ m}^3/工日$$

$$2 \text{ t 塔吊时间定额} = \frac{分项定额计量单位值}{小组总产量} = \frac{10}{19.976} 台班/10 \text{ m}^3 = 0.501 \text{ 台班}/10 \text{ m}^3$$

$$200 \text{ L 砂浆搅拌机时间定额} = \frac{10}{19.976} 台班/10 \text{ m}^3 = 0.501 \text{ 台班}/10 \text{ m}^3$$

5. 编制预算定额项目表

根据上述计算的人工、材料、机械台班消耗指标编制的一砖厚内墙的预算定额项目表如表 5-12 所示。

表 5-12　预算定额项目表

工作内容:略。　　　　　　　　　　　　　　　　　　　　　　　　　　　　单位:10 m³

定额编号			××××	××××	××××
项目		单位	内墙		
			1 砖	3/4 砖	1/2 砖
人工	砖工	工日	11.517	……	……
	其他工	工日	2.585	……	……
	小计	工日	14.102	……	……
材料	灰砂砖	块	5194	……	……
	砂浆	m³	2.218	……	……
机械	塔吊 2 t	台班	0.501	……	……
	砂浆搅拌机 200 L	台班	0.501	……	……

5.5.3　预算定额的构成及应用

下面以《上海市建筑和装饰工程预算定额》(2016)为例,介绍预算定额的应用,以便使用者能够正确利用预算定额计算工程造价。

要正确使用预算定额,首先必须熟悉预算定额的结构形式和组成内容。预算定额一般由目录、总说明、分部工程定额说明、工程量计算规则、分部分项工程定额项目表和附注、附录(附表)等内容组成,概括来说可分为文字说明、定额项目表和附录(附注、附表)三大主要部分。

5.5.3.1 预算定额的构成

预算定额的说明包括定额总说明、分部工程说明及各分项工程说明。各分部需说明的共性问题列入总说明,属于某一分部需说明的事项列入章节说明。说明要求简明扼要,但必须分门别类,尤其是对特殊的情况,力求使用简便,避免争议。

1. 总说明

总说明是对该定额的使用方法及全册共性问题所作的综合说明和统一规定。它主要阐述预算定额的编制依据(主要文件、规定等),指导思想,用途,使用范围,定额人工、材料、机械台班消耗量的确定,在定额中已考虑的因素和未考虑的因素,定额的换算原则,以及其他有关各分部工程共性问题、使用方法等。

2. 分部工程定额说明

分部工程定额说明也叫章节说明,是对本分部工程定额的编制,主要阐述所包括的定额项目及内容、允许换算和不得换算的界定、允许增减系数范围的规定、使用方法,以及有关共性问题所作的说明与规定等,它是预算定额的重要组成部分。

3. 分项工程定额说明

分项工程定额表头说明,如完成该项目表内的结构构件或分项工程所需要的工作内容、主要工序及操作方法等,常常以注解的形式表示。

4. 工程量计算规则

工程量计算规则是对本分部中各分项工程工程量的计算方法所作的规定,它是编制预算时计算分项工程工程量的重要依据。

5. 预算定额项目表

预算定额项目表简称定额表,是定额最基本的表现形式,每一定额表均列有项目名称、定额编号、工作内容、计量单位、施工要素的定额消耗量,以及相应的各项费用、基价和附注等,它是预算定额的核心内容。

6. 预算定额附录

预算定额附录(附表、附注)是预算定额的有机组成部分,各省、自治区、直辖市编入内容不尽相同,一般包括定额砂浆与混凝土配比表、建筑机械台班费用定额、主要材料施工损耗表、建筑材料预算价格取定表、某些工程量计算表以及简图等。预算定额附录内容可作为定额换算与调整和制定补充定额的参考依据。

7. 预算定额章、节、项目的划分

章,按施工过程、分部工程划分;

节,按分项工程划分;

项目,按工程结构、截面形式、材质、机械类型、使用要求等划分。

5.5.3.2 预算定额的应用

1. 预算定额编号

在编制预算时,对分项工程或结构构件均需填写(或输入)定额编号。其目的是一方面起到快速查阅定额的作用;另一方面也便于预算审核人员检查定额项目套用是否正确、合理,起到减

少差错、提高造价水平的作用。

《上海市建筑和装饰工程预算定额》(2016)中,预算定额子目编号用四段编码表示,格式为"××-××-××-×××",如01-14-5-9。第一段编码表示分册号,一般为1～2位阿拉伯数字,若无分册时,该编码可省略;第二段编码表示章编号,一般为1～2位阿拉伯数字;第三段编码表示节编号,一般为1～2位阿拉伯数字;第四段编码表示子目编号,一般为1～3位阿拉伯数字。以上各编码可根据情况增加阿拉伯数字的位数。例如定额子目编号01-14-5-9中,"01"代表《上海市建筑和装饰工程预算定额(SH 01—31—2016)》,"14"代表"第十四章 油漆、涂料、裱糊工程","5"代表"第五节 抹灰面油漆","9"代表乳胶漆每增一遍定额子目。

2. 理解和熟记定额

首先,要浏览一下目录,了解定额分部、分项工程是如何划分的,不同的预算定额,分部、分项工程的划分方法是不一样的。有的以材料、工种及施工顺序划分,有的则以结构性质和施工顺序划分,且分项工程的含义也不完全相同。掌握定额分部、分项工程划分方法,了解定额分项工程的含义,是正确计算定额工程量和正确使用预算定额编制工程预算的前提。

其次,要学习预算定额的总说明、分部工程定额说明或章节说明。说明中指出的编制原则、依据、适用范围、已经考虑和尚未考虑的因素以及其他有关问题,是正确套用定额的前提条件。

由于建筑安装产品的多样性,且随着生产力的发展,新结构、新技术、新工艺、新材料不断涌现,现有定额往往不能完全适用,就需要补充定额或对原有定额作适当修正(或换算),总说明、分部工程定额说明则为补充定额和定额的换算使用提供依据,指明路径。因此,必须深入学习和深刻理解。

再次,要熟悉定额项目表,能看懂定额项目表内的"三个量"和"三个价"(对包含量、价的估价表而言)的确切含义。如材料消耗量是指材料总的消耗量,包括净用量和损耗量或摊销量;又如材料单价是指材料预算价格的取定价,是定额编制前几个月或半年的省会城市的材料价格。

对常用的分项工程定额所包括的工程内容,特别要对人工、材料、机械等施工资源的消耗量在联系工程实际的基础上进行深入研究,也可以从定额所示的施工要素的消耗里推断出施工工艺以及定额考虑的内容。

以"第十四章 油漆、涂料、裱糊工程"中"第五节 抹灰面油漆"为例说明。在本节中共包含有23个项目,定额编号01-14-5-1～23,涉及的不同材质有调和漆、真石漆、氟碳漆、裂纹漆、乳胶漆、KCM耐磨漆以及刮腻子。其中,乳胶漆和KCM耐磨漆又根据施工部位的不同、实施的基层不同有所区分,而调和漆、真石漆、氟碳漆、裂纹漆等则只考虑墙面施工,如图5-15所示。

以定额编号01-14-5-6～9的"乳胶漆,室外、室内墙面和天棚面"为例分析,如图5-16所示,不同施工部位的乳胶漆施工项目,在人工消耗方面,室外、室内墙面和天棚面每平方米人工消耗为

天棚面0.099 8工日＞室外墙面0.094 3工日＞室内墙面0.079 8工日

在材料消耗方面,每平方米材料消耗为

外墙面乳胶漆0.280 8 kg＞内墙面乳胶漆0.278 1 kg＝天棚面乳胶漆0.278 1 kg

成品腻子粉消耗2.041 2 kg、建筑胶水消耗0.575 0 kg和水消耗0.000 5 m^3都是一样的。但对于室外墙面的乳胶漆施工,则需要增加苯丙清漆0.116 0 kg和油漆溶剂油0.012 9 kg。定额编号01-14-5-9子目中,每增一遍增加的耗材主要为内墙用乳胶漆。《上海市建筑和装饰工程预算定额》(2016)"附录 建筑工程主要材料损耗率取定表"中乳胶漆的损耗率为3%,由此我们可推断每增一遍所消耗的乳胶漆净用量为0.12 kg/m^2。

		第五节 抹灰面油漆	
1245	01-14-5-1	墙面 满刮腻子、底油一遍、调和漆二遍	m2
1246	01-14-5-2	墙面 每增加一遍调和漆	m2
1247	01-14-5-3	真石漆 墙面	m2
1248	01-14-5-4	氟碳漆 墙面	m2
1249	01-14-5-5	裂纹漆 墙面	m2
1250	01-14-5-6	乳胶漆 室外 墙面 二遍	m2
1251	01-14-5-7	乳胶漆 室内 墙面 二遍	m2
1252	01-14-5-8	乳胶漆 室内 天棚面 二遍	m2
1253	01-14-5-9	乳胶漆 每增一遍	m2
1254	01-14-5-10	乳胶漆 室内拉毛面 二遍	m2
1255	01-14-5-11	乳胶漆 石膏饰物 二遍	m2
1256	01-14-5-12	乳胶漆 混凝土花格窗、栏杆、花饰 二遍	m2
1257	01-14-5-13	乳胶漆 墙腰线、檐口线、门窗套、窗台板等 二遍	m2
1258	01-14-5-14	乳胶漆 线条(宽度) ≤50mm	m
1259	01-14-5-15	乳胶漆 线条(宽度) ≤100mm	m
1260	01-14-5-16	乳胶漆 线条(宽度) ≤150mm	m
1261	01-14-5-17	KCM耐磨漆 地面 三遍	m2
1262	01-14-5-18	KCM耐磨漆 地面 每增减一遍	m2
1263	01-14-5-19	KCM耐磨漆 踢脚线 三遍	m
1264	01-14-5-20	KCM耐磨漆 踢脚线 每增减一遍	m
1265	01-14-5-21	刮腻子 墙面 满刮二遍	m2
1266	01-14-5-22	刮腻子 天棚面 满刮二遍	m2
1267	01-14-5-23	刮腻子 每增减一遍	m2

图 5-15　上海预算定额(2016)截图(四)

5．抹灰面油漆

工作内容：1、2、3、清扫、满刮腻子二遍、打磨、刷底漆一遍、乳胶漆二遍等全部操作过程。
　　　　　4、清扫、刷乳胶漆一遍等全部操作过程。

定 额 编 号			单位	01-14-5-6	01-14-5-7	01-14-5-8	01-14-5-9
项　目				乳胶漆			
				室外	室内		每增一遍
				墙面	墙面	天棚面	
				二遍			
				m²	m²	m²	m²
人工	00030139	油漆工	工日	0.0776	0.0657	0.0821	0.0155
	00030153	其他工	工日	0.0167	0.0141	0.0177	0.0034
		人工工日	工日	0.0943	0.0798	0.0998	0.0189
材料	13030431	乳胶漆 外墙用	kg	0.2808			
	13030421	乳胶漆 内墙用	kg		0.2781	0.2781	0.1236
	13010218	苯丙清漆	kg	0.1160			
	04092001	成品腻子粉	kg	2.0412	2.0412	2.0412	
	14410691	建筑胶水	kg	0.5750	0.5750	0.5750	
	14050121	油漆溶剂油	kg	0.0129			
	34110101	水	m³	0.0005	0.0005	0.0005	0.0001
		其他材料费	%	1.6754	1.9571	1.9571	2.5988

图 5-16　上海预算定额(2016)截图(五)

　　如图 5-17 所示,定额编号 01-14-5-21 和 01-14-5-22 两个子目的区别仅在人工消耗量上,材料的消耗量则完全相同。而且,所消耗的成品腻子粉的量与定额编号 01-14-5-6～8 三个子目也是完全相同的,均为 2.041 2 kg/m²。由此可知,定额编号 01-14-5-21～23 刮腻子子目,是针对设计不需要做乳胶漆而单独刮腻子施工考虑的。

5. 抹灰面油漆

工作内容:1、2、清扫、满刮腻子二遍、打磨等全部操作过程。
　　　　　3、清扫、满批腻子一遍等全部操作过程。

定额编号			单位	01-14-5-21	01-14-5-22	01-14-5-23
项目				刮腻子		
				墙面	天棚面	每增减一遍
				满刮二遍		
				m²	m²	m³
人工	00030139	油漆工	工日	0.0496	0.0620	0.0203
	00030153	其他工	工日	0.0107	0.0133	0.0044
		人工工日	工日	0.0602	0.0753	0.0247
材料	04092001	成品腻子粉	kg	2.0412	2.0412	1.0206
	14410691	建筑胶水	kg	0.5463	0.5463	0.2702
	34110101	水	m³	0.0005	0.0005	0.0002
		其他材料费	%	0.7884	0.7884	0.7911

图 5-17　上海预算定额(2016)截图(六)

　　不难看出,大多数情况下,我们均可以通过深入研究定额施工要素消耗量来判断定额子目之间的关系以及定额已考虑和未考虑的因素等。

　　通过逐步、反复、深入地学习来加深印象,并对项目表下的附注逐条阅读,不求背出,但求留痕。

　　最后,要认真学习,正确理解,多实践、多练习,并逐步熟练掌握建筑面积计算规范和分部、分项工程的工程量计算规则。

　　只有在理解、熟记上述内容的基础上,才能够依据设计图纸和预算定额等计价依据,不重不漏地确定工程量计算项目,正确计算工程量和准确地选用预算定额子目,正确地换算预算定额、补充预算定额,最终正确编制出工程预算,这样才能运用预算定额做好有关工程造价的其他各项工作。

3. 预算定额的选用

　　预算定额是用来计算工程造价和主要人工、材料、机械台班等施工资源消耗量的经济依据,定额应用得正确与否,直接影响工程造价和实物量消耗的计算准确性。

　　使用定额,包含两方面的内容:一是根据定额分部分项工程划分方法和定额工程量计算规则,列出需计算的工程项目名称,并且正确计算出其工程量;二是正确选用预算定额(即套定额或套项),并且在必要时进行定额换算或补充定额。

　　在根据设计图纸和预算定额,列出了定额工程量计算项目,并计算完工程量后,便是套定额计算直接费,编制预算书了。

　　要学会正确选用定额,必须首先了解定额分项工程所包括的工作内容。应该从总说明、分部工程定额说明、项目表表头工作内容栏中了解分项工程的工作内容,甚至应该并且可以从项目表中的工、料消耗量中去琢磨分项工程的工作内容,只有这样才能对定额分项工程的含义有深刻的理解。

《上海市建筑和装饰工程预算定额》(2016)中定额编号01-1-1-18为人工挖基坑子目,定额仅考虑埋深1.5 m以内情形。从定额项目表表头中的"工作内容1"可以看到,该子目包括挖地坑、抛土于坑边1米以外,以及修整底边等全部操作过程(见图5-18);定额编号01-11-1-3为水磨石楼地面子目,从定额项目表表头中的"工作内容1、2"可以看到,该子目包括清理基层、面层铺设、磨光、擦浆、理光、养护、酸洗打蜡等全部操作过程(见图5-19)。又根据"第十一章 楼地面装饰工程"说明第2、3条可知,水磨石楼地面子目中不包含刷素水泥浆和找平层内容。如果施工图设计需要刷素水泥浆,则另行套用定额编号01-11-1-19楼地面刷素水泥浆子目。

1. 土方工程

工作内容:1、挖地坑、抛土于坑边1米以外、修整底边等全部操作过程。
　　　　　2、机械挖地坑、抛土或装车、修整底边等全部操作过程。

定额编号		单位	01-1-1-18	01-1-1-19	01-1-1-20
项目			人工挖基坑	机械挖基坑	
			埋深1.50m以内		埋深3.50m以内
			m³	m³	m³
人工	00030153 其他工	工日	0.4317	0.0290	0.0220
	人工工日	工日	0.4317	0.0290	0.0220
机械	99010020 履带式单斗液压挖掘机 0.4m³	台班		0.0033	
	99010070 履带式单斗液压挖掘机 1m³	台班			0.0017

图 5-18　上海预算定额(2016)截图(七)

1. 整体面层及找平层

工作内容:1、2、清理基层、面层铺设、磨光、擦浆、理光、养护、酸洗打蜡等全部操作过程。
　　　　　3、4、清理基层、分色、面层铺设、磨光、擦浆、理光、养护、酸洗打蜡等全部操作过程。

定额编号		单位	01-11-1-3	01-11-1-4	01-11-1-5	01-11-1-6
项目			水磨石楼地面		水磨石楼地面(分色)	
			15mm厚	每增减1mm	15mm厚	每增减1mm
			m²	m²	m²	m²
人工	00030127 一般抹灰工	工日	0.2981	0.0016	0.3381	0.0018
	00030153 其他工	工日	0.0467	0.0003	0.0487	0.0003
	人工工日	工日	0.3448	0.0019	0.3868	0.0022
材料	03110562 金刚磨石 200×75×50	块	0.3500		0.3500	
	04010115 水泥 42.5级	kg	0.2600			
	80131712 水泥白石子浆 1:2	m³	0.0173	0.0011		
	04011102 白色硅酸盐水泥	kg			0.2600	
	80131211 白水泥彩色石子浆 1:2	m³			0.0173	0.0011
	14311401 草酸	kg	0.0100		0.0100	
	14091301 固体蜡	kg	0.0340		0.0340	
	34110101 水	m³	0.0580		0.0580	
	其他材料费	%	0.8900		0.8900	
机械	99050796 灰浆搅拌机 200L	台班	0.0029	0.0002	0.0029	0.0002
	99230090 平面水磨石机 3kW	台班	0.0873		0.0873	

图 5-19　上海预算定额(2016)截图(八)

在选用定额时,常会遇到以下几种情况。

(1) 预算定额的直接套用。

分项工程的施工图和施工方案要求与预算定额的工程内容完全一致时,采用"对号入座"的方式选用定额,就是直接套用预算定额中的预算价格和工、料、机消耗量,并据此计算该分项工程的直接工程费及工、料、机需用量。

直接套用定额时可按"分部工程→定额章→定额节→定额表→定额子目"的顺序找出所需项目。此类情况在编制施工图预算中属大多数,直接套用定额的主要内容,包括定额编号,项目名称,计量单位,工、料、机消耗量,基价等。

直接套用时应注意以下几点:

① 从总说明、章节说明或分部工程定额说明、项目表表头的工作内容中去了解定额分项工程所包括的工作内容;

② 根据施工图、设计说明和做法说明、分项工程施工过程划分等来选择合适的定额项目;

③ 要从工程内容,技术特征,施工方法,以及材料、机械的规格与型号上仔细核对与预算定额规定的一致性,才能较为准确地确定相对应的定额项目;

④ 分项工程的名称和计量单位要与预算定额相一致,计算口径不一致的,不能直接套用定额;

⑤ 要注意预算定额表上的工作内容,工作内容中所列出的内容,其工、料、机消耗量已包括在定额内,否则需另外列项计取;

⑥ 查阅预算定额时应特别注意定额表下的附注内容,附注作为预算定额表的一种补充与完善,套用时必须严格执行。

【案例 5-19】 某工程施工图纸设计要求的楼地面做法是采用干混砂浆铺贴地砖楼地面,地砖规格为 800 mm×800 mm,铺贴工程量为 180.5 m²。请计算该项地砖铺贴所需要的工、料、机消耗量。

解:查《上海市建筑和装饰工程预算定额》(2016)可知,该项目属于"第十一章 楼地面装饰工程"的块料面层。套用定额编号 01-11-2-15,工、料、机消耗量计算见表 5-13。

表 5-13 地砖铺贴工、料、机消耗量计算表

工作内容:基层清理、锯板磨边、调运砂浆、贴地砖面、擦缝、清理净面等全部操作过程。

定额编号				01-11-2-15	定额工程量 /m²	定额消耗量 /m²
项目			单位	地砖楼地面干混砂浆铺贴		
				每块面积		
				0.64 m² 以内		
				m²		
人工	00030129	装饰抹灰工(镶贴)	工日	0.110 1	180.5	19.873 1
	00030153	其他工	工日	0.023 7	180.5	4.277 9
		人工工日	工日	0.133 8	180.5	
材料	07050214	地砖 800×800	m²	1.040 0	180.5	187.720 0
	80060312	干混地面砂浆 DS M20.0	m³	0.005 1	180.5	0.920 6
	03210801	石料切割锯片	片	0.003 0	180.5	0.541 5
	14417401	陶瓷砖填缝剂	kg	0.102 0	180.5	18.411 0
	34110101	水	m³	0.023 0	180.5	4.151 5
		其他材料费	%	0.418 0		

根据《上海市建筑和装饰工程预算定额》(2016)宣贯材料可知:石材切割机械等小型工具用具,均已在施工管理费中考虑,不再列入机械台班消耗量内。

(2) 预算定额的换算与调整。

当施工图纸设计要求与预算定额的工程内容、规格与型号、施工方法等条件不完全相符,且按定额有关规定允许进行调整与换算时,则该分项项目或结构构件能套用相应定额项目,但必须对预算定额项目与设计要求之间的差异进行调整,即按规定进行调整与换算。这种使预算定额项目内容适应设计要求的差异调整就是产生预算定额换算的原因。

预算定额的换算与调整的实质就是按定额规定的换算范围、内容和方法,对某些分项工程项目或结构构件按设计要求进行调整与换算,是预算定额应用的进一步扩展和延伸。为保持预算定额的定额水平,在定额说明中规定了若干条预算定额换算的具体规定,该规定是预算定额换算的主要依据,一般可分为两种情况。

① 定额规定不允许换算时,可视具体情况并分析后"生搬硬套,强行执行"规定的定额,例如现浇钢筋混凝土矩形柱定额 01-17-2-14 采用组合钢模板,实际施工方案采用的模板与预算定额模板不相符时,仍可按预算定额的规定套用,不予换算。

② 定额规定允许换算时,则应按定额规定的原则、依据和方法进行换算,换算后,再进行定额套用。对换算定额,套用时,仍采用原来的定额编号,只需要在原编号加注一个"换"字,以表示是经过换算的定额,以示区别。比如,《上海市建筑和装饰工程预算定额》(2016)"第十一章 楼地面装饰工程"说明中第十二条规定,广场砖铺贴如设计要求为环形及菱形者,其人工乘以系数1.2,可将定额编号写成 01-11-2-27换,以示其是在定额子目 01-11-2-27 基础上换算、调整后得到的。

a.预算定额的换算原则。

设计的砂浆、混凝土强度等级与定额不同时,允许按定额附录的砂浆、混凝土配合比表换算,但配合比中的各种材料用量不得调整。其实质是砂浆、混凝土价格的调整,在《上海市建筑和装饰工程预算定额》(2016)中已不再涉及。

定额中抹灰项目已考虑了常用厚度,各层砂浆的厚度一般不做调整。如果设计有特殊要求,定额中的工、料可以根据设计厚度按比例进行换算。

必须按预算定额中的各项规定、依据和方法换算定额后再进行套用。

b.预算定额换算的主要内容及类型。

预算定额换算包括人工、材料和机械台班的换算。人工的换算主要是由于用工量的增减而引起的,而材料的换算则是由于材料消耗量的改变及材料代换所引起的,特别是材料的换算占预算定额换算的比重相当大,主要表现在以下几个方面:

ⅰ.砂浆换算:砌筑砂浆换强度等级、抹灰砂浆换配合比及砂浆用量。

ⅱ.混凝土换算:构件混凝土、楼地面混凝土的强度等级、混凝土类型的换算。

ⅲ.系数换算:按规定对定额中的人工、材料、机械台班乘以各种系数的换算。

ⅳ.其他换算:除上述 3 种情况以外的定额换算。

c.预算定额换算的基本原理。

预算定额换算的基本思路就是根据选定的预算定额,换入按规定应增加的量,同时换出应扣除的量。这一思路可用下列表达式表式:

$$
\text{换算后的预算定额} \begin{Bmatrix} \text{人工} \\ \text{材料} \\ \text{机械台班} \end{Bmatrix} \text{消耗量} = \text{换算前的预算定额} \begin{Bmatrix} \text{人工} \\ \text{材料} \\ \text{机械台班} \end{Bmatrix} \text{消耗量}
$$

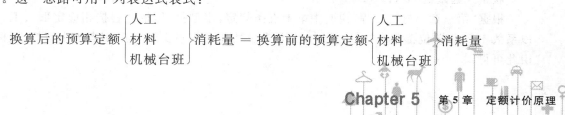

$$+ \sum \text{按规定应增加的} \left\{ \begin{matrix} \text{人工} \\ \text{材料} \\ \text{机械台班} \end{matrix} \right\} \text{消耗量}$$

$$- \sum \text{按规定应扣除的} \left\{ \begin{matrix} \text{人工} \\ \text{材料} \\ \text{机械台班} \end{matrix} \right\} \text{消耗量}$$

在《上海市建筑和装饰工程预算定额》(2016)应用中的调整与换算的常见类型有以下 3 种。

a. 系数的调整与换算。

系数的调整与换算是指当设计的工程项目内容与预算定额规定的相应内容不完全相符时,按定额规定可以对定额中的人工、材料、机械台班消耗量乘以一个大于(或小于)1 的系数进行换算。也就是说,在使用某些预算定额项目时,定额的一部分或全部可以乘以一个规定的系数进行调整。

凡在定额说明、计算规则或附注中规定按定额工、料、机乘以系数的分项工程,应将其系数乘在定额消耗量或乘在人工、材料和机械台班某一项的定额消耗量上。同时,工程量也应另外单独列项计算,与不乘系数的分项工程工程量分别计算。

其换算公式如下:

调整后的相应消耗量=定额人工(或材料、机械台班)消耗量×相应调整系数

比如《上海市建筑和装饰工程预算定额》(2016)"第四章　砌筑工程"说明中第三条第四款规定,定额中各类砖、砌块及石砌体均按直形墙砌筑编制,如为圆弧形砌筑者,按相应定额人工消耗量乘以系数 1.1,砖、砌块、石砌体及砂浆(粘结剂)用量乘以系数 1.03。此时的圆弧形墙体定额工程量就需要单独计算了。

系数换算要注意以下几个问题:

ⅰ. 要区分定额系数与工程量系数。定额系数一般出现在定额说明或附注中,而工程量系数则一般在工程量计算规则中出现;定额系数用以调整定额消耗量,而工程量系数则用以调整工程的数量。

ⅱ. 要区分定额系数的具体调整对象。有的系数用以调整定额消耗量,而有的系数则用以调整人工、材料或机械台班中某一个或几个施工资源的消耗量。

ⅲ. 必须按照预算定额的说明、计算规则和附注中的有关规定进行换算与调整。

【案例 5-20】　某单位工程施工图设计为采用预制钢筋混凝土方桩,桩长 15 m,三类土,已计算出定额工程量为 120 m³。试计算完成该打桩项目所需人工、方桩、机械用量。

解:查《上海市建筑和装饰工程预算定额》(2016)可知,定额编号为 01-3-1-4,如图 5-20 所示。打钢筋混凝土方桩,桩长 25 m 内,每 m³ 方桩定额消耗量如下。

人工:打桩工,0.215 1 工日。

预制钢筋混凝土方桩:1.010 0 m³;

钢桩帽摊销:0.073 3 kg;

其他材料费:0.692 9%。

履带式柴油打桩机 5 t:0.023 9 台班;

履带式起重机 15 t:0.023 9 台班。

根据"第三章　打桩工程"说明中第十五条规定,小型打、压桩工程按相应定额人工、机械乘以系数 1.25。单位工程的打、压预制钢筋混凝土方桩工程量少于 200 m³ 者为小型打、压桩工程。由此可得:

人工需用量＝0.215 1×1.25×120 工日＝32.265 工日；

预制钢筋混凝土方桩需用量＝1.010 0×120 m³＝121.2 m³；

钢桩帽摊销量＝0.073 3×120 kg＝8.796 kg；

其他材料费＝0.692 9％；

（注：其他材料费为预制钢筋混凝土方桩和钢桩帽摊销量两项费用之和的 0.692 9％）

履带式柴油打桩机 5 t 需用量＝0.023 9×1.25×120 台班＝3.585 台班；

履带式起重机 15 t 需用量＝0.023 9×1.25×120 台班＝3.585 台班。

工作内容：准备打桩工具、移动打桩机、运桩、吊桩、定位、安卸桩帽、校正、打桩等全部操作过程。

定额编号			单位	01-3-1-3	01-3-1-4	01-3-1-5
项目				打钢筋混凝土方桩		
				桩长12.0m以内	桩长25.0m以内	桩长45.0m以内
				m³	m³	m³
人工	00030113	打桩工	工日	0.3646	0.2151	0.1848
		人工工日	工日	0.3646	0.2151	0.1848
材料	04290401	预制钢筋混凝土方桩	m³	1.0100	1.0100	1.0100
	35111002	钢桩帽摊销	kg	0.0733	0.0733	0.0733
		其他材料费	%	0.6929	0.6929	0.6929
机械	99030030	履带式柴油打桩机 2.5t	台班	0.0405		
	99030050	履带式柴油打桩机 5t	台班		0.0239	
	99030070	履带式柴油打桩机 8t	台班			0.0205
	99090090	履带式起重机 15t	台班	0.0405	0.0239	0.0205

图 5-20　上海预算定额（2016）截图（九）

b. 材料用量的调整与换算。

材料用量的调整与换算指设计图纸的分项工程或结构构件的主要材料由于施工方法、材料品种、规格型号等与预算定额的规定不同而引起的在耗用量上的调整与换算。其调整与换算公式如下：

调整后的材料用量＝原定额消耗量＋（设计材料用量－定额所含材料用量）

比如，设计要求采用玻化砖铺贴或粘贴的楼地面工程，该种做法在《上海市建筑和装饰工程预算定额》（2016）中并没有对应的定额子目可用。但根据"第十一章　楼地面装饰工程"说明中第九条规定可知，玻化砖按地砖相应定额子目执行。就是说，在使用《上海市建筑和装饰工程预算定额》（2016）或编制预算时，当遇到铺贴或粘贴玻化砖楼地面者，执行本预算定额"第十一章第二节　块料面层"相应定额子目，将其中材料项中的地砖改为玻化砖即可，其他不变。

再比如，《上海市建筑和装饰工程预算定额》（2016）"第九章　屋面及防水工程"说明中第三条变形缝与止水带的第 3 款规定：若设计要求与定额不同时，用料可以调整，但人工不变。调整值按下列公式计算：

$$变形缝（盖缝）调整值＝定额消耗量×\frac{设计缝口断面面积}{定额缝口断面面积}$$

c. 其他类型的换算。

其他类型的换算指不属于上述几种换算情况的定额消耗量换算。如 1：2 防水砂浆墙基防潮层（加水泥用量 8％的防水粉）的材料消耗量的调整，就是根据设计要求在 1：2 水泥砂浆相关材料消耗量的基础上增加防水粉的消耗量。

117

4. 补充预算定额

当施工图设计要求或施工工艺、施工机具与预算定额适用范围或规定完全不符,或者是结构设计采用了新的做法,用了新材料、新工艺等,这些是现行预算定额中没有的,属于定额的缺项,则应另行编制补充预算定额,然后套用。

补充预算定额的编制有两类情况。一类是地区性补充预算定额。这类预算定额项目没有包括在全国或省(市)统一预算定额中,但此类项目在本地区又经常遇到,可由当地(市)造价管理机构按现行预算定额编制原则、编制依据、方法和统一口径、定额水平等编制地区性补充预算定额,并报上级造价管理机构批准颁布。

另一类是一次性使用的临时定额。预(结)算编制单位可根据设计要求,按照预算定额编制原则并结合工程实际情况,编制一次性补充定额,在预(结)算审核中使用。

补充预算定额的编号一般需写上"补"字。在编制补充预算定额时应注意以下几个方面:

① 定额的分部工程范围划分、分项工程的内容及计量单位,应与现行预算定额中的同类项目保持一致;

② 材料消耗必须符合现行预算定额的规定;

③ 数据计算必须实事求是。

5.5.3.3 预算定额基价编制

预算定额基价就是预算定额分项工程或结构构件的单价,包括人工费、材料费和机械台班使用费,也称工料机单价或直接工程费单价。

预算定额基价一般是通过编制单位估价表、地区单位估价表及设备安装价目表等所确定的单价,用于编制施工图预算。在预算定额中列出的"预算价值"或"基价",应视作该预算定额编制时的工程单价。

预算定额与单位估价表的不同之处在于预算定额只规定完成单位合格分项工程或结构构件的人工、材料、机械台班消耗的数量标准,理论上一般不以货币形式来表现;而单位估价表则是将预算定额中的消耗量在本地区以货币形式来表示。

预算定额基价的编制方法就是工、料、机的消耗量和与之对应的工、料、机的单价相结合的过程。其中,人工费是由预算定额中每一分项工程消耗的各工种的定额工日数乘以地区人工日工资单价之和算出;材料费是由预算定额中每一分项工程的各种材料定额消耗量乘以地区相应材料的预算价格之和算出;机械费是由预算定额中每一分项工程的各种机械台班定额消耗量乘以地区相应施工机械台班的预算价格之和算出。

分项工程预算定额基价的数学表达式为

$$分项工程预算定额基价 = 人工费 + 材料费 + 施工机械使用费$$

$$人工费 = \sum(现行预算定额中各工种人工工日用量 \times 人工日工资单价)$$

$$材料费 = \sum(现行预算定额中各种材料消耗量 \times 相应材料的预算价格)$$

$$施工机械使用费 = \sum(现行预算定额中机械台班消耗量 \times 相应施工机械台班的预算价格)$$

需要指出的是,我国有些地区在计价定额的基价中已经考虑管理费了。这就需要造价从业人员在执业时特别注意不同地区的一些特殊做法或规定。

预算定额基价是根据现行定额和该预算定额编制时当地的价格水平编制的,具有相对的稳定性,也有利于简化概(预)算的编制工作。但是为了适应市场价格的变动,在编制预算时,必须根据工程造价管理部门发布的调价文件对固定的工程预算单价进行修正。修正后的工程单价乘以根据施工图纸和定额工程量计算规则计算出来的工程量,就可以获得符合实际市场情况的直接工程费。

换言之,预算定额基价是完成定额项目规定的单位建筑安装产品,在定额编制基期所需的人工费、材料费、施工机械使用费的总和,是不完全价格。

【案例 5-21】 某预算定额基价的编制过程如表 5-14 所示。求其中定额子目 4-1 的定额基价。

表 5-14 预算定额基价表

工作内容:砖基础包括调、运砂浆,铺砂浆,运砖,清理基槽坑,砌砖等;砖墙包括调、运、铺砂浆,运砖;砌砖包括窗台虎头砖、腰线、过梁、平碹、门窗套,安放木砖、铁件等。

计算单位:10 m³

定额编号			4-1		4-2		4-4	
项目	单位	单价/元	砖基础		外墙			
					1/2 砖		1 砖	
			数量	合价	数量	合价	数量	合价
基价	元		1595.55		1852.66		1771.36	
其中 人工费	元		250.26		455.23		373.72	
材料费	元		1327.97		1382.78		1380.77	
机械费	元		17.32		14.66		16.88	
人工 综合工日	工日	19.690	12.710	250.26	23.120	455.23	18.980	373.72
材料 普通粘土砖	千块	200.00	5.236	1047.20	5.624	1124.80	5.385	1077.00
水	m³	0.70	1.050	0.74	1.130	0.79	1.060	0.74
M5 水泥砂浆　425♯水泥	m³	118.66	2.360	280.04	—	—	—	—
M5 混合砂浆　425♯水泥	m³	131.89	—	—	1.950	257.19	2.290	302.03
其他材料费	元		—		—			1.00
机械 灰浆搅拌机(200 L 以内)	台班	44.41	0.390	17.32	0.330	14.66	0.380	16.88

解: 定额人工费 = 19.69×12.71 元 ≈ 250.26 元

定额材料费 = 200×5.236+0.7×1.05+118.66×2.36 元

≈ 1047.20+0.74+280.04 元 ≈ 1327.98 元

定额机械台班费 = 44.41×0.39 元 ≈ 17.32 元

定额基价 = 250.26+1327.98+17.32 元 = 1595.56 元

5.6 其他计价定额

5.6.1 概算定额

概算定额是初步设计或技术设计阶段采用的定额,它是在预算定额基础上加以综合而成的,是编制设计概算和修正概算的依据,是编制估算指标的基础。

1. 定义

概算定额是在预算定额基础上根据有代表性的通用设计图和标准图等资料,以主要工序为准,综合相关工序,进行综合、扩大和合并而成的定额。

概算定额是编制扩大初步设计概算时计算和确定扩大分项工程的人工、材料、机械台班耗用量(或货币量)的数量标准,它是预算定额的综合扩大。

概算定额是由预算定额综合扩大而成的。按照《建设工程工程量清单计价规范》的要求,为适应工程招标投标的需求,有的地方预算定额有些定额项目的综合已与概算定额项目一致了,如挖土方只有一个项目,不再划分一、二、三、四类土,砖墙也只有一个项目,综合了外墙,半砖、一砖、一砖半、二砖、二砖半墙等,化粪池、水池等按"座"计算,综合了土方、砌筑、结构配件等全部项目。

2. 作用

(1)概算定额是扩大初步设计阶段编制设计概算和技术设计阶段编制修正概算的依据。

(2)概算定额是对设计项目进行技术经济分析和比较的基础资料之一。

(3)概算定额是编制建设项目主要材料计划的参考依据。

(4)概算定额是编制概算指标的依据。

(5)概算定额是编制招标控制价的依据。

3. 工程概算与工程预算的区别

编制施工图预算时,设计者已经画出了施工详图,个别图上未表示出的,设计说明里也已交代了实施措施和处理办法,也就是编制施工图预算的每一项费用都具备具体实物形象和尺寸,只要把握图纸内容,计算出来的数据都是实在的。

而概算则不同,只是概括性的计算,其深度也是由初步设计文件内容的深度决定的。建设项目开始实施时缺少图纸、详细的说明书,概算是以规模产量或近似的空间需要展开的,概算编制者往往是勉强依靠简单化的工艺流程图、建筑物轮廓以及主要设施原理图开展工作的,有时图上没有的东西,也必须考虑,就只得采用近似值估算了。

因此,要求概算人员具有一定的设计、施工经验;能独立地进行某一单项工程或某专业、某结构的概算工作;能凭经验发挥想象力,科学地分析、判断,把图上没有的内容按工艺流程或工程结构、构造逐项推断列项,选择出决定作用的部位或部件进行计算。

4. 实例

某福利院新建项目,总建筑面积 13 959.33 平方米,其中地上计容积率建筑面积为 8961.70 平方米,地上不计容积率建筑面积为 210.8 平方米,地下建筑面积为 4786.33 平方米,本工程由 5 个单体建筑组成,分别为 1#(福利院主楼)、2#(变配电间、环网站及门卫)、3#(汇流排间)、4#(垃圾房)、地下室。该项目概算汇总表如表 5-15 所示。

表 5-15 概算汇总表

工程名称:某福利院新建工程

序号	项目名称	概(预)算总值/万元					技术经济指标			备注
		建筑工程费	机电工程费	设备购置费	其他费用	合计	单位	数量	指标/(元/m²)	
一	工程费用	5,977.94	1,542.23	802.83	0.00	8,323.00	m²	13,959.33	5,962.32	

序号	项目名称	概(预)算总值/万元					技术经济指标			备注
		建筑工程费	机电工程费	设备购置费	其他费用	合计	单位	数量	指标/(元/m²)	
(一)	地下室	2,740.83	435.47	218.22	—	3,394.52	m²	4,786.83	7,091.37	
1	土建工程	2,740.83	—	—		2,740.83	m²	4,786.83	5,725.77	
1.1	围护工程	593.34				593.34	m²	13,959.33	425.05	
1.2	桩基工程	772.79				772.79	m²	13,959.33	553.60	
1.3	地下结构工程	1,513.25				1,513.25	m²	4,786.83	3,161.27	
1.4	地下建筑工程	333.98				333.98	m²	4,786.83	697.71	
1.5	地下装修工程	120.81				120.81	m²	4,786.83	252.38	
2	安装工程		435.47	218.22	—	653.69	m²	4,786.83	1,365.60	
2.1	给排水工程(含水泵房、水箱)		27.27	64.50		91.77	m²	4,786.83	191.71	
2.2	消防喷淋工程		149.15	21.20		170.35	m²	4,786.83	355.87	
2.3	通风工程		78.73	14.32		93.05	m²	4,786.83	194.39	
2.4	电气工程		161.32	17.20		178.52	m²	4,786.83	372.94	
2.5	火灾自动报警及消防联动系统		12.00			12.00	m²	4,786.83	25.07	
2.6	弱电工程		7.00	61.00		68.00	m²	4,786.83	142.06	
2.7	厨房设备			40.00		40.00	项	1.00	400,000.00	
(二)	1#(福利院主楼)	2,806.23	800.91	436.55	—	4,043.69	m²	8,901.54	4,542.68	
1	土建工程	2,806.23	—	—		2,806.23	m²	8,901.54	3,152.52	
1.1	结构工程	931.82				931.82	m²	8,901.54	1,046.81	
1.2	建筑工程	1,063.53				1,063.53	m²	8,901.54	1,194.77	
1.3	外立面工程	112.02				112.02	m²	8,901.54	125.84	
1.4	装修工程	698.86				698.86	m²	8,901.54	785.10	
2	安装工程	—	800.91	436.55	—	1,237.46	m²	8,901.54	1,390.16	
2.1	给排水工程		155.61	54.84		210.45	m²	8,901.54	236.42	
2.2	消防喷淋工程		131.89	6.30		138.19	m²	8,901.54	155.24	
2.3	通风空调工程		136.91	97.33		234.24	m²	8,901.54	263.15	
2.4	电气工程		204.71	20.40		225.11	m²	8,901.54	252.89	

续表

序号	项目名称	概(预)算总值/万元					技术经济指标			备注
		建筑工程费	机电工程费	设备购置费	其他费用	合计	单位	数量	指标/(元/m²)	
2.5	火灾自动报警及消防联动系统		22.00			22.00	m²	8,901.54	24.71	
2.6	弱电工程		34.32	142.68		177.00	m²	8,901.54	198.84	
2.7	电梯工程		22.00	90.00		112.00	台	4.00	280,000.00	
2.8	呼叫救助系统		40.06			40.06	m²	8,901.54	45.00	
2.9	医用气体		53.41			53.41	m²	8,901.54	60.00	
2.10	科教助老平台			25.00		25.00	项	1.00	250,000.00	
(三)	2#(变配电间、环网站及门卫)	85.02	37.45	148.06		270.53	m²	212.30	12,742.95	
1	土建工程	85.02	—	—		85.02	m²	212.30	4,004.78	
1.1	结构工程	31.39				31.39	m²	212.30	1,478.57	
1.2	建筑工程	41.25				41.25	m²	212.30	1,943.01	
1.3	外立面工程	7.70				7.70	m²	212.30	362.69	
1.4	装修工程	4.68				4.68	m²	212.30	220.51	
2	安装工程		37.45	148.06	—	4.25	m²	212.30	200.00	
2.1	给排水工程		1.51			1.51	m²	212.30	71.13	
2.2	通风空调工程		1.67	0.46		2.13	m²	212.30	100.33	
2.3	变配电工程		14.20	142.00		156.20	kVA	1,260.00	1,239.69	
2.4	电气工程		7.07	5.60		12.67	m²	212.30	596.80	
2.5	气体灭火系统		13.00			13.00	m²	212.30	612.34	
(四)	3#(汇流排间)	13.34	0.64	—		13.98	m²	31.94	4,376.58	
1	土建工程	13.34	—	—		13.34	m²	31.94	4,176.58	
1.1	结构工程	5.54				5.54	m²	31.94	1,734.50	
1.2	建筑工程	7.15				7.15	m²	31.94	2,238.57	
1.3	装修工程	0.65				0.65	m²	31.94	203.51	
2	安装工程		0.64			0.64	m²	31.94	200.00	
(五)	4#(垃圾房)	17.42	0.53	—		17.95	m²	26.72	6,719.46	

序号	项目名称	概(预)算总值/万元					技术经济指标			备注
		建筑工程费	机电工程费	设备购置费	其他费用	合计	单位	数量	指标/(元/m²)	
1	土建工程	17.42	—	—		17.42	m²	26.72	6,519.46	
1.1	结构工程	5.20				5.20	m²	26.72	1,946.11	
1.2	建筑及装修工程	12.22				12.22	m²	26.72	4,573.35	
2	安装工程		0.53			0.53	m²	26.72	200.00	
(六)	室外总体	315.10	267.24	—	—	582.33	m²	5,266.02	1,105.83	
1	绿化工程	39.25				39.25	m²	2,616.78	150.00	
2	屋顶绿化	20.30				20.30	m²	580.00	350.00	
3	道路及广场工程	105.97				105.97	m²	2,649.25	400.00	
4	围墙及大门	34.58				34.58	m	345.75	1,000.00	
5	室外管网工程		200.11			200.11	m²	5,266.02	380.00	
6	室外照明工程		42.13			42.13	m²	5,266.02	80.00	
7	交通标识标牌、车位划线、其他标识标牌等	15.00				15.00	m²	5,266.02	28.48	
8	格栅池、隔油池、消毒池	100.00				100.00	m²	5,266.02	189.90	
9	室外安防及广播		25.00			25.00	m²	5,266.02	47.47	
二	工程建设其他费用				1,418.63	1,418.63	m²	13,959.33	1,016.26	
1	项目建设管理费				159.30	159.30	m²	13,959.33	114.12	按有关收费标准计取
2	前期工作费				83.23	83.23	m²	13,959.33	59.62	
3	设计费				276.41	276.41	m²	13,959.33	198.01	按有关收费标准计取
4	勘察费				66.58	66.58	m²	13,959.33	47.70	按有关收费标准计取
5	工程监理费				218.06	218.06	m²	13,959.33	156.21	按有关收费标准计取
6	预算编制费				55.20	55.20	m²	13,959.33	39.55	按有关收费标准计取
7	竣工图编制费（设计费的8%）				27.25	27.25	m²	13,959.33	19.52	按有关收费标准计取

序号	项目名称	概(预)算总值/万元					技术经济指标			备注
		建筑工程费	机电工程费	设备购置费	其他费用	合计	单位	数量	指标/(元/m²)	
8	三通一平				41.62	41.62	m²	13,959.33	29.81	按有关收费标准计取
9	市政配套费				463.46	463.46	m²	13,959.33	300.00	
9.1	道口开设费				40.00	40.00	项	1.00	400,000.00	
9.2	10 kV业扩费				126.76	126.76	kVA	1,260.00	1,006.00	
9.3	多回路供电容量费				18.27	18.27	kVA	630.00	290.00	
9.4	供水接口费				60.00	60.00	口	3.00	200,000.00	
9.5	管网贴费				25.50	25.50	项	1.00	255,000.00	
9.6	排水接口费				75.00	75.00	口	3.00	250,000.00	
9.7	燃气接入和调压站				95.00	95.00	项	1.00	950,000.00	
9.8	电信接入(IPTV)				22.93	22.93	m²	9,172.50	25.00	
10	人防易地建设费				27.52	27.52	m²	9,172.50	30.00	
三	预备费(不可预见费5%)				487.08		m²	13,959.33	348.93	
四	工程造价合计					10,228.72	m²	13,959.33	7,327.51	

124

5.6.2 概算指标

概算指标以统计指标的形式反映工程建设过程中生产单位合格工程建设产品所需资源消耗量的水平。它比概算定额更为综合和概括,通常是以整个建筑物和构筑物为对象,以建筑面积、体积或成套装置的台或组为计量单位,包括人工、材料和机械台班的消耗量标准和造价指标。其作用有:

(1)概算指标可以作为编制投资估算的参考;

(2)概算指标中的主要材料指标可作为匡算主要材料用量的依据;

(3)概算指标是设计单位进行设计方案比较,建设单位选址的一种依据;

(4)概算指标是编制固定资产投资计划,确定投资额的主要依据。

以某福利院新建工程为例,其概算指标汇总表如表5-16所示。

表5-16 概算指标汇总表

工程名称:某福利院新建工程

序号	项目名称	技术经济指标				备注
		金额/万元	单位	数量	指标/(元/m²)	
一	工程费用	8,323.00	m²	13,959.33	5,962.32	

序号	项目名称	技术经济指标				备注
		金额/万元	单位	数量	指标/(元/m²)	
（一）	地下室	3,394.52	m²	4,786.83	7,091.37	
1	土建工程	2,740.83	m²	4,786.83	5,725.77	
1.1	围护工程	593.34	m²	13,959.33	425.05	
1.2	桩基工程	772.79	m²	13,959.33	553.60	
1.3	地下结构工程	1,513.25	m²	4,786.83	3,161.27	
1.4	地下建筑工程	333.98	m²	4,786.83	697.71	
1.5	地下装修工程	120.81	m²	4,786.83	252.38	
2	安装工程	653.69	m²	4,786.83	1,365.60	
2.1	给排水工程（含水泵房、水箱）	91.77	m²	4,786.83	191.71	
2.2	消防喷淋工程	170.35	m²	4,786.83	355.87	
2.3	通风工程	93.05	m²	4,786.83	194.39	
2.4	电气工程	178.52	m²	4,786.83	372.94	
2.5	火灾自动报警及消防联动系统	12.00	m²	4,786.83	25.07	
2.6	弱电工程	68.00	m²	4,786.83	142.06	
2.7	厨房设备	40.00	项	1.00	400,000.00	
（二）	1#（福利院主楼）	4,043.69	m²	8,901.54	4,542.68	
1	土建工程	2,806.23	m²	8,901.54	3,152.52	
1.1	结构工程	931.82	m²	8,901.54	1,046.81	
1.2	建筑工程	1,063.53	m²	8,901.54	1,194.77	
1.3	外立面工程	112.02	m²	8,901.54	125.84	
1.4	装修工程	698.86	m²	8,901.54	785.10	
2	安装工程	1,237.46	m²	8,901.54	1,390.16	
2.1	给排水工程	210.45	m²	8,901.54	236.42	
2.2	消防喷淋工程	138.19	m²	8,901.54	155.24	
2.3	通风空调工程	234.24	m²	8,901.54	263.15	
2.4	电气工程	225.11	m²	8,901.54	252.89	
2.5	火灾自动报警及消防联动系统	22.00	m²	8,901.54	24.71	
2.6	弱电工程	177.00	m²	8,901.54	198.84	

125

序号	项目名称	技术经济指标				备注
		金额/万元	单位	数量	指标/(元/m²)	
2.7	电梯工程	112.00	台	4.00	280,000.00	
2.8	呼叫救助系统	40.06	m²	8,901.54	45.00	
2.9	医用气体	53.41	m²	8,901.54	60.00	
2.10	科教助老平台	25.00	项	1.00	250,000.00	
(三)	2#(变配电间、环网站及门卫)	270.53	m²	212.30	12,742.95	
1	土建工程	85.02	m²	212.30	4,004.78	
1.1	结构工程	31.39	m²	212.30	1,478.57	
1.2	建筑工程	41.25	m²	212.30	1,943.01	
1.3	外立面工程	7.70	m²	212.30	362.69	
1.4	装修工程	4.68	m²	212.30	220.51	
2	安装工程	4.25	m²	212.30	200.00	
2.1	给排水工程	1.51	m²	212.30	71.13	
2.2	通风空调工程	2.13	m²	212.30	100.33	
2.3	变配电工程	156.20	kVA	1,260.00	1,239.69	
2.4	电气工程	12.67	m²	212.30	596.80	
2.5	气体灭火系统	13.00	m²	212.30	612.34	
(四)	3#(汇流排间)	13.98	m²	31.94	4,376.58	
1	土建工程	13.34	m²	31.94	4,176.58	
1.1	结构工程	5.54	m²	31.94	1,734.50	
1.2	建筑工程	7.15	m²	31.94	2,238.57	
1.3	装修工程	0.65	m²	31.94	203.51	
2	安装工程	0.64	m²	31.94	200.00	
(五)	4#(垃圾房)	17.95	m²	26.72	6,719.46	
1	土建工程	17.42	m²	26.72	6,519.46	
1.1	结构工程	5.20	m²	26.72	1,946.11	
1.2	建筑及装修工程	12.22	m²	26.72	4,573.35	

序号	项目名称	技术经济指标				备注
		金额/万元	单位	数量	指标/(元/m²)	
2	安装工程	0.53	m²	26.72	200.00	
（六）	室外总体	582.33	m²	5,266.02	1,105.83	
1	绿化工程	39.25	m²	2,616.78	150.00	
2	屋顶绿化	20.30	m²	580.00	350.00	
3	道路及广场工程	105.97	m²	2,649.25	400.00	
4	围墙及大门	34.58	m	345.75	1,000.00	
5	室外管网工程	200.11	m²	5,266.02	380.00	
6	室外照明工程	42.13	m²	5,266.02	80.00	
7	交通标识标牌、车位划线、其他标识标牌等	15.00	m²	5,266.02	28.48	
8	格栅池、隔油池、消毒池	100.00	m²	5,266.02	189.90	
9	室外安防及广播	25.00	m²	5,266.02	47.47	
二	工程建设其他费用	1,418.63	m²	13,959.33	1,016.26	
1	项目建设管理费	159.30	m²	13,959.33	114.12	按有关收费标准计取
2	前期工作费	83.23	m²	13,959.33	59.62	
3	设计费	276.41	m²	13,959.33	198.01	按有关收费标准计取
4	勘察费	66.58	m²	13,959.33	47.70	按有关收费标准计取
5	工程监理费	218.06	m²	13,959.33	156.21	按有关收费标准计取
6	预算编制费	55.20	m²	13,959.33	39.55	按有关收费标准计取
7	竣工图编制费（设计费的8%）	27.25	m²	13,959.33	19.52	按有关收费标准计取
8	三通一平	41.62	m²	13,959.33	29.81	按有关收费标准计取
9	市政配套费	463.46	m²	13,959.33	300.00	
9.1	道口开设费	40.00	项	1.00	400,000.00	
9.2	10kV业扩费	126.76	kVA	1,260.00	1,006.00	
9.3	多回路供电容量费	18.27	kVA	630.00	290.00	
9.4	供水接口费	60.00	口	3.00	200,000.00	
9.5	管网贴费	25.50	项	1.00	255,000.00	
9.6	排水接口费	75.00	口	3.00	250,000.00	

续表

序号	项目名称	技术经济指标				备注
		金额/万元	单位	数量	指标/(元/m²)	
9.7	燃气接入和调压站	95.00	项	1.00	950,000.00	
9.8	电信接入(IPTV)	22.93	m²	9,172.50	25.00	
10	人防易地建设费	27.52	m²	9,172.50	30.00	
三	预备费(不可预见费5%)	487.08	m²	13,959.33	348.93	
四	工程造价合计	10,228.72	m²	13,959.33	7,327.51	

5.6.3 投资估算指标

投资估算指标是在编制项目建议书、可行性研究报告和编制设计任务书阶段进行投资估算、计算投资需要量时使用的一种定额。

投资估算指标具有较强的综合性、概括性，往往以独立的单项工程或完整的工程项目为计算对象，它的概略程度与可行性研究阶段相适应，它的主要作用是为项目决策和投资控制提供依据，是一种扩大的技术经济指标。投资估算指标虽然根据历史的预、结(决)算资料和价格变动等资料编制，但其编制基础仍离不开预算定额、概算定额。

投资估算指标是确定和控制建设项目全过程各项投资支出的技术经济指标，涉及建设前期、建设实施期和竣工验收交付使用期等各个阶段的费用支出，内容因行业不同而各异，一般可分为建设项目综合指标、单项工程指标和单位工程指标3个层次。

(1)建设项目综合指标。

建设项目综合指标指按规定应列入建设项目总投资的，从立项筹建开始至竣工验收交付使用的全部投资额，包括单项工程投资、工程建设其他费用和预备费等。

建设项目综合指标一般以项目的综合生产能力单位投资表示，如"元/吨""元/千瓦"，或以使用功能表示，如医院："元/床"。

(2)单项工程指标。

单项工程指标指按规定应列入能独立发挥生产能力或使用效益的单项工程内的全部投资额，包括建筑工程费，安装工程费，设备购置费，工、器具及生产家具购置费和其他费用。单项工程一般划分原则如下。

① 主要生产设施。主要生产设施指直接参加生产产品的工程项目，包括生产车间或生产装置。

② 辅助生产设施。辅助生产设施指为主要生产车间服务的工程项目，包括集中控制室，中央实验室，机修、电修、仪器仪表修理及木工(模)等车间，原材料、半成品、成品及危险品等仓库。

③ 公用工程。公用工程包括给排水系统(给排水泵房、水塔、水池及全厂给排水管网)，供热系统(锅炉房及水处理设施、全厂热力管网)，供电及通信系统(变配电所、开关所及全厂输电、电信线路)，热电站，热力站，煤气站，空压站，冷冻站，冷却塔和全厂管网等。

④ 环境保护工程。环境保护工程包括废气、废渣、废水等处理和综合利用设施及全厂性绿化。

⑤ 总图运输工程。总图运输工程包括厂区防洪、围墙大门、传达及收发室、汽车库、消防车库、厂区道路、桥涵、厂区码头及厂区大型土石方工程。

⑥ 厂区服务设施。厂区服务设施包括厂部办公室、厂区食堂、医务室、浴室、哺乳室、自行车棚等。

⑦ 生活福利设施。生活福利设施包括职工医院、住宅、生活区食堂、俱乐部、托儿所、幼儿园、子弟学校、商业服务点以及与之配套的设施。

⑧ 厂外工程。厂外工程包括水源工程,厂外输电、输水、排水、通信、输油等管线以及公路、铁路专用线等。

单项工程指标一般以单项工程生产能力单位投资("元/t"或其他单位)表示,如变配电站以"元/(千伏·安)"表示,锅炉房以"元/蒸汽吨"表示,供水站以"元/m³"表示,办公室、仓库、宿舍、住宅等房屋则依据不同结构形式以"元/m²"表示。

（3）单位工程指标。

单位工程指标指按规定应列入能独立设计、施工的工程项目的费用,即建筑安装工程费用。

单位工程指标一般以如下方式表示:房屋区别不同结构形式以"元/m²"表示,道路区别不同结构层、面层以"元/平方米"表示,水塔区别不同结构层、容积以"元/座"表示,管道区别不同材质、管径以"元/米"表示。

5.6.4 企业定额

企业定额是指施工企业根据本企业的施工技术和管理水平,以及有关工程造价资料编制的,供本企业使用的定额。

企业定额的目的:企业定额能够满足工程量清单计价的要求;企业定额的标准和使用可以规范发包承包行为,规范建筑市场秩序;企业定额的建立和运用可以提高企业的管理水平和生产力水平;企业定额是业内推广先进技术和鼓励创新的工具;建立企业定额,是加速企业综合生产能力发展的需要。

企业定额的作用:

（1）企业定额是施工企业计划管理的依据;

（2）企业定额是组织和指挥施工生产的有效工具;

（3）企业定额是计算工人劳动报酬的依据;

（4）企业定额有利于推广先进技术;

（5）企业定额是编制施工预算、加强成本管理和经济核算的基础;

（6）企业定额是编制工程投标报价的基础和主要依据。

5.7 工期定额

5.7.1 概述

5.7.1.1 工期定额的概念

与概预算定额一样，工期定额也是建筑工程定额体系的重要组成部分，是在建设工程满足国家各类标准、规范、规程的基础上，按照正常施工状态完成合格建筑产品编制的社会平均水平的工期标准。

中华人民共和国原城乡建设环境保护部在 1985 年制定的《建筑安装工程工期定额》是我国第一版全国工期定额。1998 年开始，我国启动对"85 工期定额"的修订，形成 2000 年版《全国统一建筑安装工程工期定额》并于 2000 年 2 月 16 日在全国颁布施行。我国现行的全国工期定额是住房和城乡建设部于 2016 年 7 月 26 日发布，自 2016 年 10 月 1 日起执行的《建筑安装工程工期定额》（TY 01—89—2016）。有些省市会在全国工期定额的基础上结合本地区的实际进行调整或重新编制，比如《上海市建设工程施工工期定额（2011）》（建筑、市政和轨道交通）就是以《全国统一建筑安装工程工期定额》（2000）和《上海市市政工程施工工期定额》（1988）为基础，结合上海市辖范围内正常施工条件、合理劳动组织及施工技术装备和管理的平均水平等实际情况编制的。

工期定额是指在正常的施工条件下，采用常用施工方法，在合理的劳动组织及平均施工技术装备程度和管理水平下，完成定额中所规定的工程内容，并达到国家或行业工程建设质量验收标准之日止全过程所需消耗的时间标准，但不包含施工准备、竣工文件编制和竣工验收所需时间。工期定额中的工期天数是以日历天（包括法定节假日）为单位计量的。

工程的质量、进度、费用是工程项目管理的三大目标，而工程进度的控制必须严格依据工期定额。因此，工期定额是指导工程建设工期的重要技术经济文件。如因特殊原因需要压缩工期时，宜组织专家论证，且相应增加因压缩工期而增加的费用。

工期定额为各类工程规定了施工期限的定额天数，包括建设工期定额和施工工期定额两个层次。建设工期定额一般是指建设项目或独立的单项工程从正式破土动工起至按设计文件规定建成并能通过施工验收交付使用止所需的时间标准，但不包括因决策不当等因素导致的停建或缓建所延误的时间。施工工期定额一般是指单项工程或单位工程从基础破土动工（指没有桩基的工程）或自然地坪打基础桩起至施工完成设计文件规定的全部内容并达到国家验收标准之日止的额定时间。施工工期可以理解为建设工期中的一部分。在正式开始施工以前需要完成的各项准备工作，如平整场地、清理地上地下障碍物、定位放线等，以及在自然地坪打试验桩、护坡桩等消耗的时间均不能计入工期时间消耗。

对于施工过程中遇到的不可抗力，如战争、突发公共安全事件、异常恶劣的气候条件、不利物质条件、政府政策等影响施工进度或暂停施工的，按照实际延误的工期予以顺延。

工期定额具有以下主要特性。

1. 普遍性

普遍性表现在工期定额编制的依据上，工期定额是依据正常的施工条件、常用施工工艺、合理的劳动组织,以及平均施工技术装备程度和管理水平编制的,具有广泛的代表性。

2. 科学性

工期定额的制定、审查,原始数据的测定、采集与处理等工作都是采用科学的方法和手段进行的。

3. 法规性

工期定额是由建设行政主管部门或授权有关行业主管部门组织制定和发布的,作为确定建设项目的工期和工程发承包合同工期的规范性文件,未经主管部门同意,任何单位或个人均无权修改或解释,而且,工期定额的执行和监督工作一般也是由发布部门或授权部门进行日常管理的。

5.7.1.2　工期定额的作用

建设工期是评价投资效果的重要指标,标志着建设速度的快慢。在工期定额中已经综合考虑了冬雨季施工、一般气候影响、常规地质条件和节假日等因素。

工期定额可以作为国有资金投资工程在可行性研究、初步设计、招标阶段确定工期的依据,非国有资金投资工程可参照执行;同时它又可以作为签订建筑安装工程施工合同的基础,也是施工企业编制施工组织设计、确定投标工期、安排施工进度的参考。

招标人应在招标文件中明确工期要求。招标工期是比定额工期提前的,应按照当地建设工程计价依据的相关规定在工程量清单中编列提前竣工增加费项目。招标人确定的工期低于定额工期70%的,招标人应当组织专家论证,并依照审定的技术措施方案编制相应的提前竣工增加费。非招标工程则应在施工合同中明确约定提前竣工增加费的计取方式。因此,在工程实施过程中,工期定额还可以作为施工索赔的依据;作为工期提前时,计算赶工措施费用的基础。

5.7.1.3　工期定额的编制原则

在工期定额的编制过程中,一般应坚持以下原则:

(1)定额水平遵循平均、先进、合理的原则。确定工期定额水平,应首先考虑在正常的施工条件下,大多数施工企业所能够具备的技术装备实力,以及在合理的施工组织下的社会平均时间消耗。其次,定额水平还必须能够反映当前社会生产力发展的实际水平,以及能够适应今后一段时期内建筑业生产力发展水平,以利于促进管理和技术装备水平的提升。

(2)地区差异性原则。我国幅员辽阔,各地区的自然条件差异很大,生产力发展水平也不均衡,比如技术装备等方面,这些都会不同程度地影响施工工期。因此,在工期定额制定时,以各省、自治区、直辖市的省会(首府)的气候条件为基准,将全国划分为Ⅰ、Ⅱ、Ⅲ类地区。

(3)简明适用原则。工期定额的制定过程中,需要综合考虑定额结构的简明适用性,在有利于市场竞争的同时还能有利于国家的宏观调控,有利于统一和规范建筑安装工程的工期计算。

5.7.1.4　工期定额编制依据和方法

1. 工期定额的编制依据

(1)国家有关法律、法规以及工时制的实施办法;

(2)《全国统一建筑安装工程工期定额》(2000);

(3)现行建筑安装工程劳动定额等基础定额;

（4）国家现行产品标准、设计规范、施工及验收规范、质量评定标准和技术、安全操作规程；

（5）已完成的各种不同业态、不同规模的典型工程合同工期、实际工期等调研报告；

（6）部分省、市、自治区修订工期定额的调研与测算资料；

（7）其他有关资料。

2. 工期定额的编制方法

与劳动定额、概预算定额等相比较，工期定额主要涉及的是时间范畴，然而它所包含的潜在影响因素较多，比如外部的自然条件（春夏秋冬时间因素的差异、东南西北方地理区位为代表的空间因素的差异等）影响，内部的不同企业各种管理、技术等方面的差异影响。所以，工期定额在编制实践中，一般来说，主要采用以下几种方法。

（1）施工组织设计研究法。

施工组织设计研究法就是对不同业态、不同规模的典型工程，按工期定额划分的项目，运用网络技术，建立网络模型并寻找关键线路，在各种外、内在因素的影响下，揭示建设项目各工序或工程之间的相互连接、平行或交叉的逻辑关系，再配合劳动力、机械设备、物料等施工资源的优化组合，确定最优的建设工期。

（2）评审技术法。

对于不确定因素较多、比较复杂的工程，主要是根据实际工作经验、成熟的技术方案，结合工程实际，以最乐观、最悲观可能完成的工期估算出工期。该方法可以将一个不确定的问题，转化为可以确定的问题，计算出合理工期。

（3）数理统计分析法。

数理统计分析法就是把过去的有关典型工程的工期资料按照编制的要求进行分类，然后再用数理统计的方法、曲线回归的方法等，得到所需的工期数据，确定建设工期，有点类似于运用大数据技术实现最优工期的确定。

（4）专家评估法（又称为德尔菲法、Delphi 法）。

专家评估法就是通过给工期问题专家、技术人员发书面调查表等相关资料，对确定的工期目标进行估计或预测，根据专家给出的数据，进行综合、整理，再匿名反馈给这些专家、技术人员，请他们再提出工期预测的意见，经过数轮的征询和信息的反馈，反复斟酌，使意见趋于一致，作为确定最优工期的基础。Delphi 法是一种有效的估计预测法，属于经验评估的范围。

5.7.2 《建筑安装工程工期定额》（2016）

自我国"85 工期定额"发布实施以来，对加强建筑企业的生产经营与管理、缩短工期和提高经济效益方面都起到了积极的作用。中华人民共和国住房和城乡建设部在 2016 年 10 月 1 日起发布施行了最新版的《建筑安装工程工期定额》（TY 01—89—2016），并明确原 2000 年发布的《全国统一建筑安装工程工期定额》同时废止。

《建筑安装工程工期定额》（2016）（以下简称"本定额"）是在《全国统一建筑安装工程工期定额》（2000 年）的基础上，依据国家现行产品标准，设计规范，施工及验收规范，质量评定标准和技术、安全操作规程，按照正常施工条件、常用施工方法、合理劳动组织及平均施工技术装备程度和管理水平，并结合当前常见结构及规模建筑安装工程的施工情况编制的。

1. 工期定额总说明

（1）本定额适用于新建和扩建的建筑安装工程。

（2）本定额是国有资金投资工程在可行性研究、初步设计、招标阶段确定工期的依据，非国有资金投资工程参照执行；是签订建筑安装工程施工合同的基础。

（3）本定额工期是指自开工之日起，到完成各章、节所包含的全部工程内容并达到国家验收标准之日止的日历天数（包括法定节假日）；不包括三通一平、打试验桩、地下障碍物处理、基础施工前的降水和基坑支护时间、竣工文件编制所需的时间。

（4）本定额包括民用建筑工程、工业及其他建筑工程、构筑物工程、专业工程四部分。

（5）我国各地气候条件差别较大，以下省、自治区、直辖市以其省会（首府）的气候条件为基准划分为Ⅰ、Ⅱ、Ⅲ类地区，工期天数分别列项。

Ⅰ类地区：上海、江苏、浙江、安徽、福建、江西、湖北、湖南、广东、广西、四川、贵州、云南、重庆、海南。

Ⅱ类地区：北京、天津、河北、山西、山东、河南、陕西、甘肃、宁夏。

Ⅲ类地区：内蒙古、辽宁、吉林、黑龙江、西藏、青海、新疆。

设备安装和机械施工工程执行本定额时不分地区类别。

（6）本定额综合考虑了冬雨季施工、一般气候影响、常规地质条件和节假日等因素。

（7）本定额已综合考虑预拌混凝土和现场搅拌混凝土、预拌砂浆和现场搅拌砂浆的施工因素。

（8）框架-剪力墙结构工期按照剪力墙结构工期计算。

（9）本定额的工期是按照合格产品标准编制的。工期压缩时，宜组织专家论证，且相应增加压缩工期增加费。

（10）本定额施工工期的调整：

① 施工过程中，遇不可抗力、极端天气或政府政策性影响施工进度或暂停施工的，按照实际延误的工期顺延；

② 施工过程中发现实际地质情况与地质勘察报告出入较大的，应按照实际地质情况调整工期；

③ 施工过程中遇到障碍物或古墓、文物、化石、流砂、溶洞、暗河、淤泥、石方、地下水等需要进行特殊处理且影响关键线路时，工期相应顺延；

④ 合同履行过程中，因非承包人原因发生重大设计变更的，应调整工期；

⑤ 其他非承包人原因造成的工期延误应予以顺延。

（11）同期施工的群体工程中，一个承包人同时承包2个以上（含2个）单项（位）工程时，工期以一个最大工期的单项（位）工程为基数，另加其他单项（位）工程工期总和乘以相应系数计算，加1个乘以系数0.35，加2个乘以系数0.2，加3个乘以系数0.15，加4个及以上的单项（位）工程不另增加工期。

加1个单项（位）工程：$T=T1+T2\times0.35$。

加2个单项（位）工程：$T=T1+(T2+T3)\times0.2$。

加3个及以上单项（位）工程：$T=T1+(T2+T3+T4)\times0.15$。

其中：T为工程总工期；T1、T2、T3、T4为所有单项（位）工程工期最大的前四个，且 $T1\geqslant T2\geqslant T3\geqslant T4$。

（12）本定额建筑面积按照国家标准《建筑工程建筑面积计算规范》（GB/T 50353—2013）计算；层数以建筑自然层数计算，设备管道层计算层数，出屋面的楼（电）梯间、水箱间不计算层数。

（13）本定额子目中凡注明"××以内（下）"者，均包括"××"本身，"××以外（上）"者，则不

包括"××"本身。

（14）超出本定额范围的按照实际情况另行计算工期。

2. 工期定额的基本内容

本工期定额分为四大部分：第一部分是民用建筑工程，第二部分是工业及其他建筑工程，第三部分是构筑物工程，第四部分是专业工程。共计列 2638 个项目，如表 5-17 所示。

表 5-17　工期定额项目表

部分	章节	各章节名称	项目数量
第一部分民用建筑工程	±0.000 以下工程	1-1～24 无地下室工程	24 项
		1-25～63 有地下室工程	39 项
	±0.000 以上工程	1-64～210 居住建筑	147 项
		1-211～339 办公建筑	129 项
		1-340～458 旅馆、酒店建筑	119 项
		1-459～585 商业建筑	127 项
		1-586～645 文化建筑	60 项
		1-646～743 教育建筑	98 项
		1-744～761 体育建筑	18 项
		1-762～894 卫生建筑	133 项
	±0.000 以上钢结构工程	1-895～912 交通建筑	18 项
	±0.000 以上超高层建筑	1-913～1009 广播电影电视建筑	97 项
		1-1010～1046	37 项
		1-1047～1070	24 项
第二部分工业及其他建筑工程	单层厂房工程	2-1～16	16 项
	多层厂房工程	2-17～45	29 项
	仓库	2-46～101	56 项
	辅助附属设施	2-102～107 降压站工程	6 项
		2-108～116 冷冻机房工程	9 项
		2-117～138 冷库、冷藏间工程	22 项
		2-139～154 空压机房工程	16 项
		2-155～170 变电室工程	16 项
		2-171～176 开闭所工程	6 项
		2-177～191 锅炉房工程	15 项
		2-192～215 服务用房工程	24 项
	其他建筑工程	2-216～237 汽车库（无地下室）	22 项
		2-238～259 独立地下工程	22 项
		2-260～274 室外停车场（地基处理另行考虑）	15 项
		2-275～285 园林庭院工程	11 项

部分	章节	各章节名称	项目数量
第三部分 构筑物工程	烟囱	3-1~10	10 项
	水塔	3-11~47	37 项
	钢筋混凝土贮水池	3-48~55	8 项
	钢筋混凝土污水池	3-56~63	8 项
	滑模筒仓	3-64~107	44 项
	冷却塔	3-108~112	5 项
第四部分 专业工程	机械土方工程	4-1~57	57 项
	桩基工程	4-58~171 预制混凝土桩	114 项
		4-172~456 钻孔灌注桩	285 项
		4-457~774 冲孔灌注桩	318 项
		4-775~806 人工挖孔桩	32 项
		4-807~846 钢板桩	40 项
	装饰装修工程	4-847~885 住宅工程	39 项
		4-886~912 宾馆、酒店、饭店工程	27 项
		4-913~948 公共建筑工程	36 项
	设备安装工程	4-949~956 变电室安装	8 项
		4-957~959 开闭所安装	3 项
		4-960~961 降压站安装	2 项
		4-962~968 发电机房安装	7 项
		4-969~973 空压站安装	4 项
		4-974~977 消防自动报警系统安装	4 项
		4-978~982 消防灭火系统安装	5 项
		4-983~990 锅炉房安装	8 项
		4-991~993 热力站安装	3 项
		4-994~1004 通风空调系统安装	11 项
		4-1005 冷冻机房安装	1 项
		4-1006~1015 冷库、冷藏间安装	10 项
		4-1016~1034 起重机安装	19 项
		4-1035~1061 金属容器安装	27 项
	机械吊装工程	4-1062~1111 构件吊装工程	50 项
		4-1112~1128 网架吊装工程	17 项
	钢结构工程	4-1129~1171	43 项

135

Chapter 5 第 5 章 定额计价原理

5.7.3 民用建筑工期定额应用

1. 章说明

(1) 本部分包括民用建筑±0.000以下工程、±0.000以上工程、±0.000以上钢结构工程和±0.000以上超高层建筑四部分。

(2) ±0.000以下工程划分为无地下室工程和有地下室工程两部分。无地下室工程按基础类型及首层建筑面积划分;有地下室工程按地下室层数(层)、地下室建筑面积划分。±0.000以下工程工期包括±0.000以下全部工程内容,但不含桩基工程。

(3) ±0.000以上工程按工程用途、结构类型、层数(层)及建筑面积划分,其工期包括±0.000以上结构、装修、安装等全部工程内容。

(4) 本部分装饰装修是按一般装修标准考虑的,低于一般装修标准的按照相应工期乘以系数0.95计算;中级装修按照相应工期乘以系数1.05计算;高级装修按照相应工期乘以系数1.20计算。一般装修、中级装修、高级装修的划分标准参见工期定额中装修标准划分表及其附注。

2. 工期计算规则

(1) ±0.000以下工程工期:无地下室按首层建筑面积计算,有地下室按地下室建筑面积总和计算。

(2) ±0.000以上工程工期:按±0.000以上部分建筑面积总和计算。

(3) 总工期:±0.000以下工程工期与±0.000以上工程工期之和。

(4) 单项工程±0.000以下由2种或2种以上类型组成时,按不同类型部分的面积查出相应工期,相加计算。

(5) 单项工程±0.000以上结构相同,使用功能不同时,无变形缝时,按使用功能占建筑面积比重大的计算工期;有变形缝时,先按不同使用功能的面积查出相应工期,再以其中一个最大工期为基数,另加其他部分工期的25%计算。

(6) 单项工程±0.000以上由2种或2种以上结构组成时,无变形缝时,先按全部面积查出不同结构的相应工期,再按不同结构各自的建筑面积加权平均计算;有变形缝时,先按不同结构各自的面积查出相应工期,再以其中一个最大工期为基数,另加其他部分工期的25%计算。

(7) 单项工程±0.000以上层数(层)不同,有变形缝时,先按不同层数(层)各自的面积查出相应工期,再以其中一个最大工期为基数,另加其他部分工期的25%计算。

(8) 单项工程中±0.000以上分成若干个独立部分时,参照总说明第十二条,按同期施工的群体工程计算工期。如果±0.000以上有整体部分,将其并入工期最大的单项(位)工程中计算。

(9) 本定额工业化建筑中的装配式混凝土结构施工工期仅计算现场安装阶段的工期,工期按照装配率50%编制。装配率40%、60%、70%时按本定额相应工期分别乘以系数1.05、0.95、0.90计算。

(10) 钢-混凝土组合结构的工期,参照相应项目的工期乘以系数1.10计算。

(11) ±0.000以上超高层建筑单层平均面积按主塔楼±0.000以上总建筑面积除以地上总层数计算。

3. 应用举例

【案例5-22】 以某综合楼工程的工期定额应用为例。该工程位于安徽省合肥市,为某高校宿舍楼,共计三栋。其中一栋为现浇剪力墙结构,±0.000以上22层,建筑面积为31 728 m²;

±0.000以下1层,建筑面积为2142 m²。另两栋均为现浇剪力墙结构,±0.000以上18层,无地下室,采用筏板基础,建筑面积均为27 102 m²,其中首层建筑面积为1496 m²。为方便管理,建设单位将该项目的三栋楼发包给了一家施工企业。试计算该项目的定额工期。

解:根据案例信息可以知道,该项目位于Ⅰ类地区,属于民用建筑。依据定额总说明,同期施工的群体工程中,一个承包人同时承包2个以上(含2个)单项(位)工程时,工期以一个最大工期的单项(位)工程为基数,另加其他单项(位)工程工期总和乘以相应系数计算,加1个乘以系数0.35,加2个乘以系数0.2,加3个乘以系数0.15,加4个及以上的单项(位)工程不另增加工期。

(1)查工期定额:

1-26	1层地下室	3000 m²以内	工期105天;
1-125	30层以下现浇剪力墙结构	35 000 m²以内	工期515天;
1-11	无地下室工程筏板基础	2000 m²以内	工期51天;
1-120	20层以下现浇剪力墙结构	30 000 m²以内	工期410天。

(2)工期计算:

最大工期 T1=105+515天=620天。T2=T3=51+410天=461天。

加2个单项(位)工程:T=T1+(T2+T3)×0.2天
$$=620+(461+461)×0.2 天$$
$$=805 天。$$

【课堂练习8】 南京市某街道商场项目无地下室,采用独立柱基础,首层建筑面积为2100 m²。±0.000以上由变形缝划分为两个部分:一部分为六层现浇框架结构商场,建筑面积为6388 m²;另一部分为六层砖混结构办公楼,建筑面积为6754 m²。请计算该项目的定额工期。

本章小结

137

1.建筑工程定额 { 概述 / 体系及特点

2.基础定额消耗量的确定 {
建筑工程作业研究
测定时间消耗的基本方法
劳动消耗定额的确定 {
表现形式
编制依据
编制步骤及方法
应用
材料消耗定额的确定 {
材料的分类
确定实体材料定额消耗量
机械台班消耗定额的确定

3.人工、材料、机械台班单价的确定 {
人工日工资单价的组成和确定方法
材料单价的组成和确定方法
机械台班单价的组成和确定方法

4. 预算定额 ┤
- 概述
- 预算定额的编制 ┤
  - 编制原则
  - 编制依据及步骤
  - 人工、材料和机械台班消耗量的确定
  - 编制实例
- 预算定额的构成及应用

5. 其他计价定额 ┤
- 概算定额
- 概算指标
- 投资估算指标
- 企业定额

6. 工期定额 ┤
- 概述
- 《建筑安装工程工期定额》(2016)
- 民用建筑工期定额应用

课后思考题

1. 什么是定额？

2. 什么是定额水平？

3. 简述建筑工程定额的特点。

4. 简述完成施工过程必须具备的条件。

5. 简述人工工时消耗的分类。

6. 简述计时观察法的主要目的。

7. 简述时间定额与定额时间的区别与联系。

8. 何为非实体材料？请举例说明。

9. 简述人工日工资单价的构成。

10. 简述人工日工资单价与人工费的异同。

11. 简述材料单价的构成。

12. 什么是预算定额？预算定额的编制原则和依据是什么？

13. 简述预算定额中人工工日消耗量的构成。

14. 在使用预算定额时为什么要进行换算或调整？

15. 在进行预算定额的系数换算时应注意什么？

16. 简述工程预算与工程概算的区别。

17. 何为工期定额？

Chapter 6

第 6 章　工程量清单计价原理

【学习目标】

熟悉工程量清单计价的基本概念。

掌握工程量清单计价的基本原理。

掌握工程量清单的编制。

掌握工程量清单计价的方法。

掌握工程造价计价中两种计价模式的区别与联系。

6.1　工程量清单计价概述

工程量清单计价是一种市场定价模式,由建设产品的买方和卖方在建设市场上根据供求状况、信息状况等进行有序竞争,最终签订工程合同的一种计价方法。

2003 年 7 月 1 日,《建设工程工程量清单计价规范》(GB 50500—2003)正式由原建设部公告发布。该计价规范的出台是我国建筑业改革的一项重大举措,也是工程造价行业发展的里程碑事件,它是首次以国家标准的形式来推行的一种计价方法,不仅为整个行业与国际接轨铺平了道路,也为建设市场形成工程造价机制、规范工程造价计价行为发挥了一定的作用。

从 2006 年初开始,原建设部经过两年多的调查研究、总结经验,针对施行中存在的问题,在广泛征求意见的基础上,反复修改、审查,完成了 03 版计价规范的修订工作,经住建部与国家质量监督检验检疫总局联合发布《建设工程工程量清单计价规范》(GB 50500—2008),于 2008 年12 月 1 日起施行。

现行的 2013 版《建设工程工程量清单计价规范》(GB 50500—2013)是住建部标准定额司对2008 版《建设工程工程量清单计价规范》(简称"原《规范》")的修改、补充和完善,它不仅较好地解决了原《规范》执行以来存在的主要问题,而且对清单编制和计价的指导思想进行了深化。在"政府宏观调控、部门动态监管、企业自主报价、市场形成价格"的基础上,该计价规范还规定了合同价款约定、合同价款调整、合同价款中期支付、竣工结算支付、合同解除的价款结算与支付、合同价款争议的解决方法等内容,展现了加强市场监管的措施,强化了清单计价的执行力度。

6.1.1　工程量清单

工程量清单是载明建设工程分部分项工程项目、措施项目和其他项目的名称和相应数量,以

及规费和税金项目等内容的明细清单。其中,由招标人根据国家标准、招标文件、设计文件以及施工现场实际情况编制的称为招标工程量清单;而作为投标文件组成部分的已标明价格并经承包人确认的称为已标价工程量清单。

"工程量清单"是建设工程实行工程量清单计价的专用名词,其最基本的功能是作为信息的载体,使投标人能对工程有全面而充分的了解,因此其内容应全面、准确、无误,主要包括工程量清单说明和工程量清单表两大部分。

(1)工程量清单说明的内容。

(2)工程量清单表由分部分项工程量清单、措施项目清单、其他项目清单、规费项目、税金项目五个清单组成。

招标工程量清单应由具有编制能力的招标人或受其委托、具有相应资质的工程造价咨询人或招标代理人编制。

采用工程量清单方式招标,招标工程量清单必须作为招标文件的组成部分,其准确性和完整性由招标人负责。准确性一般是针对清单工程数量的要求;完整性一般可以理解为是对清单项目不漏项、项目特征的描述不缺项等方面的要求。

招标工程量清单应以单位(项)工程为单位编制,由分部分项工程量清单,措施项目清单,其他项目清单,规费、税金项目清单组成,如图 6-1 所示。

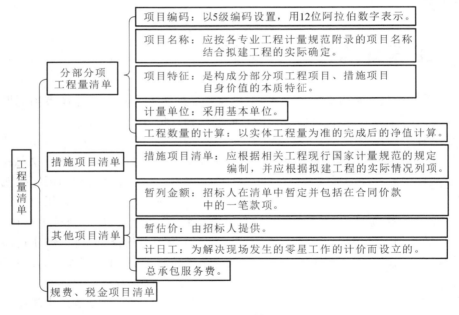

图 6-1　工程量清单的构成

6.1.2　工程量清单计价

工程量清单计价是工程造价计价模式的一种,是指在建设工程招投标过程中,招标人按照现行工程量清单计价规范以及其中各专业统一的工程量计算规则提供招标工程量清单,投标人依据招标工程量清单、拟建工程的施工方案,结合自身实际情况并考虑风险因素,确定工程项目各部分的单价,进而确定工程总价的过程或活动。

在工程量清单计价过程中,体现了两个阶段:一是招标人编制工程量清单;二是投标人在工程量清单基础上以自身所掌握的各种信息、资料投标报价。

工程量清单计价主要体现了实体消耗和非实体消耗的分离、工程量计算和工程报价计算的分离。实行工程量清单计价,可以彻底地放开价格,让企业自主报价,为企业创造市场竞争平台。同时,工程量清单计价还是一种动态管理价格的方法,促使工程造价人员提高业务水平和综合素质,成为全面发展的复合型人才。

工程量清单计价的核心是自主报价、风险共担、报价与成本控制有机结合,同时简化报价,避免重复算量。

6.1.3　工程量清单计价规范

《建设工程工程量清单计价规范》(以下简称"计价规范")适用于建设工程发承包及其实施阶段的计价活动。使用国有资金投资的建设工程,必须采用工程量清单计价;非国有资金投资的建设工程,宜采用工程量清单计价;不采用工程量清单计价的建设工程,应执行计价规范中除工程量清单等专门性规定外的其他规定。

计价规范能够为参与建筑产品建设实施的供应商提供一个平等的竞争条件,能够满足不同供应商之间在市场经济条件下的竞争需要。作为建筑产品供需双方确定工程造价的平台,计价规范有利于提高工程的计价效率,能够真正实现快速报价,同时还有利于工程款的拨付和工程价款的最终结算,也有利于业主对投资的合理控制。

6.2　工程量清单计价的原理

工程量清单计价的基本原理是按照工程量清单计价规范的规定,在各相应专业工程计量规范规定的工程量清单项目设置和工程量计算规则的基础上,针对具体工程的施工图纸和施工组织设计计算出各个清单项目的清单工程量,再根据各种渠道所获得的工程造价信息和经验数据,依规定的方法计算出综合单价,并汇总各清单合价,得出工程总价。

（1）分部分项工程费 $= \sum$ 分部分项工程量 $\times$ 相应分部分项工程综合单价。

（2）措施项目费 $= \sum$ 各措施项目费

$= \sum$ 单价措施项目工程量 $\times$ 措施项目综合单价 $+ \sum$ 总价措施项目费。

（3）其他项目费 = 暂列金额 + 专业工程暂估价 + 计日工 + 总承包服务费。

（4）单位工程清单报价 = 分部分项工程费 + 措施项目费 + 其他项目费 + 规费 + 税金。

（5）单项工程清单报价 $= \sum$ 单位工程清单报价。

（6）建设项目总报价 $= \sum$ 单项工程清单报价。

从工程量清单计价过程可以看出,其编制过程可以分为工程量清单的编制和利用工程量清单来编制投标报价两个阶段。投标报价是在业主提供的工程量清单的基础上,根据承包商自身所掌握的信息、资料,结合企业定额编制得出的。

6.2.1 工程量清单的编制程序

工程量清单编制程序如图6-2所示。

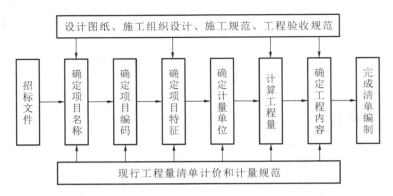

图6-2 工程量清单编制程序

6.2.2 工程量清单计价过程

工程量清单计价过程如图6-3所示。

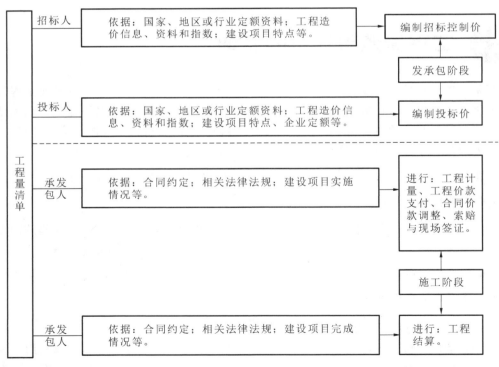

图6-3 工程量清单计价过程

6.3 工程量清单的编制

6.3.1 分部分项工程量清单

1. 项目编码

工程量清单的项目编码是分部分项工程量清单项目名称的数字标识。工程量清单的项目编码以五级编码设置,采用 12 位阿拉伯数字表示,前 9 位按(工程量计算规范)附录的规定设置,编制工程量清单时不得擅自改动,分四级,后 3 位(即 10~12 位)为第五级,根据拟建工程的工程量清单项目名称和项目特征设置(一般要求从 001 起顺序编制)。同一招标工程的项目编码不得有重码。(在工程量计算规范的 4.2.2 条中为强制性标准。)工程量清单项目编码结构分解、示例如图 6-4 和图 6-5 所示。

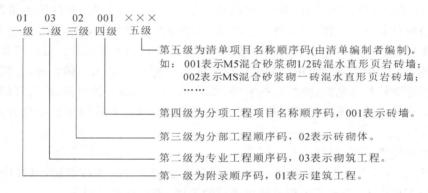

图 6-4 工程量清单项目编码结构分解

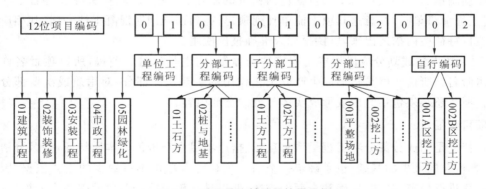

图 6-5 工程量清单项目编码示例

清单项目编码的编列,应注意以下几个问题:

① 一个项目编码只能对应于一个项目名称、计量单位、计算规则、工程内容、特征描述、综合单价,因而,清单编制人在自行设置编码时,以上六项中只要有一项不同,就应另设编码。

比如同一个单位工程中分别有 C30 钢筋混凝土矩形柱和 C40 钢筋混凝土矩形柱,这两个项目虽然都是钢筋混凝土矩形柱,但由于主材混凝土强度等级不同,因而这两个项目的综合单价就不同,进而第五级编码就应分别设置,其编码应分别为 010502001001(C30 钢筋混凝土矩形柱)、010502001002(C40 钢筋混凝土矩形柱)。

② 同一个分项工程中第五级编码不应重复,即同一性质项目,只要形成的综合单价不同,第五级编码就应分别设置。

比如石材墙面采用花岗岩挂贴和花岗岩干挂两种不同装饰墙面的施工工艺,辅材不同,第五级编码就应分别设置,其编码分别为 011204001001(挂贴花岗岩墙面)、011204001002(干挂花岗岩墙面)。

又比如某多层建筑物挑檐底部抹灰同室内天棚抹灰的砂浆种类、抹灰厚度都相同,但这两个项目的施工部位不同,故难易程度有所不同,因而可以考虑分别编码列项。

2. 项目名称

工程量清单的项目名称应按工程量计算规范附录中的项目名称结合拟建工程的实际确定。(在工程量计算规范的 4.2.3 条中为强制性标准。)

分部分项工程量清单项目名称的设置应考虑三个因素:一是附录中的项目名称;二是附录中的项目特征,应考虑该项目的规格、型号、材质等特征要求;三是拟建工程的实际情况。编制时,应以附录中的项目名称为主体,项目特征为辅助,并结合工程的实际情况,表述该清单项目名称,使工程量清单项目名称具体化、细化,能够反映影响工程造价的主要因素。清单项目名称应表达详细、准确,各专业工程计算规范中的分项名称如有缺漏,招标人可做补充,并报备。

比如块料地面就是由地面(垫层)、找平层、面层(防水层)、刷防护材料、酸洗打蜡等分项工程组成。再如墙面一般抹灰这一分项工程在形成工程量清单项目名称时可以细化为外墙面抹灰、内墙面抹灰等。

项目名称的设置,应注意以下几个问题:

① 在进行工程量清单项目设置时,切记不可只考虑附录中的项目名称,忽视附录中的项目特征及完成的工程内容,而造成工程量清单项目的丢项、错项或重复列项。

比如预制钢筋混凝土柱清单项目就包括构件的制作、运输、安装、接头灌缝等若干项工作内容,编制工程量清单时,注意这几项不能单独列项,只能列预制钢筋混凝土柱一项,其相应的个体特征在项目特征栏内描述出来,以供投标人准确报价使用。

② 项目的设置或划分应以形成工程实体为原则,它也是计量的前提,所以项目名称也应以工程实体命名。所谓实体是指形成生产或工艺作用的主要实体部分,对附属或次要部分均不设置项目。项目还必须包括完成或形成实体部分的全部内容。

3. 项目特征

项目特征是构成分部分项工程量清单项目、措施项目自身价值的本质特征,是区分清单项目的依据、履行合同义务的基础,也是确定一个清单项目综合单价不可缺少的重要依据,因此必须对项目特征进行规范、简洁、准确和全面地描述,并以满足确定综合单价的需要为前提。

但也有些项目特征用文字往往难以准确和全面地描述清楚。工程量清单项目特征应按附录中规定的项目特征,或可直接采用详见××图集或××图号的方式作为补充说明,结合拟建工程项目的实际予以描述。任何不描述或描述不清的项目特征,均可能会在施工合同履约过程中产生分歧,导致纠纷、索赔。

综上可知,凡是体现项目本质区别的特征和对报价有实质影响的内容都必须在项目特征中描述,可以说离开了清单项目特征的准确描述,清单项目就没有生命力。

由此不难看出，项目特征是用来表述项目名称的，它明显（或直接）影响实体自身价值（或价格），如材质、规格等，工艺不同（或称施工方法不同）或安装的位置等都应详细描述。现以实心砖墙为例予以说明，实心砖墙清单项目特征应表述为：

① 砖的品种、规格、强度等级；

② 墙体类型；

③ 墙体厚度；

④ 砂浆强度等级、配合比。

如果施工方法不同时也要表述，即使是同一规格、同一材质，安装工艺或安装位置不一样时，也需分别设置项目和编码。

所以，工程量清单的项目特征应按工程量计算规范附录中规定的项目特征，结合拟建工程的实际予以描述。（在工程量计算规范的 4.2.4 条中为强制性标准。）

项目特征的重要意义表现在以下几个方面：

① 项目特征是区分清单项目的依据。工程量清单项目特征表述的是分部分项工程清单项目的实质内容，用于区分计价规范中同一清单条目下各个具体的清单项目。没有项目特征的准确描述，对于相同或相似的清单项目名称，就无从区分。

② 项目特征是确定综合单价的前提。由于工程量清单项目的特征决定了工程实体的实质内容，必然直接决定了工程实体的自身价值，因此工程量清单项目特征描述得准确与否，直接关系到工程量清单项目综合单价的准确确定。

③ 项目特征是履行合同义务的基础。实行工程量清单计价，工程量清单及其综合单价是施工合同的组成部分，因此如果工程量清单项目特征的描述不清甚至有漏项、错误，在施工过程中必然会引起相应的更改，进而引起分歧，导致纠纷。

清单项目特征描述应注意以下几个方面：

（1）必须描述的内容。

① 涉及正确计量的内容必须描述，如门窗洞口尺寸或框外围尺寸，工程量计算规范中规定计量单位按"樘/m²"计量，如采用"樘"计量，每樘门或窗有多大，直接关系到门窗的价格，因而对门窗洞口或框外围尺寸进行描述就十分必要。

② 涉及结构要求的内容必须描述，如混凝土构件的混凝土强度等级是 C20、C30 还是 C40等，因混凝土强度等级不同，其价格也不同。

③ 涉及材质及品牌要求的内容必须描述，如油漆的品种是调和漆还是硝基清漆等；管材的材质是碳钢管，还是塑料管、不锈钢管等；砌体的品种是混凝土空心小型砌块还是混凝土加气砌块等；墙体涂料的品牌及档次等。材质、规格、型号及品牌直接影响清单项目价格，必须描述。

④ 涉及安装方式、施工工艺的内容必须描述，如管道工程中的钢管的连接方式是螺纹连接还是焊接，塑料管是粘接连接还是热熔连接等。

⑤ 组合工程内容的特征必须描述，如工程量计算规范中楼地面清单项目，组合的工程内容有基层清理、垫层铺设、抹找平层、面层铺设等。任何一道工序的特征描述不清甚至不描述，都会造成投标人组价时漏项或错误，因而必须进行仔细描述。

（2）可不描述的内容。

① 对计量计价没有实质影响的内容可以不描述，如对现浇混凝土柱的高度、断面大小等的特征规定可以不描述。

② 应由投标人根据施工方案确定的内容可以不描述，如对石方的预裂爆破的单孔深度及装

药量的特征规定可以不描述。

③ 应由投标人根据当地材料和施工要求确定的内容可以不描述,如对混凝土构件中的混凝土拌合料使用的石子种类及粒径、砂的种类及特征规定可以不描述。

④ 应由施工措施解决的内容可以不描述,如对现浇混凝土板、梁的标高的特征规定可以不描述。

(3) 可不详细描述的内容。

① 无法准确描述的内容可不详细描述,如土壤类别。由于我国幅员辽阔,南北东西差异较大,特别是对于南方来说,有的区域,在同一地点,表层土与表层土以下的土壤,其类别也是不相同的,要求清单编制人准确判定某类土壤所占的比例是困难的。在这种情况下,可考虑将土壤类别描述为综合取定,注明由投标人根据地勘资料确定土壤类别,决定报价。

② 凡施工图纸、标准图集上标注明确的内容,可不再详细描述。项目特征描述可直接采用详见××图集或××图号的方式。由于施工图纸、标准图集是发、承包双方都应遵守的技术文件,这样描述,可以有效减少在施工过程中对项目理解的不一致。

③ 还有一些项目可不必详细描述,比如要清单编制人在"土方工程"描述中决定弃土运距、取土运距,这个运距的描述是件困难的事,可以由投标人根据实际施工情况来确定报价,但清单编制人应注明由投标人自定。

(4) 计价规范规定多个计量单位的描述。

① 如预制钢筋混凝土桩有"m"和"根"两个计量单位,当以"根"为计量单位时,单桩长度应描述为确定值,只描述单桩长度即可;当以"m"为计量单位时,单桩长度可以按范围值描述,并注明根数。

② 计价规范对"A.3.2 砖砌体"中的"零星砌砖"规定有"m³""m²""m""个"四个计量单位,在编制该项目的清单时,应将零星砌砖的项目具体化,根据计价规范的规定选用计量单位,按照选定的计量单位进行恰当的特征描述。

(5) 规范没有要求,但又必须描述的内容。

对规范中没有项目特征要求的,但又必须描述的个别项目应予描述,如厂库房大门、特种门,计价规范中以"樘"作为计量单位,框外围尺寸就是影响报价的重要因素,因此就必须描述。同理,"B.4.1 木门""B.5.1 门油漆""B.5.2 窗油漆"也是如此,需要我们注意增加描述门窗的洞口尺寸或框外围尺寸。

4. 计量单位

工程量清单的计量单位应按工程量计算规范附录中规定的计量单位确定。计量单位均采用基本单位,它与定额的计量单位不完全一样,这也是规范要求五统一的第四个统一,一定要严格遵守。

工程量的有效位数应遵守下列规定:

① 以"吨"为单位,应保留 3 位小数,第四位小数四舍五入;

② 以"立方米""平方米""米""千克"为计量单位的应保留 2 位小数,第三位小数四舍五入;

③ 以"项""个"等为计量单位的应取整数。

注:中间计算过程一般应多保留一位小数。

当计量单位有两个或两个以上时,应根据所编工程量清单项目的特征要求,选择最适宜表现该项目特征,并方便计量的单位。

5. 工程量

工程量清单中所列工程量应按规范附录中规定的工程量计算规则计算。（在工程量计算规范的4.2.5条中为强制性标准。）

这个规则全国统一，也是规范要求五统一的第五个统一，即全国各省市的工程量清单，均要按规范附录中规定的计算规则计算工程量。

清单项目的计量原则是以实体安装就位的净尺寸计算，这与国际通用做法（FIDIC）是一致的。而预算工程量的计算则是在净值的基础上，加上人为规定的预留量，这个量可以随施工方法、措施的不同而变化，因此这种规定限制了竞争的范围，这与市场机制是背离的，是典型的计划经济体制下的计算规则。

6. 工作内容

工作内容是指完成某一分项清单项目可能发生的具体的操作程序，可供招标人确定清单项目和投标人投标报价参考。

以现浇混凝土板为例，可能发生的具体工程包括混凝土制作、运输、浇筑、振捣和养护等。

由于清单项目原则上是按实体设置的，而实体是由多个项目综合而成的，所以清单项目是由主体项目和辅助项目（或称组合项目）构成的（主体项目即规范中的项目名称，辅助项目即工作内容中的除主体项目以外的工作内容）。

凡工作内容中未列全的其他具体工程，由投标人按照招标文件或图纸要求编制，以完成清单项目为准，综合考虑到报价中。

7. 编制补充项目

随着工程建设中新材料、新技术、新工艺不断涌现，在规范附录中所列的工程量清单项目不可能包罗万象，不可避免出现未列项目，因此在实际编制工程量清单时，当出现规范附录中未包括的清单项目时，编制人应作补充。编制人在编制补充项目时应注意以下三点：

① 补充项目的编码必须按规范的规定进行，即由附录的专业工程代码（01、02、03……）与"B"和三位阿拉伯数字组成，并应从01B001起顺序编制，同一招标工程的项目不得重码。

② 在工程量清单中应附补充项目的项目名称、项目特征、计量单位、工程量计算规则和工作内容。不能计量的措施项目，需附有补充的项目名称、工作内容及包含范围。

③ 将编制的补充项目报省级或行业工程造价管理机构备案。

6.3.2 措施项目清单

措施项目是指为完成工程项目施工，发生于该工程施工前准备和施工过程中技术、生活、安全等方面的非工程实体的项目。

工程量计算规范在附录 S 措施项目中列出了相应的单项措施项目和整体措施项目。

（1）单项措施（S.1～6）。

① S.1 脚手架工程（011701001～008）。

② S.2 混凝土模板及支架（撑）（011702001～032）。

③ S.3 垂直运输（011703001）。

④ S.4 超高施工增加（011704001）。

⑤ S.5 大型机械设备进出场及安拆（011705001）。

⑥ S.6 施工排水、降水（011706001～002）。

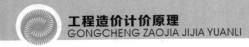

（2）整体措施（S.7）。

① 安全文明施工（011707001001～035）。

011707001001～003：环境保护。

011707001004～011：文明施工。

011707001012～026：临时设施。

011707001026～035：安全施工。

② 夜间施工（011707002）。

③ 非夜间施工照明（011707003）。

④ 二次搬运（011707004）。

⑤ 冬雨季施工（011707005）。

⑥ 地上、地下设施、建筑物的临时保护设施（011707006）。

⑦ 已完工程及设备保护（011707007）。

需要注意的是，单项措施须按照计算规范附录 S 列出的项目编码、项目名称、项目特征、计量单位和工程量计算规则编制，其编制要求与方法与分部分项工程量清单相同；整体措施是以"项"为计量单位编制的，并列出项目的工作内容和包含范围。编制工程量清单措施项目时，若出现规范未列的项目，可根据工程实际情况补充或增减。

6.3.3　其他项目清单

其他项目清单包括招标人部分（不可竞争）和投标人（可竞争）部分。

1. 招标人部分

（1）暂列金额。

暂列金额是招标人在工程量清单中暂定并包括在合同价款中的一笔款项，是用于施工合同签订时尚未确定或者不可预见的所需材料、工程设备、服务的采购，施工中可能发生的工程变更，合同约定调整因素出现时的工程价款调整以及发生的索赔、现场签证确认等的费用。

暂列金额可根据工程特点，按有关计价规定估算。

上海地区规定：暂列金额应包含与其对应的管理费、利润和规费，但不含税金，应根据工程特点按有关计价规定估算，一般不超过分部分项工程费和措施项目费之和的 10%～15%。

暂列金额由招标人（甲方或业主）负责确定并填写在招标工程量清单的其他项目清单汇总表及暂列金额明细表中，投标人则应将这项暂列金额直接计入建设工程投标报价汇总表中。

（2）暂估价。

暂估价包括材料、工程设备等的暂估单价和专业工程的暂估价，是招标人在工程量清单中提供的用于支付必然发生但暂时不能确定价格的材料、工程设备的单价以及专业工程的金额。

为方便合同管理和计价，需要纳入分部分项工程量清单项目综合单价分析表中的暂估价最好只是材料费、工程设备费等，以方便投标人组价。而以"项"为计量单位给出的专业工程暂估价一般则应是综合暂估价，应当包括除规费、税金以外的管理费、利润等。

暂估价也是由招标人（甲方或业主）负责确定并填写在招标工程量清单的材料及工程设备暂估价表中的，投标人则应将材料暂估单价计入工程量清单项目综合单价分析表中，将专业工程暂估价计入专业工程暂估价表中，最终计入建设工程投标报价汇总表中。

需要指出的是，上述表中"数量"指的是材料实际消耗量，包括材料净用量和材料不可避免的损耗量;"单价"指的是材料费,包括材料原价、运杂费、运输损耗费、采购及保管费,但不包括管理费和利润。专业工程暂估价项目及其表中所列的专业工程暂估价是指分包人实施专业工程的含税金额后的完整价(即包含了该专业工程中所有供应、安装、完工、调试、修复缺陷等全部工作),除了合同约定的发包人应承担的总包管理、协调、配合和服务责任所对应的总承包服务费用以外,承包人为履行其总包管理、配合、协调和服务等所需发生的费用也应该包括在投标报价中。

暂列金额和暂估价的使用,应注意以下几个方面:

① 暂估价与暂列金额都是由招标人依据相关计价规定自主确定的,投标人只需直接将其依次抄入相应表中并计入报价即可,并且不需要在所列的暂列金额以外再开列任何其他费用。

② 已签约合同价中的暂列金额只能按照发包人的指示使用。暂列金额虽然列入合同价款,但并不属于承包人所有,也不必然发生,只有按照合同约定实际发生后,才能成为承包人的应得金额,纳入工程合同结算价款中,扣除发包人按照计价规范规定所作支付后,暂列金额的余额(如有)仍归发包人所有。

③ 暂估价将会引起合同价款的调整。合同双方应依据通过招标或共同确认的方式得到的最终材料或专业工程价格取代材料暂估价格或专业工程暂估价,调整合同价格。

2. 投标人部分

(1)计日工。

计日工是指在施工过程中,承包人完成发包人提出的施工图纸以外的零星项目或工作,按合同约定单价计价的一种方式,它是对完成零星工作所消耗的人工、材料、机械台班进行计量,是按照计日工表中填报的适用项目的单价进行计价支付的。

计日工适用的所谓零星工作一般是指合同约定之外的或因变更而产生的、工程量清单中没有相应项目的额外工作,尤其是那些不能事先商定价格的额外工作。

(2)总承包服务费。

总承包服务费是为了解决招标人在法律、法规允许的条件下进行专业工程发包以及自行供应材料、设备,并需要总承包人对发包的专业工程提供协调和配合服务(如分包人使用总包人的脚手架、垂直运输设备、水电接驳等);对供应的材料、设备提供收、发和保管服务以及对施工现场进行统一管理;对竣工资料进行统一汇总整理等发生并向总承包人支付的费用。招标人应当预计该项费用并按投标人的投标报价向投标人支付该项费用。招标人一般应列出需要分包的工程及估价、自行采购的材料的种类和数量等信息。

需要注意的是,在编制工程量清单其他措施项目时,若出现规范未列的项目,也可根据工程实际情况予以补充。

6.3.4 规费

规费是根据国家法律、法规规定,由省级政府或省级有关权力部门规定施工企业必须缴纳的,应计入建筑安装工程造价的费用。

规费项目清单按照下列内容列项:

① 社会保险费,包括养老保险费、失业保险费、医疗保险费、工伤保险费、生育保险费。

② 住房公积金。

6.3.5 税金

现行的税金计取是按照国家税法规定以增值税计入建筑安装工程造价中的。

6.4 工程量清单计价文件的编制 ....

6.4.1 清单工程量与计价工程量

1. 清单工程量

清单工程量是分部分项清单项目和措施清单项目工程量的简称,是招标人按照工程量清单计算规范中规定的计算规则和施工图纸计算的、提供给投标人作为统一报价的工程数量。

清单工程量是按设计图纸的图示尺寸计算的"净量",不含该清单项目在施工中考虑具体施工方案时增加的工程量以及实施中的损耗量。

2. 计价工程量

计价工程量又称报价工程量或实际施工工程量,是投标人根据拟建工程的分项清单工程量、施工图纸、所采用的消耗量定额及其对应的工程量计算规则,同时考虑具体的施工方案,对分部分项清单项目和措施清单项目所包含的各个工程内容(子项)计算出的实际施工工程量。

6.4.2 综合单价的编制

综合单价是指完成一个规定清单项目所需的人工费、材料和工程设备费、施工机具使用费和管理费、利润以及一定范围内的风险费用。计算分部分项工程费、措施项目费时,计价过程采用综合单价。

这里的一定范围内的风险费用可以理解为:隐含于已标价工程量清单综合单价中,用于化解发承包双方在合同中约定内容和范围内的市场价格波动风险的费用。根据我国工程建设特点,投标人应完全承担的风险是技术风险和管理风险,如管理费和利润;应有限度承担的风险是市场风险,如材料价格、施工机械使用费等的风险;应完全不承担的风险是法律、法规、规章和政策变化的风险,所以综合单价中不包含规费和税金。材料价格的风险宜控制在5%以内,施工机械使用费的风险宜控制在10%以内,超过者应予以调整。这里的工程设备费主要是用于安装工程的,应由构成永久工程一部分的机电设备、金属结构设备、仪器装置及其他类似的设备和装置的费用组成。

综合单价的计算采用的是定额组价的方法,即以计价定额为基础进行组合计算。因工程量清单计算规范和定额中的工程量计算规则、计量单位、工程内容不完全相同,所以综合单价的计算并不是简单地将其所含的各项费用进行汇总,而是需通过具体计算后综合而成,如图 6-6 所示。

1. 确定清单项目的组价内容

清单项目的组价内容是指投标人根据工程量清单项目及其项目特征,按报价使用的计价定额、消耗量定额等的要求确定的组成综合单价的定额分项工程。

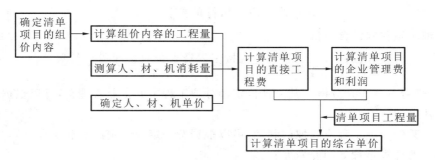

图 6-6　综合单价计算过程(一)

确定清单项目的组价内容就是根据工程量清单提供的项目特征描述和计算规范中相应清单的工作内容,结合项目实际、施工技术相关知识,分析出该清单项目的施工过程;查找预算(计价)定额相应子目及其中的工作内容,确定与其相对应的定额子目。每一个清单项目所含施工过程对应的预算(计价)定额子目就是这个清单项目的组价内容。

2.计算组价内容的工程量

清单工程量不能直接用于计价,在计价时必须考虑施工方案等各种影响因素,根据所采用的计价定额、消耗量定额及相应的工程量计算规则重新计算各定额子目的施工工程量。

计算组价内容的工程量就是根据某一清单分项工程,分别计算清单分项工程量和对应的全部定额分项工程量。无论主项工程量与附项工程量,统称为计价工程量。

定额子目工程量应严格按照与所采用的定额相对应的工程量计算规则计算。

3.测算人、材、机消耗量

人、材、机消耗量在编制招标控制价时一般参照政府颁发的消耗量定额进行确定;在编制投标报价时一般采用反映企业水平的企业定额确定,若投标企业没有企业定额时可参照政府颁发的消耗量定额进行调整。测算人、材、机消耗量就是查找定额分项工程的工、料、机消耗量。

4.确定人、材、机单价

人、材、机单价应根据工程项目的具体情况及市场资源的供求状况进行确定,采用市场价格作为参考,并考虑一定的调价系数。

5.计算清单项目的直接工程费

根据确定的分项工程人、材、机消耗量及人、材、机单价,与相应的计价工程量相乘即可得到各定额子目的直接工程费,汇总各定额子目的直接工程费即得到清单项目的直接工程费。

$$直接工程费 = \sum 计价工程量 \times [\sum (人工消耗量 \times 人工单价) + \sum (材料消耗量 \times 材料单价)$$
$$+ \sum (机械台班消耗量 \times 台班单价)]$$
$$= \sum (计价工程量 \times 人工消耗量) \times 人工单价 + \sum (计价工程量 \times 材料消耗量)$$
$$\times 材料单价 + \sum (计价工程量 \times 机械台班消耗量) \times 台班单价$$

6.计算清单项目的企业管理费和利润

企业管理费和利润通常根据各地区规定的费率乘以规定的计价基础得出,由施工企业投标报价时自主确定。

企业管理费和利润=分部分项工程、单价措施项目和专业暂估价中的人工费

$$\times 企业管理费和利润费率$$

7. 计算清单项目的综合单价

$$清单项目综合单价 = \frac{直接工程费 + 企业管理费 + 利润}{清单工程量}$$

其中:企业管理费——应是分摊到某一计价定额分项工程中的企业管理费,可以根据所用定额规定的计算方法确定;

利润——某一分项工程应收取的利润,可以根据费用定额规定的利润率和计算方法确定。

综合单价的计算过程如图 6-7 所示。

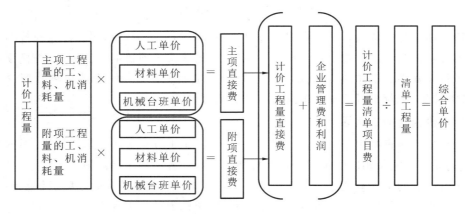

图 6-7 综合单价计算过程(二)

6.5 工程造价计价中两种计价模式的区别与联系 ……

在前面的章节里,我们已经向读者介绍了工程造价计价的概念和方法,比如现行常用的定额计价和清单计价这两种不同的计价模式。

清单计价与定额计价是产生在不同历史年代的计价模式。定额计价是计划经济的产物,产生在新中国成立之初,一直延用至今,可以说是一种传统的计价模式。清单计价是市场经济的产物,产生在 2003 年,是以国家标准的形式推行的新的计价模式。它们之间的区别,可从多方面进行比较。

1. 概念的区别

定额计价法亦称工料单价法,是指根据招标文件,按照省级建设行政主管部门发布的建设工程计价定额中的工程量计算规则,同时参照省级建设行政主管部门发布的人工工日单价、机械台班单价、材料和设备价格信息及同期市场价格,计算出直接工程费,按省建设工程措施项目计价办法规定的计算方法计算措施费,再按省建设工程造价计价规则计算出其他项目费、管理费、利润、规费和税金,汇总确定建筑安装工程造价的计价方法,也是我国传统的工程造价计价方法,是相对于工程量清单计价的一种工程造价计价模式。

工程量清单计价法亦称综合单价法,是指建设工程招标投标中,招标人按照国家统一的《建设工程工程量清单计价规范》(GB 50500—2013),提供工程数量清单,由投标人依据工程量清单计算所需的全部费用,包括分部分项工程费、措施项目费、其他项目费、规费和税金,自主报价,并

152

按照经评审合理低价中标的工程造价计价模式,简言之,工程量清单计价法是建设工程在招标投标中,招标人(或委托具有相应资质的造价公司)编制反映工程实体消耗和措施消耗的工程量清单,作为招标文件的一部分提供给投标人,由投标人依据工程量清单自主报价的计价方式。

2. 定价理念不同

定额计价属于政府指导定价;清单计价则是由企业自主报价,通过竞争形成价格。

3. 计价依据不同

定额计价依据政府建设行政主管部门发布的消耗量(计价)定额或单位估价表计价;清单计价则依据国家标准《建设工程工程量清单计价规范》以及企业定额报价。

4. 费用内容不同

定额计价与清单计价费用内容异同对比如表 6-1 所示。

表 6-1　定额计价与清单计价费用内容异同对比表

定额计价	清单计价
(1) 直接费	(1) 分部分项工程费
(2) 管理费	(2) 措施项目费
(3) 利润	(3) 其他项目费
(4) 措施项目费	(4) 规费
(5) 其他项目费	(5) 税金
(6) 规费	
(7) 税金	

5. 单价的形式不同

定额计价中的直接费是指施工过程中耗费的构成工程实体和部分有助于工程形成的各项费用(包括人工费、材料费和施工机具使用费),其单价包含人工费、材料费、机械费。清单计价是以综合单价的形式呈现的,那么综合单价中就包含有人工费、材料和工程设备费、施工机具使用费、企业管理费、利润和一定范围内的风险费用。

6. 列项方式不同

在定额计价过程中,只需要列出定额项;而在清单计价过程中既要列出单项、又要列出定额项。

7. 工程量计算不同

定额计价需要依据定额工程量计算规则计算出定额量;清单计价既需要依据各专业工程计量规范计算出清单量,还需要依据定额工程量计算规则计算出实际的施工资源消耗量,即定额量。

8. 编制步骤不同

定额计价的造价文件编制顺序是读图——→列项——→算量——→套价——→计费。
清单计价的造价文件编制顺序是读图及读清单——→清单组价——→计费。

9. 表格形式不同

定额计价使用到的主要表格有:
(1) 建安工程费用汇总表;
(2) 直接工程费计算表;
(3) 措施项目费汇总表;

（4）措施项目明细表；

（5）其他项目计价表。

清单计价使用到的主要表格有：

（1）单位工程招标控制价（投标报价）汇总表；

（2）分部分项工程量清单与计价表；

（3）措施项目清单与计价表；

（4）综合单价分析表；

（5）措施项目分析表。

综上所述，我们不难看到，定额计价与清单计价无论从形式还是内容上，都存在有非常明显的差异。

但是，在我国，清单计价是学习和借鉴国外通行做法并与我国实际相结合的产物，是在定额计价基础上衍生出来的一种计价模式。在企业定额没有被建设方普遍认同的时候，政府官方发布的计价定额仍然占据主导地位。不难发现，清单计价在实质上仍是定额计价的翻版。

我们也可以从"13 清单规范"规定的综合单价分析表中略窥一斑，如表 6-2 所示。

表 6-2 综合单价分析表

项目编码		项目名称		工程数量		计量单位	

清单综合单价组成明细											
定额编号	定额名称	定额单位	数量	单价				合价			
				人工费	材料费	机械费	管理费和利润	人工费	材料费	机械费	管理费和利润

人工单价	小计										
元/工日	未计价材料费										
	清单项目综合单价										

材料费明细	主要材料名称、规格、型号				单位	数量	单价/元	合价/元	暂估单价/元	暂估合价/元
	其他材料费									
	材料费小计									

注：1. 如不使用省级或行业建设主管部门发布的计价依据，可不填定额项目、编号等。

2. 招标文件提供了暂估单价的材料，按暂估的单价填入表内"暂估单价"栏及"暂估合价"栏。

如前所述，在我国的现阶段，清单计价与定额计价之间还是存在密切的联系的。无论是定额计价还是清单计价，定额始终是计价的依据，因为：（1）定额所规定的人、材、机等施工资源的消耗量始终是计价的基石；（2）人工费、材料费、施工机具使用费都是基于定额消耗量产生的。

前面章节也讲过，人、材、机费用计算的基本方法是

$$人工费/材料费/机械费 = 工程量 \times 定额消耗量 \times （人/材/机）单价$$

式中:工程量是按照计价定额工程量计算规则计算出来的定额工程量,亦称为实际施工工程量。

　　需要特别提醒的是,无论称之为直接费,还是称之为分部分项工程费,它们中的人工费、材料费、施工机具使用费的实质都一样,都是用定额量套用市场价产生的。清单量是不可能产生任何费用的,那么根据定额量(或实际施工量)所产生的施工费用除以清单量就是清单的综合单价。

　　所以,无论是清单计价还是定额计价,都是要依赖施工资源的消耗量定额这个平台的。

本章小结

1. 工程量清单计价概述 { 工程量清单 / 工程量清单计价 / 工程量清单计价规范

2. 工程量清单计价的原理 { 工程量清单的编制程序 / 工程量清单计价过程

3. 工程量清单的编制 { 分部分项工程量清单 / 措施项目清单 / 其他项目清单 / 规费 / 税金

4. 工程量清单计价文件的编制 { 清单工程量与计价工程量 / 综合单价的编制

5. 工程造价计价中两种计价模式的区别与联系 { 概念的区别 / 定价理念不同 / 计价依据不同 / 费用内容不同 / 单价的形式不同 / 列项方式不同 / 工程量计算不同 / 编制步骤不同 / 表格形式不同

课后思考题

1. 什么是工程量清单？简述工程量清单的构成。
2. 何为工程量清单计价？
3. 简述工程量清单计价的基本原理。
4. 清单项目编码的编列应注意哪几方面的问题？
5. 如何确定工程量清单的项目名称？
6. 什么是项目特征？项目特征对于工程量清单有哪些重要意义？
7. 什么是暂列金额？什么是暂估价？它们的使用需要注意哪几方面？
8. 什么是计日工？
9. 简述清单工程量与计价工程量的区别。
10. 什么是综合单价？请简述综合单价的计算过程。

Chapter 7

第 7 章　工程造价计价程序及其应用

【学习目标】

掌握建筑安装工程费用计取依据、组成及修订说明。

熟悉上海市建设工程施工费用计算规则。

了解工程造价计价的电算。

7.1　建筑安装工程费用计取依据、组成及修订说明 ……

为配合"13 清单"的落地实施,2013 年 3 月 21 日中华人民共和国住房和城乡建设部、财政部联合印发了《关于印发〈建筑安装工程费用项目组成〉的通知》,即建标〔2013〕44 号文件。

文件中明确指出,为适应深化工程计价改革的需要,根据国家有关法律、法规及相关政策,在总结原建设部、财政部《关于印发＜建筑安装工程费用项目组成＞的通知》(建标〔2003〕206 号)(以下简称《通知》)执行情况的基础上,修订完成了《建筑安装工程费用项目组成》(以下简称《费用组成》)。详见第 8 章 8.1.4 节。

7.2　上海市建设工程施工费用计算规则 ………………

2016 年 12 月 23 日,上海市住房和城乡建设管理委员会以"沪建标定〔2016〕1162 号"红头文件的形式印发了《上海市建筑和装饰工程预算定额》(SH 01—31—2016)等 7 本工程预算定额及《上海市建设工程施工费用计算规则》(SHT 0—33—2016),并指出凡 2017 年 6 月 1 日起进行招标登记的建设工程执行新定额。

在《上海市建设工程施工费用计算规则》(SHT 0—33—2016)中指出了新的施工费用计算规则发布目的、依据、使用范围以及建设工程施工费用的要素内容及计算方法,详见第 8 章 8.1.7 节。表 7-1 所示为上海市某工程费用计算示例。

表 7-1　费用表

工程名称:某工程/房屋建筑与装饰

序号	名称	基数说明	费率/(%)	金额
1	直接费	其中:人工费+其中:材料费+施工机具使用费+其中:主材费+其中:设备费		218 730.08
1.1	其中:人工费	人工费		43 048.15
1.2	其中:材料费	材料费		164 898.14
1.3	施工机具使用费	机械费		10 783.79
1.4	其中:主材费	主材费		
1.5	其中:设备费	设备费		
2	企业管理费和利润	其中:人工费	26	11 192.52
3	安全防护、文明施工措施费	直接费+企业管理费和利润	2.8	6 437.83
4	施工措施费	措施项目合计	100	
5	其他项目费	其他项目费		
6	小计	直接费+企业管理费和利润+安全防护、文明施工措施费+施工措施费+其他项目费		236 360.43
7	规费合计	社会保险费+住房公积金		14 877.44
7.1	社会保险费	其中:人工费	32.6	14 033.7
7.2	住房公积金	其中:人工费	1.96	843.74
8	税前补差	税前补差		
9	增值税	小计+规费合计+税前补差	9	22 611.41
10	税后补差	税后补差		
11	甲供材料	甲供费		
12	工程造价	小计+规费合计+税前补差+增值税+税后补差-甲供材料		273 849.28
		增值税		

7.3　工程造价计价的电算 ....

7.3.1　工程造价计价电算的计费依据及参考文件

7.3.1.1　云计价(上海 2016 定额)相关计费依据

(1)沪建市管〔2016〕42 号文——《关于实施建筑业营业税改增值税调整本市建设工程计价

依据的通知》。

（2）沪建市管〔2019〕24 号文——《关于调整本市建设工程造价中社会保险费率的通知》。

（3）《关于调整上海市建设工程材料增值税率折算率的通知》。

（4）沪建市管〔2019〕19 号——《关于调整本市建设工程计价依据增值税税率等有关事项的通知》。

凡 2019 年 6 月 1 日起进行招标登记的建设工程规费应执行 24 号文费率。原沪建市管〔2017〕105 号文同时废止。2019 年 4 月 1 日起一般计税建设工程，增值税税率采用沪建市管〔2019〕19 号文费率。

7.3.1.2 云计价（上海 2016 定额）相关参考文件

（1）沪建标定〔2016〕1162 号文——《关于批准发布〈上海市建筑和装饰工程预算定额（SH 01—31—2016）〉等 7 本工程预算定额及〈上海市建设工程施工费用计算规则（SHT 0—33—2016）〉的通知》。

（2）沪建标定〔2017〕202 号文——《关于批准发布〈上海市水利工程预算定额（SHR 1—31—2016）〉、〈上海市城镇给排水工程预算定额（SHA 8—31—2016）〉及〈上海市燃气管道工程预算定额（SHA 6—31—2016）〉的通知》。

7.3.2 工程造价计价电算的软件下载及安装

7.3.2.1 软件下载

（1）广联达加密锁驱动：安装 3.8.588.4187 及以上版本。

下载地址：https://e.fwxgx.com。点击软件下载，地区选择上海，产品选择加密锁，搜索。

（2）兴安得力云计价平台：安装 5.4100.24.138 及以上版本。

注意，该计价软件可在广联达 G＋工作台中一键安装。

7.3.2.2 软件安装

（1）安装广联达加密锁驱动。

（2）安装兴安得力云计价平台。

注：① 安装之前退出杀毒软件；

② XP 系统鼠标双击安装，Win7 系统鼠标右键以管理员权限运行安装；

③ 编辑过程中，随时保存文件（＊.GBQ5）。

7.3.3 工程造价计价电算软件的基本操作

7.3.3.1 预算文件编制流程

预算文件编制流程如图 7-1 所示。

1. 新建定额项目

（1）双击桌面图标打开软件→离线使用→进入软件。

在使用软件时，无论是使用"登录账号"登录进入软件还是使用"离线使用"进入软件，都需要先插加密锁才能进入软件进行操作。

若使用"登录账号"进入软件，可注册账号，如图7-2所示。点击登录，登录后可查看概算小助手、建议池反馈需求、云空间存放文件等功能。

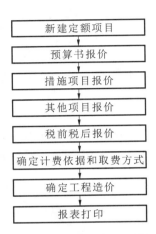

图7-1 计价软件使用指导图示（一）

图7-2 计价软件使用指导图示（二）

（2）新建。

计价软件在新建一份预算文件时，有两种操作方式。

① 新建招投标项目→定额计价→单击新建项目→确定计税方式→下一步，点击新建单项工程→勾选单位工程→确定，如图7-3至图7-6所示。

图7-3 计价软件使用指导图示（三）

图7-4 计价软件使用指导图示（四）

图 7-5　计价软件使用指导图示（五）

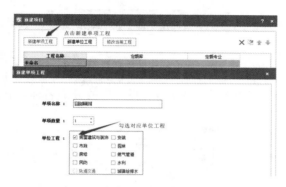

图 7-6　计价软件使用指导图示（六）

② 新建招投标项目→定额计价→单击新建单位工程→选择定额库→确定计税方式→确定，如图 7-3、图 7-7、图 7-8 所示。

图 7-7　计价软件使用指导图示（七）

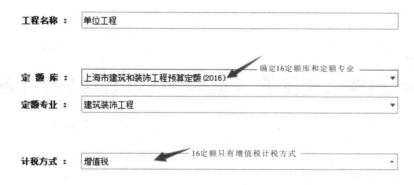

图 7-8　计价软件使用指导图示（八）

新建方式分为①、②两种，区别在于新建项目工程主要针对群体工程（做多个专业，如新建土建、安装专业);新建单位工程主要针对单个专业(如新建土建专业)。

2.预算书报价

(1)输入分部名称。

在软件的预算书界面输入分部名称时有两种操作。

① 预算书界面→分部行名称列直接手动输入分部名称,如图7-9所示。

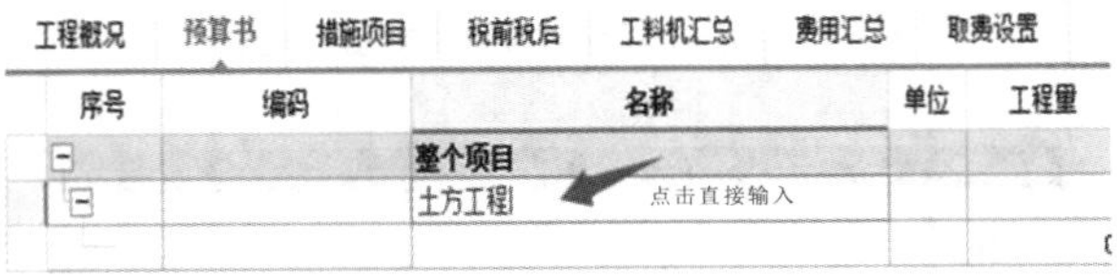

图 7-9　计价软件使用指导图示(九)

② 预算书界面→分部行名称列下拉菜单,选择对应的分部名称,如图7-10所示。

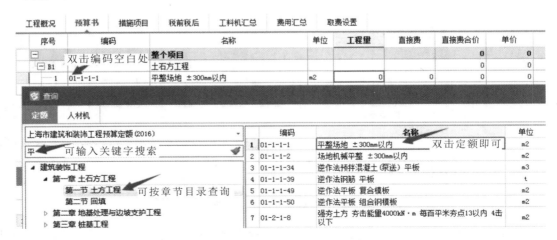

图 7-10　计价软件使用指导图示(十)

(2)编制定额子目。

在软件的预算书界面输入定额编号时有四种操作。

① 定额库查询。

双击定额编码空白处→根据章节目录查找→双击需要的定额。

或输入关键字搜索→双击需要的定额,如图7-11所示。

图 7-11　计价软件使用指导图示(十一)

② 手动输入定额编号。

在定额编码处，直接手动输入定额编号，如图 7-12 所示。注意，如需要借用土建 2000 定额，则可直接在定额编码处输入对应的定额编号，如直接手动输入 4-8-1，如图 7-13 所示。在 2016 定额应用中允许套用 2000 定额子目，反之亦可。

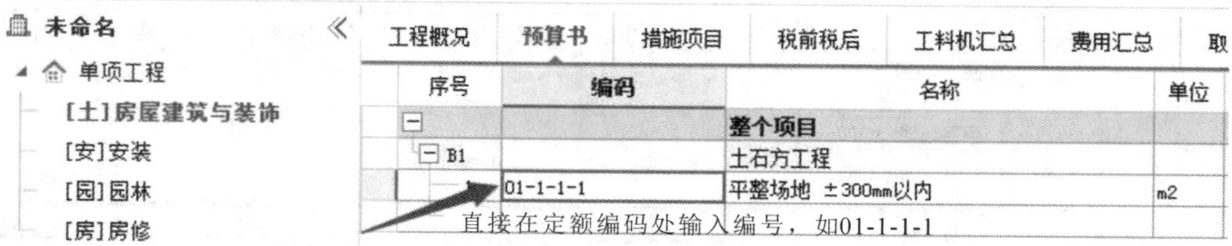

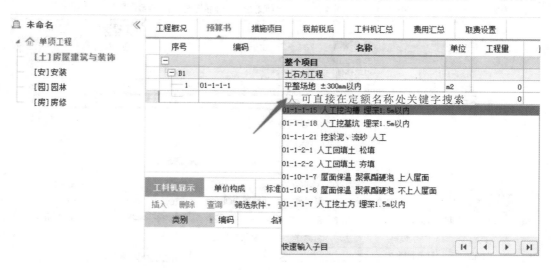

图 7-12   计价软件使用指导图示（十二）

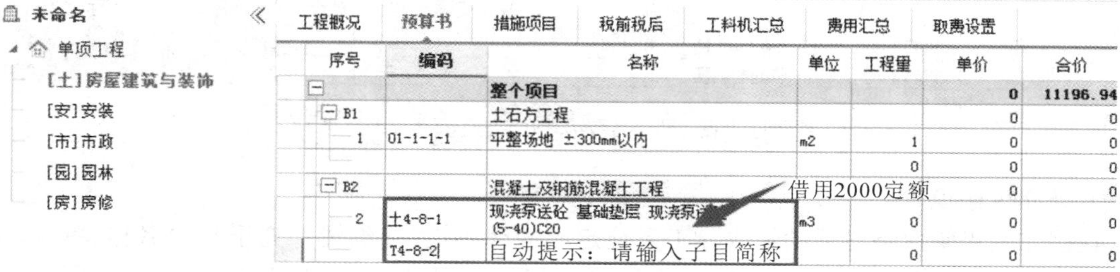

图 7-13   计价软件使用指导图示（十三）

③ 手动输入定额名称。在定额名称处，直接输入定额名称关键字搜索，如图 7-14 所示。

图 7-14   计价软件使用指导图示（十四）

④ 补充子目。

背景说明：上海 2016 定额如果满足不了实际情况，在找不到实际所需定额的情况下，可以按照以下操作方式进行补充定额子目。

a.临时子目设置。

编码异于系统编码,需手动输入名称、单位、工程量、人工(材料、机械)单价(增值税文件需要填写除税单价),在工料机显示界面显示临时人工费和临时材料费,如图7-15所示。

序号	编码	名称	单位	工程量	人工费	材料费	机械费	单价
		整个项目						0
B1		土石方工程						0
1	01-1-1-1	平整场地 ±300mm以内	m2	1	0	0	0	0
					0	0	0	0
B2		其他						0
2	临1	自行车棚	m2	10	150	2000	0	2150

工料机显示 单价构成 标准换算 换算信息 工程量明细 说明信息

插入 删除 查询 筛选条件▼ 查询造价信息库

	类别	编码	名称	规格及型号	单位	原始含量	损耗率	实际含量
1	人-临	RGFTZ	临时人工费		元	0		150
2	材-临	CLFTZ	临时材料费		元	0		2,000

图 7-15　计价软件使用指导图示(十五)

b.补充定额设置。

直接在编码空白格里手动输入异于系统定额的编码,直接编辑补充子目的名称、单位、工程量,然后在工料机显示界面输入实际单位定额所消耗的工、料、机明细及含量,如图7-16至图7-18所示。

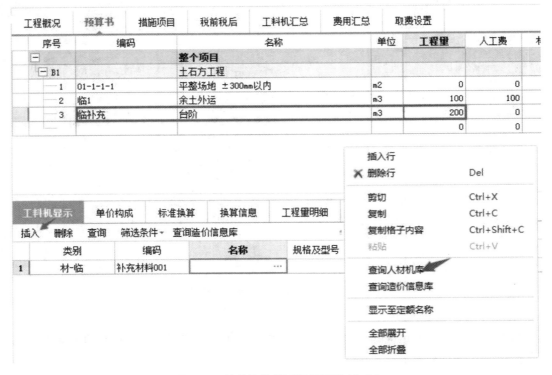

图 7-16　计价软件使用指导图示(十六)

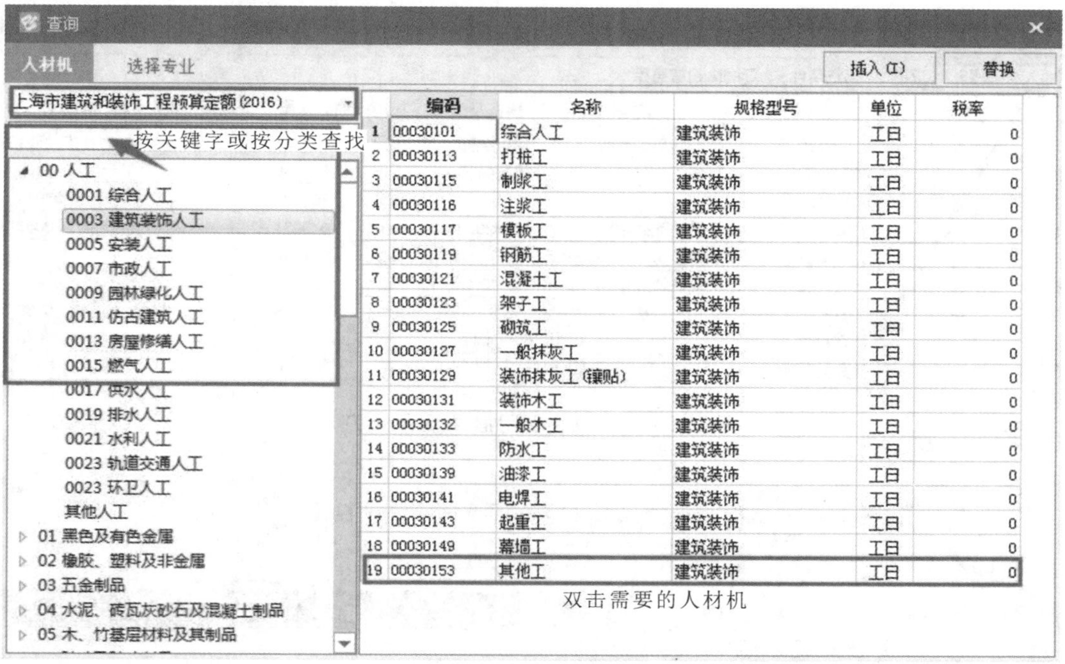

图 7-17　计价软件使用指导图示（十七）

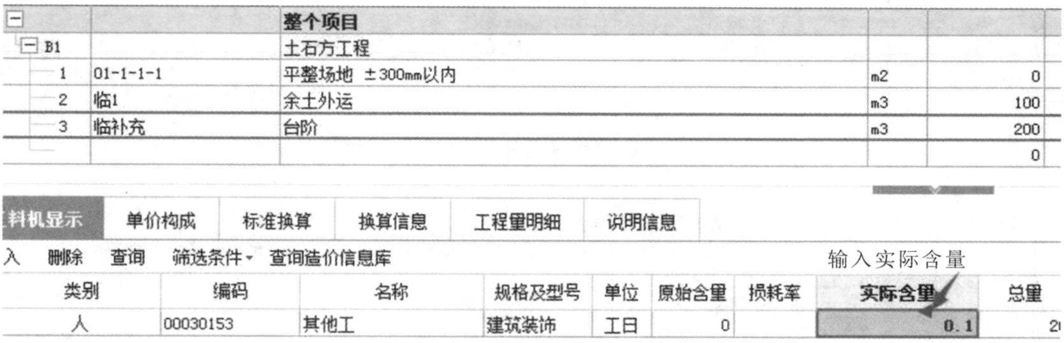

图 7-18　计价软件使用指导图示（十八）

注意，补充子目可右键存档，以方便下次使用。

具体操作：先选定需要保存的子目→右键→存档→子目。

（3）定额换算。

① 普通定额调整。

例：定额编号 01-11-2-23 为陶瓷锦砖楼地面拼花/干混砂浆铺贴，若实际施工中使用的是玻璃锦砖材料，如何进行换算？

具体操作：在工料机显示界面增加、删除、替换工、料、机再调整实际含量，如图 7-19 和图 7-20 所示。

② 换算历史记录。

换算历史记录如图 7-21 所示。

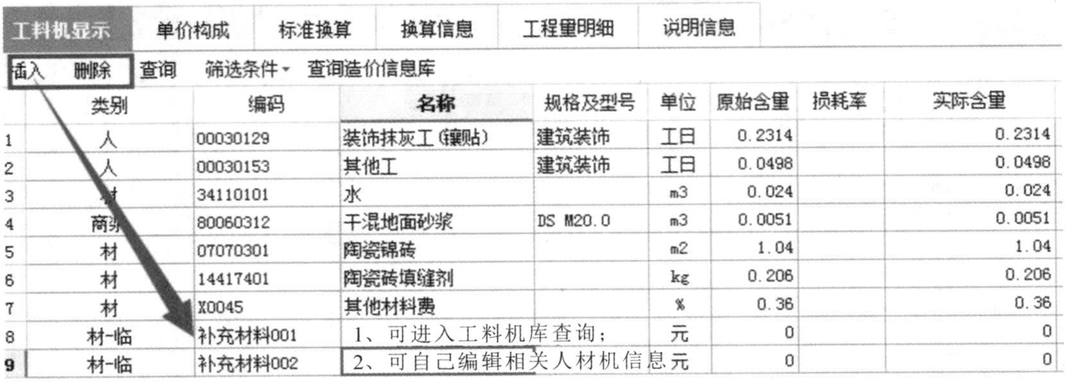

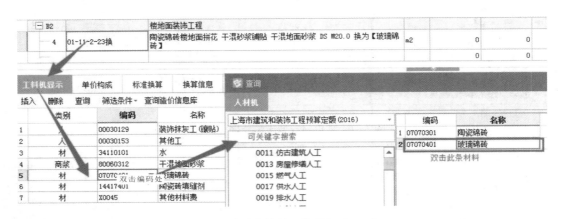

图 7-19　计价软件使用指导图示（十九）

图 7-20　计价软件使用指导图示（二十）

图 7-21　计价软件使用指导图示（二十一）

③ 特殊定额调整。

a. 定额的增减换算。涉及厚度、运距、深度等的情况，在编制定额时通常会编成两条相关定额（基础定额和附加定额）。如图 7-22 所示，01-11-1-17 找平层厚度系统中按照定额为 30 mm，需要调整成 45 mm。

ⅰ. 在套定额时，软件系统自动弹出对话框，直接调整，如图 7-23 所示。

ⅱ. 套好定额后，在标准换算界面里进行调整。调整后，会在定额编号的后面出现一个"换"

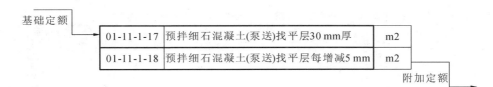

基础定额		
01-11-1-17	预拌细石混凝土(泵送)找平层30 mm厚	m2
01-11-1-18	预拌细石混凝土(泵送)找平层每增减5 mm	m2

附加定额

图 7-22　计价软件使用指导图示(二十二)

图 7-23　计价软件使用指导图示(二十三)

字,以示区别。

b.说明系数换算,比如 01-1-1-20、01-1-1-23 就是以定额总说明、章节说明等为依据进行系数换算得到的,是对定额消耗量的调整。系统换算操作方法与定额的增减换算相同。换句话说,定额说明系数是由定额书上对某些有特殊情况的项目在不同的施工环境以及施工工艺下对定额工、料、机的调整,如章说明"二、机械土方均按天然湿度土壤考虑(指土壤含水率 25% 以内)。含水率大于 25% 时,定额人工、机械乘以系数 1.15"。

ⅰ.机械土方定额中已考虑机械挖掘所不及位置和修整底边所需的人工。

ⅱ.机械土方(除挖有支撑土方及逆作法挖土外)未考虑群桩间的挖土人工及机械降效差,遇有桩土方时,按相应定额人工、机械乘以系数 1.5。

ⅲ.挖有支撑土方定额已综合考虑了栈桥上挖土等因素,栈桥搭、拆及折旧摊销等未包括在定额内。

ⅳ.挖土机在垫板上施工时,定额人工、机械乘以系数 1.25。定额未包括垫板的装、运及折旧摊销。"

c.级配换算,比如 01-5-2-1,操作方法与定额的增减换算相同。因上海 2016 定额中没有规定混凝土的配合比,默认的混凝土的配合比为 C30 的配合比。但实际施工中,配合比会根据结构承载的需要发生变化,就需按实进行调整换算。

(4) 确定工程量。

可以直接在工程量一列里手动输入定额工程量,也可在工程量表达式一列里输入工程量计算式(若工程量表达式列在预算书界面里未显示,可以如下操作:预算书界面→右击→页面显示列设置→勾选→确定),如图 7-24 所示。

(5) 确定工、料、机单价。

① 使用广材助手进行价格包管理。价格包导入、导出如图 7-25 和图 7-26 所示。

a.批量载价。操作方法:编制→工料机汇总→批量载价(工具栏或右键菜单)→确定价格包类型与月份,如图 7-27 至图 7-29 所示。

167

序号	编码	名称	单位	工程量表达式	工程量
□		整个项目			
□ B1		土石方工程 ▼			
— 1	01-1-1-1	平整场地 ±300mm以内	m2	100	100
— 2	临1	余土外运	m3	100	100
— 3	临补充	台阶	m3	200	200
					0
□ B2		混凝土及钢筋混凝土工程			
— 4	01-5-2-1	预拌混凝土(泵送) 矩形柱 预拌混凝土(泵送型) C30粒径5~40	m3	100	100
					0
□ B3		楼地面装饰工程			
— 5	01-11-2-23换	陶瓷锦砖楼地面拼花 干混砂浆铺贴 干混地面砂浆 DS M20.0 换为【玻璃锦砖】	m2	10*20	200
— 6	01-11-1-17换	预拌细石混凝土(泵送)找平层 30mm厚 厚度(mm):45 预拌混凝土(泵送型) C30粒径5~40	m2	50*25	1250
— 7	01-11-1-18	预拌细石混凝土(泵送)找平层 每增减5mm 预拌混凝土(泵送型) C30粒径5~40	m2	KJGCL	1250
					0

图 7-24　计价软件使用指导图示(二十四)

图 7-25　计价软件使用指导图示(二十五)

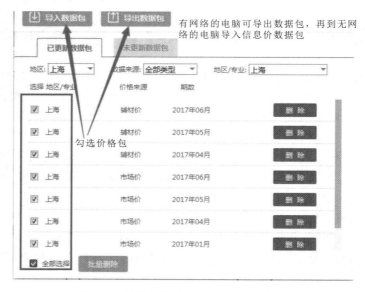

图 7-26　计价软件使用指导图示(二十六)

	标记	编码	类别	名称	规格型号	单位	消耗量	不含税市场价	含税市场价	税率	浮z
1		00030121	人	混凝土工	建筑装饰	工日	75.92	0	0	0	
2		00030127	人	一般抹灰工	建筑装饰	工日	48.375	0	0	0	
3		00030129	人	装饰抹灰工(镶贴)	建筑装饰	工日	46.28	0	0	0	
4		00030153	人	其他工	建筑装饰	工日	48.98				
5		02090101	材	塑料薄膜		m2	40.09				
6		07070401	材	玻璃锦砖		m2	208				
7		14417401	材	陶瓷砖填缝剂		kg	41.2				
8		34110101	材	水		m3	99.75				
9	砂	80060312	商浆	干混地面砂浆	DS M20.0	m3	1.02				
10	砼	80210424	商砼	预拌混凝土(泵送型)	C30粒径5~40	m3	157.625				
11		99050920	机	混凝土振捣器		台班	18.625				

施项目　其他项目　税前税后　**工料机汇总**　费用汇总　取费设置

来源分析
批量载价
批量载D7
全部中标
调整浮动率
替换材料　　Ctrl+B
设置标记
管理标记

图 7-27　计价软件使用指导图示(二十七)

图 7-28　计价软件使用指导图示(二十八)

图 7-29　计价软件使用指导图示(二十九)

169

b.单条载价。操作方法为:在广材助手界面→选择零报价或者需要询价的材料→手动切换价格包类型、月份,双击自己所需价格,如图 7-30 所示。

图 7-30　计价软件使用指导图示(三十)

c.历史文件载价。编制→工料机汇总→载入历史工程市场文件,如图 7-31 所示。

图 7-31　计价软件使用指导图示(三十一)

图 7-32　计价软件使用指导图示(三十二)

d.查看机械用电量。工具→查看机械用电量,如图 7-32 所示。

注:所载入的信息价皆属于参考价,若不合理均可手动调整。

② 材料价格浮动率调整。

材料价格浮动率调整的背景:当人、材、机的单价偏高或偏低时,可利用浮动率快速调整人、材、机的单价。操作方法:在工料机汇总界面右键→调整浮动率→输入浮动率数值。如图 7-33 和图 7-34 所示。

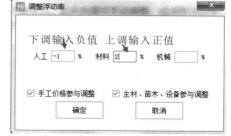

图 7-33　计价软件使用指导图示(三十三)　　　　图 7-34　计价软件使用指导图示(三十四)

③ 甲供材料。

甲供材料单价调整的背景:当材料为甲方提供时,需要从总造价中扣除该材料的费用。操作方法:在工料机汇总界面→选中某条甲供材料→右击全部甲供或在甲供数量列直接手动输入材料消耗量,如图 7-35 所示。

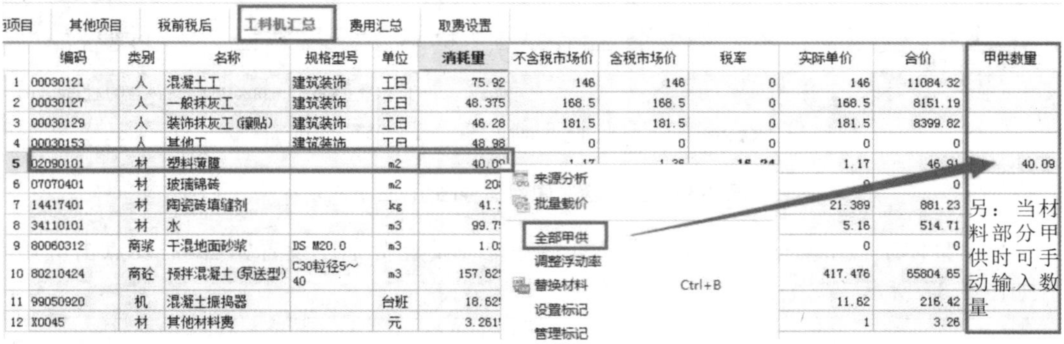

图 7-35 计价软件使用指导图示(三十五)

④ 增值税计税方式下,确定工、料、机单价需要注意以下几点。

参考文件:《关于调整上海市建设工程材料增值税率折算率的通知》,如表 7-2 所示。

表 7-2 上海市建设工程各类材料计算不含增值税率的折算率表

类别编码	类别名称	折算率	范围说明
01	黑色及有色金属		1.包含金属和以金属为基础的合金材料 2.黑色金属是指铁和以铁为基础的合金,包括钢铁、钢铁合金、铸铁等 3.有色金属是指黑色金属以外的所有金属及其合金,包括铜、铝、钛、锌等
0100	钢材、铜材、铝材等	12.93%	包含钢材、碳素结构钢、优质碳素结构钢
0101	钢筋	12.93%	包含钢筋、加工钢筋、成型钢筋、预应力钢筋、钢筋网片、热轧带肋钢筋、热轧光园钢筋等
0103	钢丝	12.94%	包含钢丝、冷拔低碳钢丝、镀锌低碳钢丝、高强钢丝、不锈钢软态钢丝、铁绑线、拉线等
0105	钢丝绳	12.94%	包含钢丝绳、镀锌钢丝绳、不锈钢丝绳、钢丝绳套等
0107	钢绞线、钢丝束	12.94%	包含钢绞线、预应力钢绞线、镀锌钢绞线、喷涂塑钢绞线、无粘结钢丝、钢素、镀铝锌钢绞线等

材料除税价的计算方法:

a.折算率是材料、施工机具含税价换算成除税价的参考依据;

b.一般纳税人按"二票"制计税,材料除税价 $= \dfrac{含税价}{1+增值税率折算率}$;

c.一般纳税人按"一票"制计税,除税价 $= \dfrac{含税价}{1+增值税率}$;

d.实行简易征收计税,除税价 $= \dfrac{含税价}{1+征收率}$。

工、料、机价格:不含税(自动计算)、含税(载入或手动输入)、实际单价(计算总价);批量载价(用广材助手);单条载价(手工输入或使用广材助手)。

特别注意:在单项、整体工程上修改工、料、机价格,要应用修改后才生效。

（6）设置企业管理费和利润费率。

计价软件的操作有两种方式：

① 项目结构选中某个专业→点击取费设置页签→单独设置对应专业费率，如图 7-36 所示。

图 7-36　计价软件使用指导图示（三十六）

② 选中整体工程节点→点击取费设置页签→统一设置费率。设置完后，需要点击应用费率设置，如图 7-37 所示。

图 7-37　计价软件使用指导图示（三十七）

注：企业管理费和利润费率设置按合同约定（依据沪建市管〔2019〕42 号文，所有取费的基数为人工费）。

3. 措施项目报价

计价软件的操作方法有两种。

① 措施项目→计算基数→直接输入费用报价 →确定工程量，如直接在市政设施保护、改道、迁移等措施费计算基数中输入 1000 元，如图 7-38 所示。

② 措施项目→计算基数→选中取费基数×费率 →确定工程量，如工程监测费在计算基数处选择取费基数（直接费），费率处输入 5，如图 7-38 和图 7-39 所示。

序号	名称	单位	计算基数	费率(%)	工程量	单价	合价	备注
	措施项目						88893.09	
1	市政设施保护、改道、迁移等措施费	项	1000	100	1	1000	1000	
2	工程监测费	项	ZJF	5	1	87893.09	87893.09	
3	工程新材料、新工艺、新技术的研究、检验试验、技术专利费	项		100	1	0	0	
4	创部、市优质工程施工措施费	项		100	1	0	0	
5	特殊产品保护费	项		100	1	0	0	
6	特殊条件下施工措施费	项		100	1	0	0	
7	工程保险费	项		100	1	0	0	
8	监监及交通秩序维持费	项		100	1	0	0	
9	建设单位另行专业分包的配合、协调、服务费	项		100	1	0	0	
10	其他	项		100	1	0	0	

图 7-38　计价软件使用指导图示（三十八）

	费用代码	费用名称	费用金额
1	ZJF	直接费	1757861.712
2	RGF	人工费	1166039.7264
3	CLF	材料费	591821.9856
4	JXF	机械费	0
5	SBF	设备费	0
6	ZCF	主材费	0
7	GR	工日合计	2626.2156

左侧:
- ∨ 费用代码
  - 预算书

图 7-39　计价软件使用指导图示（三十九）

4. 其他项目报价

计价软件的操作方法有两种。

① 其他项目→总承包服务费→列项→项目价值→直接报价，确定费率，如图 7-40 所示。

图 7-40　计价软件使用指导图示（四十）

② 其他项目→总承包服务费→列项→项目价值→取费基数×费率，如图 7-41 所示。

图 7-41　计价软件使用指导图示（四十一）

5. 税前税后报价

税前、税后补差：手工确定项目名称、单位、数量、单价。

例：项目名称为材料管理费；单位为元；数量为 1；单价为 4000，如图 7-42 所示。

注意，税前、税后补差的区别在于税前报价后软件还需计算增值税的费用；税后报价不需计算增值税的费用，报价的费用直接计入总造价中。

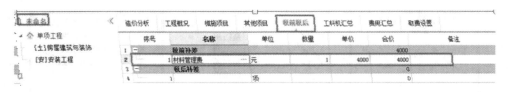

图 7-42　计价软件使用指导图示(四十二)

6. 确定计费依据和取费方式

(1) 计费依据。

① 沪建市管〔2016〕43 号＋42 号文件(针对 2017 年 12 月 15 日以前的项目)。

② 沪建市管〔2017〕105 号＋42 号文件(凡 2017 年 12 月 15 日起进行招标登记的建设工程应执行此费率)。

③ 沪建市管〔2018〕28 号文件(针对 2018 年 5 月 1 日以后的项目)。

④ 沪建市管〔2019〕19 号文件(针对 2019 年 4 月 1 日以后的项目)。

⑤ 沪建市管〔2019〕24 号文件(针对 2019 年 6 月 1 日以后的项目)。

注意,应根据项目的实际情况选择对应的计费依据,如图 7-43 所示。

图 7-43　计价软件使用指导图示(四十三)

(2) 取费方式。

2016 定额取费方式分为三种:工料单价-当前工程;工料单价-分部工程;全费用综合单价。每种取费方式出现的报表和定额单价构成显示内容都不一样,使用者应根据实际要求切换取费方式。

(3) 操作方式。

① 群体工程文件的操作。

点击整体节点→取费设置→取费方式切换→完善企业管理费和利润费率,如图 7-44 所示。

图 7-44　计价软件使用指导图示(四十四)

② 单位工程文件的操作。

打开单位工程→取费设置→取费方式切换→完善企业管理费和利润费率,如图 7-45 所示。

图 7-45　计价软件使用指导图示(四十五)

注意,取费方式为工料单价-当前工程时:a.预算书界面单价为直接费单价;b.预算书界面单价构成不显示内容;c.费用总造价只显示在费用表上。

取费方式为工料单价-分部工程时:a.预算书界面单价为直接费单价;b.预算书界面单价构成根据选中的分部行显示对应分部的内容;c.在组合报表中可看到每个分部的明细费用造价。

取费方式为全费用综合单价时:a.预算书界面单价为全费用单价;b.预算书界面单价构成根据选中的每条定额显示对应定额的内容;c.在定额综合单价分析表可看到每条定额的费用明细组成。

7. 确定工程造价

选择不同的项目节点,在费用汇总界面可查看每个节点的工程总造价,如图 7-46 所示。

	序号	费用代号	名称	计算基数	基数说明	费率(%)
2	1.1	A1	其中人工费	RGF	人工费	
3	1.2	A2	其中材料费	CLF	材料费	
4	1.3	A3	施工机具使用费	JXF	机械费	
5	1.4	A4	其中主材费	ZCF	主材费	
6	1.5	A5	其中设备费	SBF	设备费	
7	2	B	企业管理费和利润	A1	其中人工费	0
8	3	C	安全防护、文明施工措施费	A+B	直接费+企业管理费和利润	2.8
9	4	D	施工措施费	CSXMHJ	措施项目合计	100
10	5	E	其它项目费	QTXMF	其他项目费	
11	6	F	小计	A+B+C+D+E	直接费+企业管理费和利润+安全防护、文明施工措施费+施工措施费+其它项目费	
12	7	G	规费合计	G1+G2	社会保险费+住房公积金	
13	7.1	G1	社会保险费	A1	其中人工费	37.25
14	7.2	G2	住房公积金	A1	其中人工费	1.96
15	8	H	税前补差	SQBC	税前补差	
16	9	I	增值税	F+G+H	小计+规费合计+税前补差	10
17	10	J	税后补差	SHBC	税后补差	
18	11	K	甲供材料	JGF	甲供材	
19	12	L	工程造价	F+G+H+I+J-K	小计+规费合计+税前补差+增值税+税后补差-甲供材料	

图 7-46　计价软件使用指导图示(四十六)

8. 报表打印

(1) 批量导出、打印。

操作方式:报表→点击批量导出或批量打印按钮→勾选报表→导出或打印,如图 7-47 所示。

图 7-47　计价软件使用指导图示(四十七)

（2）报表设计。

报表设计如图 7-48 和图 7-49 所示。

图 7-48　计价软件使用指导图示(四十八)

图 7-49　计价软件使用指导图示(四十九)

7.3.3.2　专业特性

1. 土建专业

（1）超高降效。

建筑物层数超过 6 层或檐高超过 20 m 的工程,施工过程中的人工、机械的效率降低,即消耗量增加,还需要增加加压水泵以及其他上下联系的工作。建筑超高增加费用包括人工降效和机械降效,按降效项目的人工、机械台班消耗量乘以降效率计算。

计价软件的操作方法:根据实际超高高度,直接输入超高降效子目(01-17-4-1～01-17-4-27),工程量栏输入超出部分的建筑面积,再到工料机汇总界面载入信息价(如建筑物为裙楼,建筑物高度有 30 m 以内、45 m 以内两种),如图 7-50 所示。

序号	编码	名称	单位	工程量	直接费	直接费合价
□		整个项目				147889.14
□ B1		砌筑工程				9087.48
1	01-4-1-6	多孔砖墙 1/2侧砌(90mm) 干混砌筑砂浆 DM M5.0	m3	12	325.49	3905.88
2	01-4-1-14	实心砖柱 干混砌筑砂浆 DM M5.0	m3	12	431.8	5181.6
				0		0
□ B2		墙、柱面装饰与隔断、幕墙工程				39611.66
3	01-12-1-1	一般抹灰 外墙 干混抹灰砂浆 DP M15.0	m2	77	24.17	1861.09
4	01-12-1-1	一般抹灰 内墙 干混抹灰砂浆 DP M15.0	m2	88	24.17	2126.96
5	01-12-2-1	一般抹灰 柱、梁面 干混抹灰砂浆 DP M15.0	m2	99	27.95	2767.05
6	01-12-4-1	石材墙面 干混砂浆挂贴 干混抹灰砂浆 DP M20.0	m2	88	373.37	32856.56
				0		0
□ B3		超高				99190
7	01-17-4-1	超高施工增加 建筑物高度 30m以内	m2	1000	21.99	21990
8	01-17-4-2	超高施工增加 建筑物高度 45m以内	m2	2000	38.6	77200

1、根据实际高度输入超高子目　2、分别输入超高部分建筑面积

3、信息价完善

料机显示　单价构成　标准换算　换算信息　工程量明细　说明信息

入　删除　查询　筛选条件▼　查询造价信息库

类别	编码	名称	规格及型号	单位	总量	不含税市场价	含税市场价	税率	实际单价
人	00030101	综合人工	建筑装饰	工日	694.8	140	140	0	140
机	99440120	电动多级离心清水泵	Φ50	台班	7.2	265.052	274.17	3.44	265.052
机	99810020	电动多级离心清水泵停滞费	Φ50	台班	7.2	0	0		0
机	JX1010	其他机械降效		元	1.4539	1	1		1

图 7-50　计价软件使用指导图示(五十)

（2）垂直运输。

垂直运输工程量计算规则：

① 建筑物的垂直运输区分不同建筑物高度按建筑面积计算。建筑物有高低层时，应按不同高度的垂直分界线分别计算建筑面积。

② 檐高 3.6 m 以内的单层建筑，不计算垂直运输机械台班。

③ 定额内不同高度建筑物的垂直运输机械子目按层高 3.6 m 考虑，超过 3.6 m 者，应另计层高超高垂直运输增加费，每超高 1 m，其超过部分按相应定额子目增加 10%，超高不足 1 m，按 1 m 计算。

a. 情景：当建筑物高度为 30 m 且层高都为 3 m 时，垂直运输怎样计算？

计价软件的操作方法：

根据实际高度，直接输入垂直运输子目（01-17-3-3），工程量栏输入 30 m 以内的建筑面积，再到工料机汇总界面载入信息价，如图 7-51 所示。

图 7-51 计价软件使用指导图示（五十一）

b. 情景：当建筑物高度为 30 m，其中有一层层高为 5 m 时，垂直运输怎样计算？

计价软件的操作方法：

ⅰ. 根据实际高度，直接输入垂直运输子目（01-17-3-3），工程量栏输入 30 m 以内的建筑面积，再到工料机汇总界面载入相应的信息价；

ⅱ. 层高有超过 3.6 m 者，需另计补充增加部分，每超高 1 m，其超过部分按相应定额子目增加 10%，超高不足 1 m，按 1 m 计算。输入垂直运输子目（01-17-3-3）且进行增加部分换算，工程量栏输入层高超出部分的建筑面积，如图 7-52 所示。

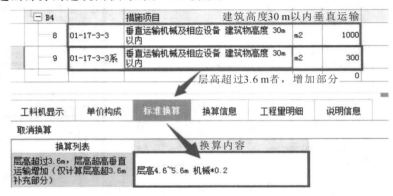

图 7-52 计价软件使用指导图示（五十二）

2. 安装专业

（1）添加主材。

计价软件的操作方法：

右键点击需要添加主材的定额→补充人材机→输入编码、名称、类别、规格、含税市场价、税率、含量→插入，如图 7-53 至图 7-55 所示。

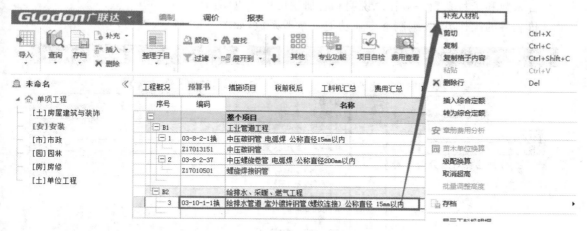

图 7-53　计价软件使用指导图示（五十三）

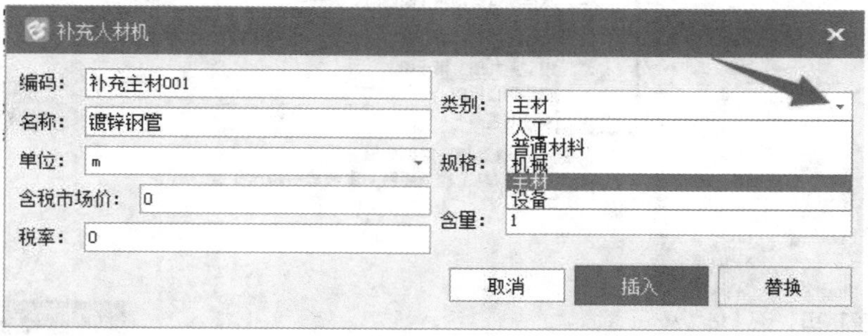

图 7-54　计价软件使用指导图示（五十四）

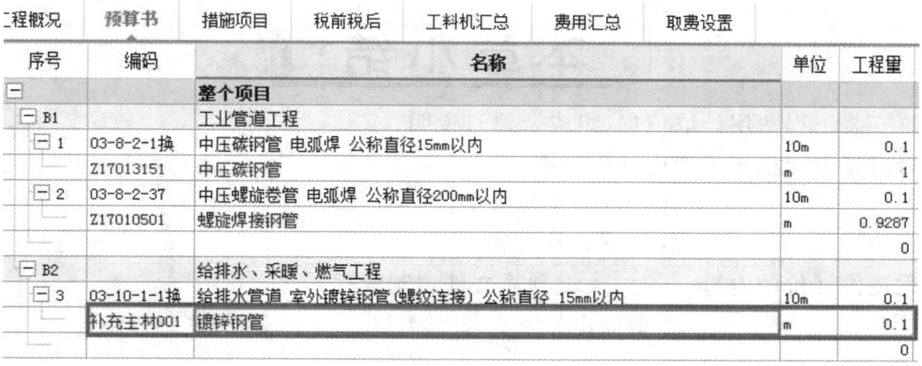

图 7-55　计价软件使用指导图示（五十五）

（2）章册系数。

综合系数是针对专业工程特殊需要、施工环境等进行调整的系数，如脚手架搭拆、系统调整费、高层建筑增加费等。

子目系数是针对施工环境或工程项目超过定额编制高度进行调整的系数，如工程超高费、设备检测费等。

综合系数和子目系数一般在总说明和各册说明中予以明确。

计价软件的操作方法：编制→专业功能→章册系数，如图 7-56 所示。

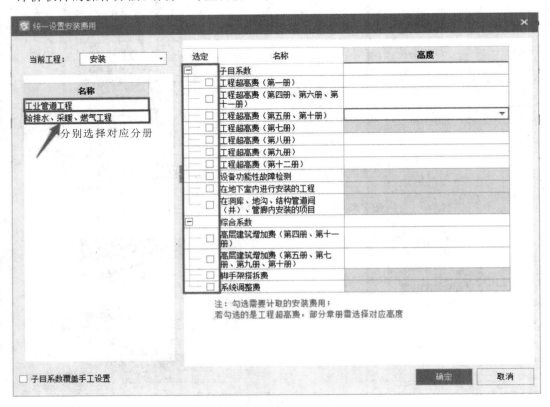

图 7-56　计价软件使用指导图示（五十六）

本章小结

1. 建筑安装工程费用计取依据、组成及修订说明
2. 上海市建设工程施工费用计算规则
3. 工程造价计价的电算

- 计费依据及参考文件
- 软件下载及安装
- 基本操作
  - 预算文件编制流程
  - 专业特性
    - 土建
    - 安装

Chapter 8

第8章　法律法规、资格考试及专业技能大赛

8.1 工程造价法律法规汇编（全国、上海）

8.1.1 中华人民共和国耕地占用税法

中华人民共和国耕地占用税法

（2018年12月29日第十三届全国人民代表大会常务委员会第七次会议通过）

第一条 为了合理利用土地资源，加强土地管理，保护耕地，制定本法。

第二条 在中华人民共和国境内占用耕地建设建筑物、构筑物或者从事非农业建设的单位和个人，为耕地占用税的纳税人，应当依照本法规定缴纳耕地占用税。

占用耕地建设农田水利设施的，不缴纳耕地占用税。

本法所称耕地，是指用于种植农作物的土地。

第三条 耕地占用税以纳税人实际占用的耕地面积为计税依据，按照规定的适用税额一次性征收，应纳税额为纳税人实际占用的耕地面积（平方米）乘以适用税额。

第四条 耕地占用税的税额如下：

（一）人均耕地不超过一亩的地区（以县、自治县、不设区的市、市辖区为单位，下同），每平方米为十元至五十元；

（二）人均耕地超过一亩但不超过二亩的地区，每平方米为八元至四十元；

（三）人均耕地超过二亩但不超过三亩的地区，每平方米为六元至三十元；

（四）人均耕地超过三亩的地区，每平方米为五元至二十五元。

各地区耕地占用税的适用税额，由省、自治区、直辖市人民政府根据人均耕地面积和经济发展等情况，在前款规定的税额幅度内提出，报同级人民代表大会常务委员会决定，并报全国人民代表大会常务委员会和国务院备案。各省、自治区、直辖市耕地占用税适用税额的平均水平，不得低于本法所附《各省、自治区、直辖市耕地占用税平均税额表》规定的平均税额。

第五条 在人均耕地低于零点五亩的地区，省、自治区、直辖市可以根据当地经济发展情况，适当提高耕地占用税的适用税额，但提高的部分不得超过本法第四条第二款确定的适用税额的百分之五十。具体适用税额按照本法第四条第二款规定的程序确定。

第六条 占用基本农田的，应当按照本法第四条第二款或者第五条确定的当地适用税额，加按百分之一百五十征收。

第七条 军事设施、学校、幼儿园、社会福利机构、医疗机构占用耕地,免征耕地占用税。

铁路线路、公路线路、飞机场跑道、停机坪、港口、航道、水利工程占用耕地,减按每平方米二元的税额征收耕地占用税。

农村居民在规定用地标准以内占用耕地新建自用住宅,按照当地适用税额减半征收耕地占用税;其中农村居民经批准搬迁,新建自用住宅占用耕地不超过原宅基地面积的部分,免征耕地占用税。

农村烈士遗属、因公牺牲军人遗属、残疾军人以及符合农村最低生活保障条件的农村居民,在规定用地标准以内新建自用住宅,免征耕地占用税。

根据国民经济和社会发展的需要,国务院可以规定免征或者减征耕地占用税的其他情形,报全国人民代表大会常务委员会备案。

第八条 依照本法第七条第一款、第二款规定免征或者减征耕地占用税后,纳税人改变原占地用途,不再属于免征或者减征耕地占用税情形的,应当按照当地适用税额补缴耕地占用税。

第九条 耕地占用税由税务机关负责征收。

第十条 耕地占用税的纳税义务发生时间为纳税人收到自然资源主管部门办理占用耕地手续的书面通知的当日。纳税人应当自纳税义务发生之日起三十日内申报缴纳耕地占用税。

自然资源主管部门凭耕地占用税完税凭证或者免税凭证和其他有关文件发放建设用地批准书。

第十一条 纳税人因建设项目施工或者地质勘查临时占用耕地,应当依照本法的规定缴纳耕地占用税。纳税人在批准临时占用耕地期满之日起一年内依法复垦,恢复种植条件的,全额退还已经缴纳的耕地占用税。

第十二条 占用园地、林地、草地、农田水利用地、养殖水面、渔业水域滩涂以及其他农用地建设建筑物、构筑物或者从事非农业建设的,依照本法的规定缴纳耕地占用税。

占用前款规定的农用地的,适用税额可以适当低于本地区按照本法第四条第二款确定的适用税额,但降低的部分不得超过百分之五十。具体适用税额由省、自治区、直辖市人民政府提出,报同级人民代表大会常务委员会决定,并报全国人民代表大会常务委员会和国务院备案。

占用本条第一款规定的农用地建设直接为农业生产服务的生产设施的,不缴纳耕地占用税。

第十三条 税务机关应当与相关部门建立耕地占用税涉税信息共享机制和工作配合机制。县级以上地方人民政府自然资源、农业农村、水利等相关部门应当定期向税务机关提供农用地转用、临时占地等信息,协助税务机关加强耕地占用税征收管理。

税务机关发现纳税人的纳税申报数据资料异常或者纳税人未按照规定期限申报纳税的,可以提请相关部门进行复核,相关部门应当自收到税务机关复核申请之日起三十日内向税务机关出具复核意见。

第十四条 耕地占用税的征收管理,依照本法和《中华人民共和国税收征收管理法》的规定执行。

第十五条 纳税人、税务机关及其工作人员违反本法规定的,依照《中华人民共和国税收征收管理法》和有关法律法规的规定追究法律责任。

第十六条 本法自 2019 年 9 月 1 日起施行。2007 年 12 月 1 日国务院公布的《中华人民共和国耕地占用税暂行条例》同时废止。

附：

各省、自治区、直辖市耕地占用税平均税额表

省、自治区、直辖市	平均税额（元/平方米）
上海	45
北京	40
天津	35
江苏、浙江、福建、广东	30
辽宁、湖北、湖南	25
河北、安徽、江西、山东、河南、重庆、四川	22.5
广西、海南、贵州、云南、陕西	20
山西、吉林、黑龙江	17.5
内蒙古、西藏、甘肃、青海、宁夏、新疆	12.5

8.1.2 建设工程定额管理办法

建设工程定额管理办法
第一章 总 则

第一条 为规范建设工程定额（以下简称定额）管理，合理确定和有效控制工程造价，更好地为工程建设服务，依据相关法律法规，制定本办法。

第二条 国务院住房城乡建设行政主管部门、各省级住房城乡建设行政主管部门和行业主管部门（以下简称各主管部门）发布的各类定额，适用本办法。

第三条 本办法所称定额是指在正常施工条件下完成规定计量单位的合格建筑安装工程所消耗的人工、材料、施工机具台班、工期天数及相关费率等的数量基准。

定额是国有资金投资工程编制投资估算、设计概算和最高投标限价的依据，对其他工程仅供参考。

第四条 定额管理包括定额的体系与计划、制定与修订、发布与日常管理。

第五条 定额管理应遵循统一规划、分工负责、科学编制、动态管理的原则。

第六条 国务院住房城乡建设行政主管部门负责全国统一定额管理工作，指导监督全国各类定额的实施；

行业主管部门负责本行业的定额管理工作；

省级住房城乡建设行政主管部门负责本行政区域内的定额管理工作。

定额管理具体工作由各主管部门所属建设工程造价管理机构负责。

第二章 体系与计划

第七条 各主管部门应编制和完善相应的定额体系表，并适时调整。

国务院住房城乡建设行政主管部门负责制定定额体系编制的统一要求。各行业主管部门、

省级住房城乡建设行政主管部门按统一要求编制完善本行业和地区的定额体系表,并报国务院住房城乡建设行政主管部门。

国务院住房城乡建设行政主管部门根据各行业主管部门、省级住房城乡建设行政主管部门报送的定额体系表编制发布全国定额体系表。

第八条 各主管部门应根据工程建设发展的需要,按照定额体系相关要求,组织工程造价管理机构编制定额年度工作计划,明确工作任务、工作重点、主要措施、进度安排、工作经费等。

第三章 制定与修订

第九条 定额的制定与修订包括制定、全面修订、局部修订、补充。

(一)对新型工程以及建筑产业现代化、绿色建筑、建筑节能等工程建设新要求,应及时制定新定额。

(二)对相关技术规程和技术规范已全面更新且不能满足工程计价需要的定额,发布实施已满五年的定额,应全面修订。

(三)对相关技术规程和技术规范发生局部调整且不能满足工程计价需要的定额,部分子目已不适应工程计价需要的定额,应及时局部修订。

(四)对定额发布后工程建设中出现的新技术、新工艺、新材料、新设备等情况,应根据工程建设需求及时编制补充定额。

第十条 定额应按统一的规则进行编制,术语、符号、计量单位等严格执行国家相关标准和规范,做到格式规范、语言严谨、数据准确。

第十一条 定额应合理反映工程建设的实际情况,体现工程建设的社会平均水平,积极引导新技术、新工艺、新材料、新设备的应用。

第十二条 各主管部门可通过购买服务等多种方式,充分发挥企业、科研单位、社团组织等社会力量在工程定额编制中的基础作用,提高定额编制科学性、及时性。鼓励企业编制企业定额。

第十三条 定额的制定、全面修订和局部修订工作均应按准备、编制初稿、征求意见、审查、批准发布五个步骤进行。

(一)准备:建设工程造价管理机构根据定额工作计划,组织具有一定工程实践经验和专业技术水平的人员成立编制组。编制组负责拟定工作大纲,建设工程造价管理机构负责对工作大纲进行审查。工作大纲主要内容应包括:任务依据、编制目的、编制原则、编制依据、主要内容、需要解决的主要问题、编制组人员与分工、进度安排、编制经费来源等。

(二)编制初稿:编制组根据工作大纲开展调查研究工作,深入定额使用单位了解情况、广泛收集数据,对编制中的重大问题或技术问题,应进行测算验证或召开专题会议论证,并形成相应报告,在此基础上经过项目划分和水平测算后编制完成定额初稿。

(三)征求意见:建设工程造价管理机构组织专家对定额初稿进行初审。编制组根据定额初审意见修改完成定额征求意见稿。征求意见稿由各主管部门或其授权的建设工程造价管理机构公开征求意见。征求意见的期限一般为一个月。征求意见稿包括正文和编制说明。

(四)审查:建设工程造价管理机构组织编制组根据征求意见进行修改后形成定额送审文件。送审文件应包括正文、编制说明、征求意见处理汇总表等。

定额送审文件的审查一般采取审查会议的形式。审查会议应由各主管部门组织召开,参加会议的人员应由有经验的专家代表、编制组人员等组成,审查会议应形成会议纪要。

(五)批准发布:建设工程造价管理机构组织编制组根据定额送审文件审查意见进行修改后

形成报批文件,报送各主管部门批准。报批文件包括正文、编制报告、审查会议纪要、审查意见处理汇总表等。

第十四条 定额制定与修订工作完成后,编制组应将计算底稿等基础资料和成果提交建设工程造价管理机构存档。

第四章 发布与日常管理

第十五条 定额应按国务院住房城乡建设主管部门制定的规则统一命名与编号。

第十六条 各省、自治区、直辖市和行业的定额发布后应由其主管部门报国务院住房城乡建设行政主管部门备案。

第十七条 建设工程造价管理机构负责定额日常管理,主要任务是:

(一)每年应面向社会公开征求意见,深入市场调查,收集公众、工程建设各方主体对定额的意见和新要求,并提出处理意见;

(二)组织开展定额的宣传贯彻;

(三)负责收集整理有关定额解释和定额实施情况的资料;

(四)组织开展定额实施情况的指导监督;

(五)负责组建定额编制专家库,加强定额管理队伍建设。

第五章 经 费

第十八条 各主管部门应按照《财政部、国家发展改革委关于公布取消和停止征收 100 项行政事业性收费项目的通知》(财综〔2008〕78 号)要求,积极协调同级财政部门在财政预算中保障定额相关经费。

第十九条 定额经费的使用应符合国家、行业或地方财务管理制度,实行专款专用,接受有关部门的监督与检查。

第六章 附 则

第二十条 本办法由国务院住房城乡建设行政主管部门负责解释。

第二十一条 各省级住房城乡建设行政主管部门和行业主管部门可以根据本办法制定实施细则。

第二十二条 本办法自发布之日起施行。

8.1.3 建筑工程施工发包与承包计价管理办法

《建筑工程施工发包与承包计价管理办法》经住房和城乡建设部第 9 次部常务会议审议通过,2013 年 12 月 11 日中华人民共和国住房和城乡建设部令第 16 号发布。该《办法》共 27 条,自 2014 年 2 月 1 日起施行。原建设部 2001 年 11 月 5 日发布的《建筑工程施工发包与承包计价管理办法》(建设部令第 107 号)予以废止。

建筑工程施工发包与承包计价管理办法

第一条 为了规范建筑工程施工发包与承包计价行为,维护建筑工程发包与承包双方的合法权益,促进建筑市场的健康发展,根据有关法律、法规,制定本办法。

第二条 在中华人民共和国境内的建筑工程施工发包与承包计价(以下简称工程发承包计价)管理,适用本办法。

本办法所称建筑工程是指房屋建筑和市政基础设施工程。

本办法所称工程发承包计价包括编制工程量清单、最高投标限价、招标标底、投标报价,进行

工程结算,以及签订和调整合同价款等活动。

第三条 建筑工程施工发包与承包价在政府宏观调控下,由市场竞争形成。

工程发承包计价应当遵循公平、合法和诚实信用的原则。

第四条 国务院住房城乡建设主管部门负责全国工程发承包计价工作的管理。

县级以上地方人民政府住房城乡建设主管部门负责本行政区域内工程发承包计价工作的管理。其具体工作可以委托工程造价管理机构负责。

第五条 国家推广工程造价咨询制度,对建筑工程项目实行全过程造价管理。

第六条 全部使用国有资金投资或者以国有资金投资为主的建筑工程(以下简称国有资金投资的建筑工程),应当采用工程量清单计价;非国有资金投资的建筑工程,鼓励采用工程量清单计价。

国有资金投资的建筑工程招标的,应当设有最高投标限价;非国有资金投资的建筑工程招标的,可以设有最高投标限价或者招标标底。

最高投标限价及其成果文件,应当由招标人报工程所在地县级以上地方人民政府住房城乡建设主管部门备案。

第七条 工程量清单应当依据国家制定的工程量清单计价规范、工程量计算规范等编制。工程量清单应当作为招标文件的组成部分。

第八条 最高投标限价应当依据工程量清单、工程计价有关规定和市场价格信息等编制。招标人设有最高投标限价的,应当在招标时公布最高投标限价的总价,以及各单位工程的分部分项工程费、措施项目费、其他项目费、规费和税金。

第九条 招标标底应当依据工程计价有关规定和市场价格信息等编制。

第十条 投标报价不得低于工程成本,不得高于最高投标限价。

投标报价应当依据工程量清单、工程计价有关规定、企业定额和市场价格信息等编制。

第十一条 投标报价低于工程成本或者高于最高投标限价总价的,评标委员会应当否决投标人的投标。

对是否低于工程成本报价的异议,评标委员会可以参照国务院住房城乡建设主管部门和省、自治区、直辖市人民政府住房城乡建设主管部门发布的有关规定进行评审。

第十二条 招标人与中标人应当根据中标价订立合同。不实行招标投标的工程由发承包双方协商订立合同。

合同价款的有关事项由发承包双方约定,一般包括合同价款约定方式,预付工程款、工程进度款、工程竣工价款的支付和结算方式,以及合同价款的调整情形等。

第十三条 发承包双方在确定合同价款时,应当考虑市场环境和生产要素价格变化对合同价款的影响。

实行工程量清单计价的建筑工程,鼓励发承包双方采用单价方式确定合同价款。

建设规模较小、技术难度较低、工期较短的建筑工程,发承包双方可以采用总价方式确定合同价款。

紧急抢险、救灾以及施工技术特别复杂的建筑工程,发承包双方可以采用成本加酬金方式确定合同价款。

第十四条 发承包双方应当在合同中约定,发生下列情形时合同价款的调整方法:

(一)法律、法规、规章或者国家有关政策变化影响合同价款的;

(二)工程造价管理机构发布价格调整信息的;

（三）经批准变更设计的；

（四）发包方更改经审定批准的施工组织设计造成费用增加的；

（五）双方约定的其他因素。

第十五条　发承包双方应当根据国务院住房城乡建设主管部门和省、自治区、直辖市人民政府住房城乡建设主管部门的规定，结合工程款、建设工期等情况在合同中约定预付工程款的具体事宜。

预付工程款按照合同价款或者年度工程计划额度的一定比例确定和支付，并在工程进度款中予以抵扣。

第十六条　承包方应当按照合同约定向发包方提交已完成工程量报告。发包方收到工程量报告后，应当按照合同约定及时核对并确认。

第十七条　发承包双方应当按照合同约定，定期或者按照工程进度分段进行工程款结算和支付。

第十八条　工程完工后，应当按照下列规定进行竣工结算：

（一）承包方应当在工程完工后的约定期限内提交竣工结算文件。

（二）国有资金投资建筑工程的发包方，应当委托具有相应资质的工程造价咨询企业对竣工结算文件进行审核，并在收到竣工结算文件后的约定期限内向承包方提出由工程造价咨询企业出具的竣工结算文件审核意见；逾期未答复的，按照合同约定处理，合同没有约定的，竣工结算文件视为已被认可。

非国有资金投资的建筑工程发包方，应当在收到竣工结算文件后的约定期限内予以答复，逾期未答复的，按照合同约定处理，合同没有约定的，竣工结算文件视为已被认可；发包方对竣工结算文件有异议的，应当在答复期内向承包方提出，并可以在提出异议之日起的约定期限内与承包方协商；发包方在协商期内未与承包方协商或者经协商未能与承包方达成协议的，应当委托工程造价咨询企业进行竣工结算审核，并在协商期满后的约定期限内向承包方提出由工程造价咨询企业出具的竣工结算文件审核意见。

（三）承包方对发包方提出的工程造价咨询企业竣工结算审核意见有异议的，在接到该审核意见后一个月内，可以向有关工程造价管理机构或者有关行业组织申请调解，调解不成的，可以依法申请仲裁或者向人民法院提起诉讼。

发承包双方在合同中对本条第（一）项、第（二）项的期限没有明确约定的，应当按照国家有关规定执行；国家没有规定的，可认为其约定期限均为 28 日。

第十九条　工程竣工结算文件经发承包双方签字确认的，应当作为工程决算的依据，未经对方同意，另一方不得就已生效的竣工结算文件委托工程造价咨询企业重复审核。发包方应当按照竣工结算文件及时支付竣工结算款。

竣工结算文件应当由发包方报工程所在地县级以上地方人民政府住房城乡建设主管部门备案。

第二十条　造价工程师编制工程量清单、最高投标限价、招标标底、投标报价、工程结算审核和工程造价鉴定文件，应当签字并加盖造价工程师执业专用章。

第二十一条　县级以上地方人民政府住房城乡建设主管部门应当依照有关法律、法规和本办法规定，加强对建筑工程发承包计价活动的监督检查和投诉举报的核查，并有权采取下列措施：

（一）要求被检查单位提供有关文件和资料；

（二）就有关问题询问签署文件的人员；

（三）要求改正违反有关法律、法规、本办法或者工程建设强制性标准的行为。

县级以上地方人民政府住房城乡建设主管部门应当将监督检查的处理结果向社会公开。

第二十二条　造价工程师在最高投标限价、招标标底或者投标报价编制、工程结算审核和工程造价鉴定中，签署有虚假记载、误导性陈述的工程造价成果文件的，记入造价工程师信用档案，依照《注册造价工程师管理办法》进行查处；构成犯罪的，依法追究刑事责任。

第二十三条　工程造价咨询企业在建筑工程计价活动中，出具有虚假记载、误导性陈述的工程造价成果文件的，记入工程造价咨询企业信用档案，由县级以上地方人民政府住房城乡建设主管部门责令改正，处 1 万元以上 3 万元以下的罚款，并予以通报。

第二十四条　国家机关工作人员在建筑工程计价监督管理工作中玩忽职守、徇私舞弊、滥用职权的，由有关机关给予行政处分；构成犯罪的，依法追究刑事责任。

第二十五条　建筑工程以外的工程施工发包与承包计价管理可以参照本办法执行。

第二十六条　省、自治区、直辖市人民政府住房城乡建设主管部门可以根据本办法制定实施细则。

第二十七条　本办法自 2014 年 2 月 1 日起施行。原建设部 2001 年 11 月 5 日发布的《建筑工程施工发包与承包计价管理办法》（建设部令第 107 号）同时废止。

8.1.4　建筑安装工程费用项目组成

住房城乡建设部　财政部关于印发
《建筑安装工程费用项目组成》的通知

建标〔2013〕44 号

各省、自治区住房城乡建设厅、财政厅，直辖市建委（建交委）、财政局，国务院有关部门：

为适应深化工程计价改革的需要，根据国家有关法律、法规及相关政策，在总结原建设部、财政部《关于印发＜建筑安装工程费用项目组成＞的通知》（建标〔2003〕206 号）（以下简称《通知》）执行情况的基础上，我们修订完成了《建筑安装工程费用项目组成》（以下简称《费用组成》），现印发给你们。为便于各地区、各部门做好发布后的贯彻实施工作，现将主要调整内容和贯彻实施有关事项通知如下：

一、《费用组成》调整的主要内容：

（一）建筑安装工程费用项目按费用构成要素组成划分为人工费、材料费、施工机具使用费、企业管理费、利润、规费和税金（见附件 1）。

（二）为指导工程造价专业人员计算建筑安装工程造价，将建筑安装工程费用按工程造价形成顺序划分为分部分项工程费、措施项目费、其他项目费、规费和税金（见附件 2）。

（三）按照国家统计局《关于工资总额组成的规定》，合理调整了人工费构成及内容。

（四）依据国家发展改革委、财政部等 9 部委发布的《标准施工招标文件》的有关规定，将工程设备费列入材料费；原材料费中的检验试验费列入企业管理费。

（五）将仪器仪表使用费列入施工机具使用费；大型机械进出场及安拆费列入措施项目费。

（六）按照《社会保险法》的规定，将原企业管理费中劳动保险费中的职工死亡丧葬补助费、抚恤费列入规费中的养老保险费；在企业管理费中的财务费和其他中增加担保费用、投标费、保险费。

188

（七）按照《社会保险法》《建筑法》的规定，取消原规费中危险作业意外伤害保险费，增加工伤保险费、生育保险费。

（八）按照财政部的有关规定，在税金中增加地方教育附加。

二、为指导各部门、各地区按照本通知开展费用标准测算等工作，我们对原《通知》中建筑安装工程费用参考计算方法、公式和计价程序等进行了相应的修改完善，统一制订了《建筑安装工程费用参考计算方法》和《建筑安装工程计价程序》（见附件3、附件4）。

三、《费用组成》自2013年7月1日起施行，原建设部、财政部《关于印发＜建筑安装工程费用项目组成＞的通知》（建标〔2003〕206号）同时废止。

附件：1.建筑安装工程费用项目组成（按费用构成要素划分）
　　　2.建筑安装工程费用项目组成（按造价形成划分）
　　　3.建筑安装工程费用参考计算方法
　　　4.建筑安装工程计价程序

中华人民共和国住房和城乡建设部
中华人民共和国财政部
2013年3月21日

附件1：

建筑安装工程费用项目组成

（按费用构成要素划分）

建筑安装工程费按照费用构成要素划分：由人工费、材料（包含工程设备，下同）费、施工机具使用费、企业管理费、利润、规费和税金组成。其中人工费、材料费、施工机具使用费、企业管理费和利润包含在分部分项工程费、措施项目费、其他项目费中（见附表）。

（一）人工费：是指按工资总额构成规定，支付给从事建筑安装工程施工的生产工人和附属生产单位工人的各项费用。内容包括：

1.计时工资或计件工资：是指按计时工资标准和工作时间或对已做工作按计件单价支付给个人的劳动报酬。

2.奖金：是指对超额劳动和增收节支支付给个人的劳动报酬。如节约奖、劳动竞赛奖等。

3.津贴补贴：是指为了补偿职工特殊或额外的劳动消耗和因其他特殊原因支付给个人的津贴，以及为了保证职工工资水平不受物价影响支付给个人的物价补贴。如流动施工津贴、特殊地区施工津贴、高温（寒）作业临时津贴、高空津贴等。

4.加班加点工资：是指按规定支付的在法定节假日工作的加班工资和在法定日工作时间外延时工作的加点工资。

5.特殊情况下支付的工资：是指根据国家法律、法规和政策规定，因病、工伤、产假、计划生育假、婚丧假、事假、探亲假、定期休假、停工学习、执行国家或社会义务等原因按计时工资标准或计时工资标准的一定比例支付的工资。

（二）材料费：是指施工过程中耗费的原材料、辅助材料、构配件、零件、半成品或成品、工程设备的费用。内容包括：

1.材料原价：是指材料、工程设备的出厂价格或商家供应价格。

2.运杂费：是指材料、工程设备自来源地运至工地仓库或指定堆放地点所发生的全部费用。

3.运输损耗费：是指材料在运输装卸过程中不可避免的损耗。

4.采购及保管费:是指为组织采购、供应和保管材料、工程设备的过程中所需要的各项费用。包括采购费、仓储费、工地保管费、仓储损耗。

工程设备是指构成或计划构成永久工程一部分的机电设备、金属结构设备、仪器装置及其他类似的设备和装置。

(三)施工机具使用费:是指施工作业所发生的施工机械、仪器仪表使用费或其租赁费。

1.施工机械使用费:以施工机械台班耗用量乘以施工机械台班单价表示,施工机械台班单价应由下列七项费用组成:

(1)折旧费:指施工机械在规定的使用年限内,陆续收回其原值的费用。

(2)大修理费:指施工机械按规定的大修理间隔台班进行必要的大修理,以恢复其正常功能所需的费用。

(3)经常修理费:指施工机械除大修理以外的各级保养和临时故障排除所需的费用。包括为保障机械正常运转所需替换设备与随机配备工具附具的摊销和维护费用,机械运转中日常保养所需润滑与擦拭的材料费用及机械停滞期间的维护和保养费用等。

(4)安拆费及场外运费:安拆费指施工机械(大型机械除外)在现场进行安装与拆卸所需的人工、材料、机械和试运转费用以及机械辅助设施的折旧、搭设、拆除等费用;场外运费指施工机械整体或分体自停放地点运至施工现场或由一施工地点运至另一施工地点的运输、装卸、辅助材料及架线等费用。

(5)人工费:指机上司机(司炉)和其他操作人员的人工费。

(6)燃料动力费:指施工机械在运转作业中所消耗的各种燃料及水、电等。

(7)税费:指施工机械按照国家规定应缴纳的车船使用税、保险费及年检费等。

2.仪器仪表使用费:是指工程施工所需使用的仪器仪表的摊销及维修费用。

(四)企业管理费:是指建筑安装企业组织施工生产和经营管理所需的费用。内容包括:

1.管理人员工资:是指按规定支付给管理人员的计时工资、奖金、津贴补贴、加班加点工资及特殊情况下支付的工资等。

2.办公费:是指企业管理办公用的文具、纸张、账表、印刷、邮电、书报、办公软件、现场监控、会议、水电、烧水和集体取暖降温(包括现场临时宿舍取暖降温)等费用。

3.差旅交通费:是指职工因公出差、调动工作的差旅费、住勤补助费,市内交通费和误餐补助费,职工探亲路费,劳动力招募费,职工退休、退职一次性路费,工伤人员就医路费,工地转移费以及管理部门使用的交通工具的油料、燃料等费用。

4.固定资产使用费:是指管理和试验部门及附属生产单位使用的属于固定资产的房屋、设备、仪器等的折旧、大修、维修或租赁费。

5.工具用具使用费:是指企业施工生产和管理使用的不属于固定资产的工具、器具、家具、交通工具和检验、试验、测绘、消防用具等的购置、维修和摊销费。

6.劳动保险和职工福利费:是指由企业支付的职工退职金、按规定支付给离休干部的经费、集体福利费、夏季防暑降温、冬季取暖补贴、上下班交通补贴等。

7.劳动保护费:是企业按规定发放的劳动保护用品的支出。如工作服、手套、防暑降温饮料以及在有碍身体健康的环境中施工的保健费用等。

8.检验试验费:是指施工企业按照有关标准规定,对建筑以及材料、构件和建筑安装物进行一般鉴定、检查所发生的费用,包括自设试验室进行试验所耗用的材料等费用。不包括新结构、新材料的试验费,对构件做破坏性试验及其他特殊要求检验试验的费用和建设单位委托检测机构进行检测的费用,对此类检测发生的费用,由建设单位在工程建设其他费用中列支。但对施工企业提供的具有合格证明的材料进行检测不合格的,该检测费用由施工企业支付。

9.工会经费:是指企业按《工会法》规定的全部职工工资总额比例计提的工会经费。

10.职工教育经费:是指按职工工资总额的规定比例计提,企业为职工进行专业技术和职业技能培训,专业技术人员继续教育、职工职业技能鉴定、职业资格认定以及根据需要对职工进行各类文化教育所发生的费用。

11.财产保险费:是指施工管理用财产、车辆等的保险费用。

12.财务费:是指企业为施工生产筹集资金或提供预付款担保、履约担保、职工工资支付担保等所发生的各种费用。

13.税金:是指企业按规定缴纳的房产税、车船使用税、土地使用税、印花税等。

14.其他:包括技术转让费、技术开发、投标费、业务招待费、绿化费、广告费、公证费、法律顾问费、审计费、咨询费、保险费等。

(五)利润:是指施工企业完成所承包工程获得的盈利。

(六)规费:是指按国家法律、法规规定,由省级政府和省级有关权力部门规定必须缴纳或计取的费用。包括:

1.社会保险费。

(1)养老保险费:是指企业按照规定标准为职工缴纳的基本养老保险费。

(2)失业保险费:是指企业按照规定标准为职工缴纳的失业保险费。

(3)医疗保险费:是指企业按照规定标准为职工缴纳的基本医疗保险费。

(4)生育保险费:是指企业按照规定标准为职工缴纳的生育保险费。

(5)工伤保险费:是指企业按照规定标准为职工缴纳的工伤保险费。

2.住房公积金:是指企业按规定标准为职工缴纳的住房公积金。

3.工程排污费:是指按规定缴纳的施工现场工程排污费。

其他应列而未列入的规费,按实际发生计取。

(七)税金:是指国家税法规定的应计入建筑安装工程造价内的营业税、城市维护建设税、教育费附加以及地方教育附加。

附图

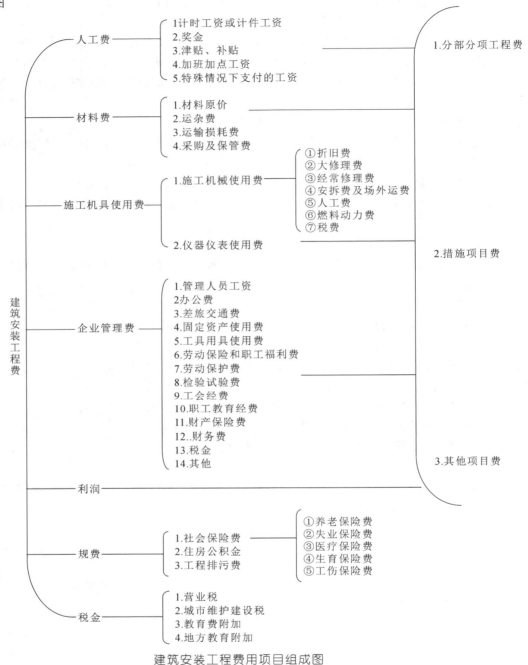

建筑安装工程费用项目组成图
（按费用构成要素划分）

附件2：

建筑安装工程费用项目组成
（按造价形成划分）

建筑安装工程费按照工程造价形成由分部分项工程费、措施项目费、其他项目费、规费、税金组成，分部分项工程费、措施项目费、其他项目费包含人工费、材料费、施工机具使用费、企业管理费和利润(见附表)。

(一)分部分项工程费:是指各专业工程的分部分项工程应予列支的各项费用。

1.专业工程:是指按现行国家计量规范划分的房屋建筑与装饰工程、仿古建筑工程、通用安装工程、市政工程、园林绿化工程、矿山工程、构筑物工程、城市轨道交通工程、爆破工程等各类工程。

2.分部分项工程:指按现行国家计量规范对各专业工程划分的项目。如房屋建筑与装饰工程划分的土石方工程、地基处理与桩基工程、砌筑工程、钢筋及钢筋混凝土工程等。

各类专业工程的分部分项工程划分见现行国家或行业计量规范。

(二)措施项目费:是指为完成建设工程施工,发生于该工程施工前和施工过程中的技术、生活、安全、环境保护等方面的费用。内容包括:

1.安全文明施工费。

① 环境保护费:是指施工现场为达到环保部门要求所需要的各项费用。

② 文明施工费:是指施工现场文明施工所需要的各项费用。

③ 安全施工费:是指施工现场安全施工所需要的各项费用。

④ 临时设施费:是指施工企业为进行建设工程施工所必须搭设的生活和生产用的临时建筑物、构筑物和其他临时设施费用。包括临时设施的搭设、维修、拆除、清理费或摊销费等。

2.夜间施工增加费:是指因夜间施工所发生的夜班补助费、夜间施工降效、夜间施工照明设备摊销及照明用电等费用。

3.二次搬运费:是指因施工场地条件限制而发生的材料、构配件、半成品等一次运输不能到达堆放地点,必须进行二次或多次搬运所发生的费用。

4.冬雨季施工增加费:是指在冬季或雨季施工需增加的临时设施、防滑、排除雨雪,人工及施工机械效率降低等费用。

5.已完工程及设备保护费:是指竣工验收前,对已完工程及设备采取的必要保护措施所发生的费用。

6.工程定位复测费:是指工程施工过程中进行全部施工测量放线和复测工作的费用。

7.特殊地区施工增加费:是指工程在沙漠或其边缘地区、高海拔、高寒、原始森林等特殊地区施工增加的费用。

8.大型机械设备进出场及安拆费:是指机械整体或分体自停放场地运至施工现场或由一个施工地点运至另一个施工地点,所发生的机械进出场运输及转移费用及机械在施工现场进行安装、拆卸所需的人工费、材料费、机械费、试运转费和安装所需的辅助设施的费用。

9.脚手架工程费:是指施工需要的各种脚手架搭、拆、运输费用以及脚手架购置费的摊销(或租赁)费用。

措施项目及其包含的内容详见各类专业工程的现行国家或行业计量规范。

(三)其他项目费。

1.暂列金额:是指建设单位在工程量清单中暂定并包括在工程合同价款中的一笔款项。用于施工合同签订时尚未确定或者不可预见的所需材料、工程设备、服务的采购,施工中可能发生的工程变更、合同约定调整因素出现时的工程价款调整以及发生的索赔、现场签证确认等的费用。

2.计日工:是指在施工过程中,施工企业完成建设单位提出的施工图纸以外的零星项目或工作所需的费用。

3.总承包服务费:是指总承包人为配合、协调建设单位进行的专业工程发包,对建设单位自行采购的材料、工程设备等进行保管以及施工现场管理、竣工资料汇总整理等服务所需的费用。

（四）规费:定义同附件1。

（五）税金:定义同附件1。

附图

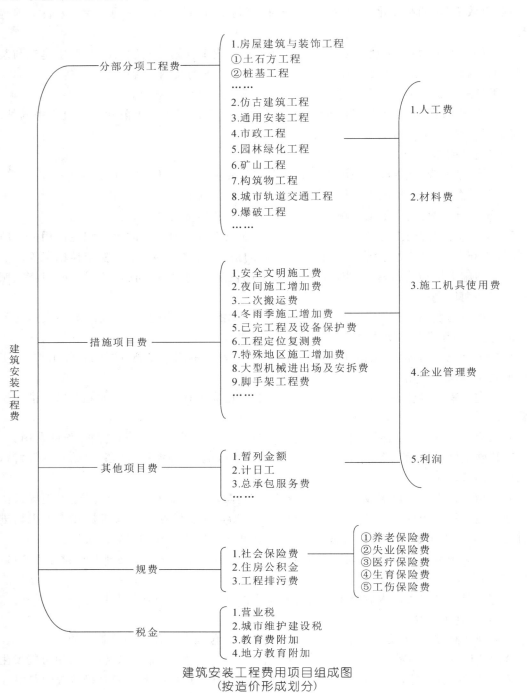

建筑安装工程费用项目组成图
（按造价形成划分）

附件3：

建筑安装工程费用参考计算方法

一、各费用构成要素参考计算方法

（一）人工费

公式1：

$$人工费 = \sum（工日消耗量 \times 日工资单价）$$

$$\frac{日工资}{单价} = \frac{生产工人平均月工资（计时计件）+平均月（奖金+津贴补贴+特殊情况下支付的工资）}{年平均每月法定工作日}$$

注：公式1主要适用于施工企业投标报价时自主确定人工费，也是工程造价管理机构编制计价定额确定定额人工单价或发布人工成本信息的参考依据。

公式2：

$$人工费 = \sum（工程工日消耗量 \times 日工资单价）$$

日工资单价是指施工企业平均技术熟练程度的生产工人在每工作日（国家法定工作时间内）按规定从事施工作业应得的日工资总额。

工程造价管理机构确定日工资单价应通过市场调查、根据工程项目的技术要求，参考实物工程量人工单价综合分析确定，最低日工资单价不得低于工程所在地人力资源和社会保障部门所发布的最低工资标准的：普工1.3倍、一般技工2倍、高级技工3倍。

工程计价定额不可只列一个综合工日单价，应根据工程项目技术要求和工种差别适当划分多种日人工单价，确保各分部工程人工费的合理构成。

注：公式2适用于工程造价管理机构编制计价定额时确定定额人工费，是施工企业投标报价的参考依据。

（二）材料费

1. 材料费

$$材料费 = \sum（材料消耗量 \times 材料单价）$$

$$材料单价 = [（材料原价+运杂费）\times [1+运输损耗率（\%）]] \times [1+采购保管费率（\%）]$$

2. 工程设备费

$$工程设备费 = \sum（工程设备量 \times 工程设备单价）$$

$$工程设备单价 = （设备原价+运杂费）\times [1+采购保管费率（\%）]$$

（三）施工机具使用费

1. 施工机械使用费

$$施工机械使用费 = \sum（施工机械台班消耗量 \times 机械台班单价）$$

机械台班单价 = 台班折旧费+台班大修费+台班经常修理费+台班安拆费及场外运费+台班人工费+台班燃料动力费+台班车船税费

注:工程造价管理机构在确定计价定额中的施工机械使用费时,应根据《建筑施工机械台班费用计算规则》结合市场调查编制施工机械台班单价。施工企业可以参考工程造价管理机构发布的台班单价,自主确定施工机械使用费的报价,如租赁施工机械,公式为:施工机械使用费=∑(施工机械台班消耗量×机械台班租赁单价)

2. 仪器仪表使用费

仪器仪表使用费＝工程使用的仪器仪表摊销费＋维修费

（四）企业管理费费率

（1）以分部分项工程费为计算基础。

$$企业管理费费率(\%)=\frac{生产工人年平均管理费}{年有效施工天数×人工单价}×人工费占分部分项工程费比例(\%)$$

（2）以人工费和机械费合计为计算基础。

$$企业管理费费率(\%)=\frac{生产工人年平均管理费}{年有效施工天数×(人工单价＋每一工日机械使用费)}×100\%$$

（3）以人工费为计算基础。

$$企业管理费费率(\%)=\frac{生产工人年平均管理费}{年有效施工天数×人工单价}×100\%$$

注:上述公式适用于施工企业投标报价时自主确定管理费,是工程造价管理机构编制计价定额确定企业管理费的参考依据。

工程造价管理机构在确定计价定额中企业管理费时,应以定额人工费或(定额人工费＋定额机械费)作为计算基数,其费率根据历年工程造价积累的资料,辅以调查数据确定,列入分部分项工程和措施项目中。

（五）利润

（1）施工企业根据企业自身需求并结合建筑市场实际自主确定,列入报价中。

（2）工程造价管理机构在确定计价定额中利润时,应以定额人工费或(定额人工费＋定额机械费)作为计算基数,其费率根据历年工程造价积累的资料,并结合建筑市场实际确定,以单位(单项)工程测算,利润在税前建筑安装工程费的比重可按不低于5％且不高于7％的费率计算。利润应列入分部分项工程和措施项目中。

（六）规费

1. 社会保险费和住房公积金

社会保险费和住房公积金应以定额人工费为计算基础,根据工程所在地省、自治区、直辖市或行业建设主管部门规定费率计算。

$$社会保险费和住房公积金 = \sum(工程定额人工费 × 社会保险费和住房公积金费率)$$

式中:社会保险费和住房公积金费率可以每万元发承包价的生产工人人工费和管理人员工资含量与工程所在地规定的缴纳标准综合分析取定。

2. 工程排污费

工程排污费等其他应列而未列入的规费应按工程所在地环境保护等部门规定的标准缴纳,按实计取列入。

（七）税金

税金计算公式:

税金＝税前造价×综合税率(%)

综合税率:

(1)纳税地点在市区的企业。

$$综合税率(\%) = \frac{1}{1-3\%-(3\%\times7\%)-(3\%\times3\%)-(3\%\times2\%)} - 1$$

(2)纳税地点在县城、镇的企业。

$$综合税率(\%) = \frac{1}{1-3\%-(3\%\times5\%)-(3\%\times3\%)-(3\%\times2\%)} - 1$$

(3)纳税地点不在市区、县城、镇的企业。

$$综合税率(\%) = \frac{1}{1-3\%-(3\%\times1\%)-(3\%\times3\%)-(3\%\times2\%)} - 1$$

(4)实行营业税改增值税的,按纳税地点现行税率计算。

二、建筑安装工程计价参考公式

(一)分部分项工程费

$$分部分项工程费 = \sum(分部分项工程量 \times 综合单价)$$

式中:综合单价包括人工费、材料费、施工机具使用费、企业管理费和利润以及一定范围的风险费用(下同)。

(二)措施项目费

(1)国家计量规范规定应予计量的措施项目,其计算公式为:

$$措施项目费 = \sum(措施项目工程量 \times 综合单价)$$

(2)国家计量规范规定不宜计量的措施项目计算方法如下:

① 安全文明施工费。

安全文明施工费＝计算基数×安全文明施工费费率(%)

计算基数应为定额基价(定额分部分项工程费＋定额中可以计量的措施项目费)、定额人工费或(定额人工费＋定额机械费),其费率由工程造价管理机构根据各专业工程的特点综合确定。

② 夜间施工增加费。

夜间施工增加费＝计算基数×夜间施工增加费费率(%)

③ 二次搬运费。

二次搬运费＝计算基数×二次搬运费费率(%)

④ 冬雨季施工增加费。

冬雨季施工增加费＝计算基数×冬雨季施工增加费费率(%)

⑤ 已完工程及设备保护费。

已完工程及设备保护费＝计算基数×已完工程及设备保护费费率(%)

上述②～⑤项措施项目的计费基数应为定额人工费或(定额人工费＋定额机械费),其费率由工程造价管理机构根据各专业工程特点和调查资料综合分析后确定。

(三)其他项目费

(1)暂列金额由建设单位根据工程特点,按有关计价规定估算,施工过程中由建设单位掌握使用、扣除合同价款调整后如有余额,归建设单位。

（2）计日工由建设单位和施工企业按施工过程中的签证计价。

（3）总承包服务费由建设单位在招标控制价中根据总包服务范围和有关计价规定编制，施工企业投标时自主报价，施工过程中按签约合同价执行。

（四）规费和税金

建设单位和施工企业均应按照省、自治区、直辖市或行业建设主管部门发布标准计算规费和税金，不得作为竞争性费用。

三、相关问题的说明

（1）各专业工程计价定额的编制及其计价程序，均按本通知实施。

（2）各专业工程计价定额的使用周期原则上为 5 年。

（3）工程造价管理机构在定额使用周期内，应及时发布人工、材料、机械台班价格信息，实行工程造价动态管理，如遇国家法律、法规、规章或相关政策变化以及建筑市场物价波动较大时，应适时调整定额人工费、定额机械费以及定额基价或规费费率，使建筑安装工程费能反映建筑市场实际。

（4）建设单位在编制招标控制价时，应按照各专业工程的计量规范和计价定额以及工程造价信息编制。

（5）施工企业在使用计价定额时除不可竞争费用外，其余仅作参考，由施工企业投标时自主报价。

附件 4

建筑安装工程计价程序
建设单位工程招标控制价计价程序

工程名称： 　　　　　　　　　标段：

序号	内容	计算方法	金额/元
1	分部分项工程费	按计价规定计算	
1.1			
1.2			
1.3			
1.4			
1.5			

序号	内容	计算方法	金额/元
2	措施项目费	按计价规定计算	
2.1	其中:安全文明施工费	按规定标准计算	
3	其他项目费		
3.1	其中:暂列金额	按计价规定估算	
3.2	其中:专业工程暂估价	按计价规定估算	
3.3	其中:计日工	按计价规定估算	
3.4	其中:总承包服务费	按计价规定估算	
4	规费	按规定标准计算	
5	税金(扣除不列入计税范围的工程设备金额)	(1+2+3+4)×规定税率	
招标控制价合计=1+2+3+4+5			

施工企业工程投标报价计价程序

工程名称： 　　　　　　　　　　　　标段：

序号	内容	计算方法	金额/元
1	分部分项工程费	自主报价	
1.1			
1.2			
1.3			
1.4			
1.5			
2	措施项目费	自主报价	
2.1	其中:安全文明施工费	按规定标准计算	
3	其他项目费		
3.1	其中:暂列金额	按招标文件提供金额计列	
3.2	其中:专业工程暂估价	按招标文件提供金额计列	
3.3	其中:计日工	自主报价	

续表

序号	内容	计算方法	金额/元
3.4	其中:总承包服务费	自主报价	
4	规费	按规定标准计算	
5	税金(扣除不列入计税范围的工程设备金额)	(1+2+3+4)×规定税率	
	投标报价合计=1+2+3+4+5		

竣工结算计价程序

工程名称：　　　　　　　　　　　标段：

序号	汇总内容	计算方法	金额/元
1	分部分项工程费	按合同约定计算	
1.1			
1.2			
1.3			
1.4			
1.5			
2	措施项目	按合同约定计算	
2.1	其中:安全文明施工费	按规定标准计算	
3	其他项目		
3.1	其中:专业工程结算价	按合同约定计算	
3.2	其中:计日工	按计日工签证计算	
3.3	其中:总承包服务费	按合同约定计算	
3.4	索赔与现场签证	按发承包双方确认数额计算	
4	规费	按规定标准计算	
5	税金(扣除不列入计税范围的工程设备金额)	(1+2+3+4)×规定税率	
	竣工结算总价合计=1+2+3+4+5		

中华人民共和国最高人民法院公告

《最高人民法院关于审理建设工程施工合同纠纷案件适用法律问题的解释》已于 2004 年 9 月 29 日由最高人民法院审判委员会第 1327 次会议通过,现予公布,自 2005 年 1 月 1 日起施行。

二〇〇四年十月二十五日

最高人民法院关于审理建设工程施工合同纠纷案件适用法律问题的解释

法释〔2004〕14 号

根据《中华人民共和国民法通则》、《中华人民共和国合同法》、《中华人民共和国招标投标法》、《中华人民共和国民事诉讼法》等法律规定,结合民事审判实际,就审理建设工程施工合同纠纷案件适用法律的问题,制定本解释。

第一条　建设工程施工合同具有下列情形之一的,应当根据合同法第五十二条第(五)项的规定,认定无效:

(一)承包人未取得建筑施工企业资质或者超越资质等级的;

(二)没有资质的实际施工人借用有资质的建筑施工企业名义的;

(三)建设工程必须进行招标而未招标或者中标无效的。

第二条　建设工程施工合同无效,但建设工程经竣工验收合格,承包人请求参照合同约定支付工程价款的,应予支持。

第三条　建设工程施工合同无效,且建设工程经竣工验收不合格的,按照以下情形分别处理:

(一)修复后的建设工程经竣工验收合格,发包人请求承包人承担修复费用的,应予支持;

(二)修复后的建设工程经竣工验收不合格,承包人请求支付工程价款的,不予支持。

因建设工程不合格造成的损失,发包人有过错的,也应承担相应的民事责任。

第四条　承包人非法转包、违法分包建设工程或者没有资质的实际施工人借用有资质的建筑施工企业名义与他人签订建设工程施工合同的行为无效。人民法院可以根据民法通则第一百三十四条规定,收缴当事人已经取得的非法所得。

第五条　承包人超越资质等级许可的业务范围签订建设工程施工合同,在建设工程竣工前取得相应资质等级,当事人请求按照无效合同处理的,不予支持。

第六条　当事人对垫资和垫资利息有约定,承包人请求按照约定返还垫资及其利息的,应予支持,但是约定的利息计算标准高于中国人民银行发布的同期同类贷款利率的部分除外。

当事人对垫资没有约定的,按照工程欠款处理。

当事人对垫资利息没有约定,承包人请求支付利息的,不予支持。

第七条　具有劳务作业法定资质的承包人与总承包人、分包人签订的劳务分包合同,当事人以转包建设工程违反法律规定为由请求确认无效的,不予支持。

第八条　承包人具有下列情形之一,发包人请求解除建设工程施工合同的,应予支持:

(一)明确表示或者以行为表明不履行合同主要义务的;

(二)合同约定的期限内没有完工,且在发包人催告的合理期限内仍未完工的;

（三）已经完成的建设工程质量不合格，并拒绝修复的；

（四）将承包的建设工程非法转包、违法分包的。

第九条 发包人具有下列情形之一，致使承包人无法施工，且在催告的合理期限内仍未履行相应义务，承包人请求解除建设工程施工合同的，应予支持：

（一）未按约定支付工程价款的；

（二）提供的主要建筑材料、建筑构配件和设备不符合强制性标准的；

（三）不履行合同约定的协助义务的。

第十条 建设工程施工合同解除后，已经完成的建设工程质量合格的，发包人应当按照约定支付相应的工程价款；已经完成的建设工程质量不合格的，参照本解释第三条规定处理。

因一方违约导致合同解除的，违约方应当赔偿因此而给对方造成的损失。

第十一条 因承包人的过错造成建设工程质量不符合约定，承包人拒绝修理、返工或者改建，发包人请求减少支付工程价款的，应予支持。

第十二条 发包人具有下列情形之一，造成建设工程质量缺陷，应当承担过错责任：

（一）提供的设计有缺陷；

（二）提供或者指定购买的建筑材料、建筑构配件、设备不符合强制性标准；

（三）直接指定分包人分包专业工程。

承包人有过错的，也应当承担相应的过错责任。

第十三条 建设工程未经竣工验收，发包人擅自使用后，又以使用部分质量不符合约定为由主张权利的，不予支持；但是承包人应当在建设工程的合理使用寿命内对地基基础工程和主体结构质量承担民事责任。

第十四条 当事人对建设工程实际竣工日期有争议的，按照以下情形分别处理：

（一）建设工程经竣工验收合格的，以竣工验收合格之日为竣工日期；

（二）承包人已经提交竣工验收报告，发包人拖延验收的，以承包人提交验收报告之日为竣工日期；

（三）建设工程未经竣工验收，发包人擅自使用的，以转移占有建设工程之日为竣工日期。

第十五条 建设工程竣工前，当事人对工程质量发生争议，工程质量经鉴定合格的，鉴定期间为顺延工期期间。

第十六条 当事人对建设工程的计价标准或者计价方法有约定的，按照约定结算工程价款。

因设计变更导致建设工程的工程量或者质量标准发生变化，当事人对该部分工程价款不能协商一致的，可以参照签订建设工程施工合同时当地建设行政主管部门发布的计价方法或者计价标准结算工程价款。

建设工程施工合同有效，但建设工程经竣工验收不合格的，工程价款结算参照本解释第三条规定处理。

第十七条 当事人对欠付工程价款利息计付标准有约定的，按照约定处理；没有约定的，按照中国人民银行发布的同期同类贷款利率计息。

第十八条 利息从应付工程价款之日计付。当事人对付款时间没有约定或者约定不明的，下列时间视为应付款时间：

（一）建设工程已实际交付的，为交付之日；

（二）建设工程没有交付的，为提交竣工结算文件之日；

（三）建设工程未交付，工程价款也未结算的，为当事人起诉之日。

第十九条　当事人对工程量有争议的,按照施工过程中形成的签证等书面文件确认。承包人能够证明发包人同意其施工,但未能提供签证文件证明工程量发生的,可以按照当事人提供的其他证据确认实际发生的工程量。

第二十条　当事人约定,发包人收到竣工结算文件后,在约定期限内不予答复,视为认可竣工结算文件的,按照约定处理。承包人请求按照竣工结算文件结算工程价款的,应予支持。

第二十一条　当事人就同一建设工程另行订立的建设工程施工合同与经过备案的中标合同实质性内容不一致的,应当以备案的中标合同作为结算工程价款的根据。

第二十二条　当事人约定按照固定价结算工程价款,一方当事人请求对建设工程造价进行鉴定的,不予支持。

第二十三条　当事人对部分案件事实有争议的,仅对有争议的事实进行鉴定,但争议事实范围不能确定,或者双方当事人请求对全部事实鉴定的除外。

第二十四条　建设工程施工合同纠纷以施工行为地为合同履行地。

第二十五条　因建设工程质量发生争议的,发包人可以以总承包人、分包人和实际施工人为共同被告提起诉讼。

第二十六条　实际施工人以转包人、违法分包人为被告起诉的,人民法院应当依法受理。

实际施工人以发包人为被告主张权利的,人民法院可以追加转包人或者违法分包人为本案当事人。发包人只在欠付工程价款范围内对实际施工人承担责任。

第二十七条　因保修人未及时履行保修义务,导致建筑物毁损或者造成人身、财产损害的,保修人应当承担赔偿责任。

保修人与建筑物所有人或者发包人对建筑物毁损均有过错的,各自承担相应的责任。

第二十八条　本解释自二○○五年一月一日起施行。

施行后受理的第一审案件适用本解释。

施行前最高人民法院发布的司法解释与本解释相抵触的,以本解释为准。

最高人民法院关于审理建设工程施工合同纠纷案件适用法律问题的解释(二)

《最高人民法院关于审理建设工程施工合同纠纷案件适用法律问题的解释(二)》已于 2018 年 10 月 29 日由最高人民法院审判委员会第 1751 次会议通过,现予公布,自 2019 年 2 月 1 日起施行。

最高人民法院

2018 年 12 月 29 日

法释〔2018〕20 号

最高人民法院关于审理建设工程施工合同纠纷案件适用法律问题的解释(二)

(2018 年 10 月 29 日最高人民法院审判委员会第 1751 次会议通过,自 2019 年 2 月 1 日起施行)

为正确审理建设工程施工合同纠纷案件,依法保护当事人合法权益,维护建筑市场秩序,促进建筑市场健康发展,根据《中华人民共和国民法总则》《中华人民共和国合同法》《中华人民共和国建筑法》《中华人民共和国招标投标法》《中华人民共和国民事诉讼法》等法律规定,结合审判实践,制定本解释。

第一条　招标人和中标人另行签订的建设工程施工合同约定的工程范围、建设工期、工程质量、工程价款等实质性内容,与中标合同不一致,一方当事人请求按照中标合同确定权利义务的,

人民法院应予支持。

招标人和中标人在中标合同之外就明显高于市场价格购买承建房产、无偿建设住房配套设施、让利、向建设单位捐赠财物等另行签订合同,变相降低工程价款,一方当事人以该合同背离中标合同实质性内容为由请求确认无效的,人民法院应予支持。

第二条 当事人以发包人未取得建设工程规划许可证等规划审批手续为由,请求确认建设工程施工合同无效的,人民法院应予支持,但发包人在起诉前取得建设工程规划许可证等规划审批手续的除外。

发包人能够办理审批手续而未办理,并以未办理审批手续为由请求确认建设工程施工合同无效的,人民法院不予支持。

第三条 建设工程施工合同无效,一方当事人请求对方赔偿损失的,应当就对方过错、损失大小、过错与损失之间的因果关系承担举证责任。

损失大小无法确定,一方当事人请求参照合同约定的质量标准、建设工期、工程价款支付时间等内容确定损失大小的,人民法院可以结合双方过错程度、过错与损失之间的因果关系等因素作出裁判。

第四条 缺乏资质的单位或者个人借用有资质的建筑施工企业名义签订建设工程施工合同,发包人请求出借方与借用方对建设工程质量不合格等因出借资质造成的损失承担连带赔偿责任的,人民法院应予支持。

第五条 当事人对建设工程开工日期有争议的,人民法院应当分别按照以下情形予以认定:

(一)开工日期为发包人或者监理人发出的开工通知载明的开工日期;开工通知发出后,尚不具备开工条件的,以开工条件具备的时间为开工日期;因承包人原因导致开工时间推迟的,以开工通知载明的时间为开工日期。

(二)承包人经发包人同意已经实际进场施工的,以实际进场施工时间为开工日期。

(三)发包人或者监理人未发出开工通知,亦无相关证据证明实际开工日期的,应当综合考虑开工报告、合同、施工许可证、竣工验收报告或者竣工验收备案表等载明的时间,并结合是否具备开工条件的事实,认定开工日期。

第六条 当事人约定顺延工期应当经发包人或者监理人签证等方式确认,承包人虽未取得工期顺延的确认,但能够证明在合同约定的期限内向发包人或者监理人申请过工期顺延且顺延事由符合合同约定,承包人以此为由主张工期顺延的,人民法院应予支持。

当事人约定承包人未在约定期限内提出工期顺延申请视为工期不顺延,按照约定处理,但发包人在约定期限后同意工期顺延或者承包人提出合理抗辩的除外。

第七条 发包人在承包人提起的建设工程施工合同纠纷案件中,以建设工程质量不符合合同约定或者法律规定为由,就承包人支付违约金或者赔偿修理、返工、改建的合理费用等损失提出反诉的,人民法院可以合并审理。

第八条 有下列情形之一,承包人请求发包人返还工程质量保证金的,人民法院应予支持:

(一)当事人约定的工程质量保证金返还期限届满。

(二)当事人未约定工程质量保证金返还期限的,自建设工程通过竣工验收之日起满二年。

(三)因发包人原因建设工程未按约定期限进行竣工验收的,自承包人提交工程竣工验收报告九十日后起当事人约定的工程质量保证金返还期限届满;当事人未约定工程质量保证金返还期限的,自承包人提交工程竣工验收报告九十日后起满二年。

发包人返还工程质量保证金后,不影响承包人根据合同约定或者法律规定履行工程保修义务。

　　第九条　发包人将依法不属于必须招标的建设工程进行招标后,与承包人另行订立的建设工程施工合同背离中标合同的实质性内容,当事人请求以中标合同作为结算建设工程价款依据的,人民法院应予支持,但发包人与承包人因客观情况发生了在招标投标时难以预见的变化而另行订立建设工程施工合同的除外。

　　第十条　当事人签订的建设工程施工合同与招标文件、投标文件、中标通知书载明的工程范围、建设工期、工程质量、工程价款不一致,一方当事人请求将招标文件、投标文件、中标通知书作为结算工程价款的依据的,人民法院应予支持。

　　第十一条　当事人就同一建设工程订立的数份建设工程施工合同均无效,但建设工程质量合格,一方当事人请求参照实际履行的合同结算建设工程价款的,人民法院应予支持。

　　实际履行的合同难以确定,当事人请求参照最后签订的合同结算建设工程价款的,人民法院应予支持。

　　第十二条　当事人在诉讼前已经对建设工程价款结算达成协议,诉讼中一方当事人申请对工程造价进行鉴定的,人民法院不予准许。

　　第十三条　当事人在诉讼前共同委托有关机构、人员对建设工程造价出具咨询意见,诉讼中一方当事人不认可该咨询意见申请鉴定的,人民法院应予准许,但双方当事人明确表示受该咨询意见约束的除外。

　　第十四条　当事人对工程造价、质量、修复费用等专门性问题有争议,人民法院认为需要鉴定的,应当向负有举证责任的当事人释明。当事人经释明未申请鉴定,虽申请鉴定但未支付鉴定费用或者拒不提供相关材料的,应当承担举证不能的法律后果。

　　一审诉讼中负有举证责任的当事人未申请鉴定,虽申请鉴定但未支付鉴定费用或者拒不提供相关材料,二审诉讼中申请鉴定,人民法院认为确有必要的,应当依照民事诉讼法第一百七十条第一款第三项的规定处理。

　　第十五条　人民法院准许当事人的鉴定申请后,应当根据当事人申请及查明案件事实的需要,确定委托鉴定的事项、范围、鉴定期限等,并组织双方当事人对争议的鉴定材料进行质证。

　　第十六条　人民法院应当组织当事人对鉴定意见进行质证。鉴定人将当事人有争议且未经质证的材料作为鉴定依据的,人民法院应当组织当事人就该部分材料进行质证。经质证认为不能作为鉴定依据的,根据该材料作出的鉴定意见不得作为认定案件事实的依据。

　　第十七条　与发包人订立建设工程施工合同的承包人,根据合同法第二百八十六条规定请求其承建工程的价款就工程折价或者拍卖的价款优先受偿的,人民法院应予支持。

　　第十八条　装饰装修工程的承包人,请求装饰装修工程价款就该装饰装修工程折价或者拍卖的价款优先受偿的,人民法院应予支持,但装饰装修工程的发包人不是该建筑物的所有权人的除外。

　　第十九条　建设工程质量合格,承包人请求其承建工程的价款就工程折价或者拍卖的价款优先受偿的,人民法院应予支持。

　　第二十条　未竣工的建设工程质量合格,承包人请求其承建工程的价款就其承建工程部分折价或者拍卖的价款优先受偿的,人民法院应予支持。

　　第二十一条　承包人建设工程价款优先受偿的范围依照国务院有关行政主管部门关于建设工程价款范围的规定确定。

　　承包人就逾期支付建设工程价款的利息、违约金、损害赔偿金等主张优先受偿的,人民法院不予支持。

第二十二条 承包人行使建设工程价款优先受偿权的期限为六个月,自发包人应当给付建设工程价款之日起算。

第二十三条 发包人与承包人约定放弃或者限制建设工程价款优先受偿权,损害建筑工人利益,发包人根据该约定主张承包人不享有建设工程价款优先受偿权的,人民法院不予支持。

第二十四条 实际施工人以发包人为被告主张权利的,人民法院应当追加转包人或者违法分包人为本案第三人,在查明发包人欠付转包人或者违法分包人建设工程价款的数额后,判决发包人在欠付建设工程价款范围内对实际施工人承担责任。

第二十五条 实际施工人根据合同法第七十三条规定,以转包人或者违法分包人怠于向发包人行使到期债权,对其造成损害为由,提起代位权诉讼的,人民法院应予支持。

第二十六条 本解释自 2019 年 2 月 1 日起施行。

本解释施行后尚未审结的一审、二审案件,适用本解释。

本解释施行前已经终审、施行后当事人申请再审或者按照审判监督程序决定再审的案件,不适用本解释。

最高人民法院以前发布的司法解释与本解释不一致的,不再适用。

8.1.6 财政部 国家发展改革委关于重新发布中央管理的住房城乡建设部门行政事业性收费项目的通知

财政部 国家发展改革委
关于重新发布中央管理的住房城乡建设部门行政事业性收费项目的通知
2015 年 9 月 8 日 财税〔2015〕68 号

住房城乡建设部,各省、自治区、直辖市财政厅(局)、发展改革委、物价局:

按照国务院关于推进收费清理改革的要求,为进一步规范行政事业性收费管理,现将重新审核后中央管理的住房城乡建设部门行政事业性收费项目及有关问题通知如下:

一、城市道路占用费。由县级以上地方住房城乡建设部门向因兴建各种建筑物、构筑物、基建施工、堆物堆料、设置停车位、搭建棚亭、摆设摊点、设置广告标志等占用城市规划区内道路的单位和个人收取。

二、城市道路挖掘修复费。由县级以上地方住房城乡建设部门向因施工、抢修地下管线等挖掘城市规划区内道路的单位和个人收取。

三、白蚁防治费。由县级以上地方住房城乡建设部门所属白蚁防治机构,向依法应当实施白蚁预防的房屋建设单位和个人收取。

四、房屋转让手续费。由县级以上地方住房城乡建设部门所属房地产交易机构在办理房屋转让手续时收取。其中,新建住房转让手续费由转让方缴纳,存量住房转让手续费由转让和受让双方各承担 50%。非住房转让手续费的收取范围、对象和方式,按照省级财政、价格主管部门的有关规定执行。

五、房屋登记费。由县级以上地方住房城乡建设部门所属房地产登记机构依法对房屋权属进行登记时向登记申请人收取。房地产登记机构按规定核发一本房屋权属证书免收证书工本费;向一个以上房屋权利人核发房屋权属证书时,每增加一本证书可加收证书工本费。

不动产登记收费政策明确后,房屋登记收费统一按不动产登记收费政策执行。

六、考试考务费。住房城乡建设部组织实施相关专业技术人员资格考试时,由其所属执业资格注册中心向地方相关考试机构收取考务费,地方相关考试机构向报名参加考试人员收取考试费。

住房城乡建设部组织实施的专业技术人员资格考试项目见附件。

七、上述收费项目的具体收费标准由国家发展改革委、财政部或省级价格、财政部门根据权限另行制定。

八、收费单位应按隶属关系分别使用财政部或省级财政部门统一印制的票据。

九、住房城乡建设部所属执业资格注册中心收取的专业技术人员资格考试考务费,应全额上缴中央国库,纳入中央财政预算管理,具体收缴办法按照财政国库集中收缴的有关规定执行。县级以上地方住房城乡建设部门及地方相关专业技术人员资格考试机构收取的收费收入,应全额上缴地方国库,纳入地方财政预算管理,具体收缴办法按照省级财政部门有关规定执行。收费单位开展相关工作所需经费,由同级财政统筹安排。

十、收费单位应严格按上述规定执行,不得擅自增加收费项目、扩大收费范围,并自觉接受财政、价格、审计部门的监督检查。对违规多征、减征、免征或缓征收费等行为的,依照《预算法》、《财政违法行为处罚处分条例》等法律法规依法处理。

十一、本通知自印发之日起执行。此前有关规定与本通知不一致的,以本通知为准。

附件:住房城乡建设部组织实施的专业技术人员资格考试项目

附件:
住房城乡建设部组织实施的专业技术人员资格考试项目
一、房地产估价师考试
二、勘察设计工程师执业资格考试
(1) 注册土木工程师(岩土)执业资格考试
(2) 注册土木工程师(含港口与航道工程、水利水电工程、道路工程)执业资格基础考试
(3) 注册化工工程师执业资格基础考试
(4) 注册公用设备工程师执业资格基础考试
(5) 注册电气工程师执业资格基础考试
(6) 一级、二级注册结构工程师考试
(7) 注册机械工程师执业资格基础考试
(8) 注册环保工程师执业资格基础考试
(9) 注册冶金工程师执业资格基础考试
(10) 注册采矿/矿物工程师执业资格基础考试
(11) 注册石油天然气工程师执业资格基础考试
三、注册建造师执业资格考试
四、一级、二级注册建筑师考试

8.1.7　上海市建设工程施工费用计算规则

上海市建设工程施工费用计算规则
一、为加强建设工程造价管理,规范建设工程施工费用计价行为,根据住房城乡建设部、财政部《关于印发<建筑安装工程费用项目组成>的通知》(建标〔2013〕44 号)、财政部、国家税务总局《关于全面推开营业税改征增值税试点的通知》(财税〔2016〕36 号)等文件的规定,结合本市实

际情况,制定本计算规则。

二、本计算规则适用于本市行政区域范围内的建筑和装饰、安装、市政、轨道交通、园林、燃气、民防、水务、房屋修缮等建设工程预算定额计价方式。

三、建设工程施工费用的要素内容及计算方法

施工费用要素内容由直接费、企业管理费和利润、措施费、规费和增值税等诸要素内容组成。

（一）直接费要素的内容及计算方法

直接费指施工过程中的耗费,构成工程实体和部分有助于工程形成的各项费用(包括人工费、材料费和施工机具使用费)。

1. 人工费

（1）人工单价指在单位工作日内,支付给直接从事建筑安装工程施工作业的生产工人和附属生产单位工人的各项费用。一般包括:计时工资或计件工资、奖金、津贴补贴、社会保险费(个人缴纳部分)等。

（2）人工费计算方法:由发承包双方按人工单价包括的内容为基础,根据建设工程具体特点及市场情况,采用工程造价管理机构发布的建设工程人工价格信息,或参照建筑劳务市场人工价格,约定人工单价,并乘以定额工日耗量计算人工费。

2. 材料费

（1）材料单价指单位材料价格和从供货单位运至工地耗费的所有费用之和。一般包括:材料的原价(供应价)、市内运输费、运输损耗等,不包含增值税可抵扣进项税额。

（2）材料费计算方法:由发承包双方按材料单价包括的内容为基础,根据建设工程具体特点及市场情况,采用工程造价管理机构发布的建设工程材料价格信息,或参照建筑、建材市场材料价格,约定材料单价,并乘以定额材料耗量计算材料费。

3. 施工机具使用费

（1）施工机具使用费由工程施工作业所发生的施工机械、仪器仪表使用费或其租赁费组成,不包含增值税可抵扣进项税额。

（2）施工机械使用费＝(施工机械台班消耗量×施工机械摊销台班单价),施工机械摊销台班单价包括折旧费、大修理费、经常修理费、安拆费及场外运费(大型机械除外)、机上和其他操作人员人工费、燃料动力费、车船使用税、保险费及年检费等。

（3）施工机械使用费计算方法:由发承包双方按施工机械摊销台班单价包括的内容为基础,根据建设工程具体特点及市场情况,采用工程造价管理机构发布的建设工程施工机械摊销台班价格信息,或依据国家《施工机械台班费用编制规则》规定测算,约定施工机械摊销台班单价,并乘以定额台班耗量计算施工机械使用费。

（4）大型机械安、拆,场外运输,路基轨道铺设等费用,由发承包双方按招标文件和批准的施工组织设计所指定大型机械,根据建设工程具体特点及市场情况,采用工程造价管理机构发布的价格信息,在合同中约定费用。

（5）仪器仪表使用费＝(仪器仪表台班消耗量×仪器仪表摊销台班单价),仪器仪表摊销台班单价包括工程使用的仪器仪表摊销费和维修费。

（6）仪器仪表使用费计算方法:由发承包双方按仪器仪表摊销台班单价包括的内容为基础,根据建设工程具体特点及市场情况,采用工程造价管理机构发布的建设工程仪器仪表摊销台班价格信息,或依据国家《仪器仪表台班费用编制规则》规定测算,约定仪器仪表摊销台班单价,并乘以定额台班耗量计算仪器仪表使用费。

（7）施工机械租赁费＝（施工机械台班消耗量×施工机械租赁台班单价）。

（8）施工机械租赁费计算方法：由发承包双方按施工机械租赁台班单价包括的内容为基础，根据建设工程具体特点及市场情况，采用工程造价管理机构发布的建设工程施工机械租赁台班价格信息，或参照建设市场施工机械租赁台班价格信息确定。

（二）企业管理费和利润的内容及计算方法

1. 企业管理费

企业管理费指建筑安装企业组织施工生产和经营管理所需的费用。企业管理费包括：管理人员工资、办公费、差旅交通费、固定资产使用费、工具用具使用费、劳动保险和职工福利费、劳动保护费、材料采购和保管费、检验试验费（内容包括《建筑工程检测试验技术管理规范》（JGJ 190—2010）所要求的检验、试验、复测、复验等费用；不包括新结构、新材料的试验费，以及对构件做破坏性试验及其他特殊要求检验试验的费用和建设单位委托检测机构进行检测的费用）、工会经费、职工教育经费、财产保险费、财务费、税金（房产税、车船使用税、土地使用税、印花税）、其他（技术转让费、技术开发费、投标费、业务招待费、绿化费、广告费、公证费、法律顾问费、审计费、咨询费、保险费）等。企业管理费不包含增值税可抵扣进项税额。

此外，城市维护建设税、教育附加费、地方教育附加和河道管理费等附加税费计入企业管理费。

2. 利润

利润指施工企业完成所承包工程获得的盈利。

3. 企业管理费和利润的计算方法

企业管理费和利润以人工费为基数，由发承包双方按企业管理费和利润包括的内容为基础，根据建设工程具体特点及市场情况，参照工程造价管理部门发布的企业管理费和利润费率，约定企业管理费和利润的费率，并乘以人工费计算企业管理费和利润。

（三）措施费

1. 安全防护、文明施工措施费内容及计算方法

（1）安全防护、文明施工措施费指按照国家现行的建筑施工安全、施工现场环境与卫生标准和有关规定，用于购置和更新施工安全防护用具及设施、改善安全生产条件和作业环境所需要的费用，不包含增值税可抵扣进项税额。

（2）安全防护、文明施工措施费计算方法：按直接费与企业管理费和利润之和为基数，由发承包双方按安全防护、文明施工措施费的内容为基础，根据建设工程具体特点及市场情况，参照工程造价管理机构发布的费率，约定安全防护、文明施工措施费费率，并乘以直接费与企业管理费和利润之和计算安全防护、文明施工措施费。

2. 施工措施费内容及计算方法

（1）施工措施费指施工企业为完成建筑产品时，为承担社会义务、施工准备、施工方案发生的所有措施费用（不包括已列定额子目和企业管理费所包括的费用），不包含增值税可抵扣进项税额。

（2）施工措施费一般包括：夜间施工，非夜间施工照明，二次搬运，冬雨季施工，地上、地下设施、建筑物的临时保护设施（施工场地内），已完工程及设备保护，树木、道路、桥梁、管道、电力、通讯等改道、迁移等措施费，施工干扰费，工程监测费，工程新材料、新工艺、新技术的研究、检验、试验、技术专利费，创部、市优质工程施工措施费，特殊条件下施工措施费，特殊要求的保险费，港监及交通秩序维持费等。

（3）施工措施费的计算：由发承包双方遵照政府颁布的有关法律、法令、规章及各主管部门

的有关规定,招标文件和批准的施工组织设计所指定的施工方案等所发生的措施费用,根据建设工程具体特点及市场情况,参照工程造价管理机构发布的市场信息价格,以报价的方法在合同中约定价格。

（四）规费的内容及计算方法

规费是指政府和有关权力部门规定必须缴纳的费用,规费主要包括社会保险费、住房公积金。

1. 社会保险费

（1）社会保险费是指企业按规定标准为职工缴纳的各项社会保险费,一般包括养老保险费、失业保险费、医疗保险费、生育保险费、工伤保险费。

（2）社会保险费的计算,以人工费为基数,由发承包双方根据国家规定的计算方法计算费用。

2. 住房公积金

（1）住房公积金指企业按规定标准为职工缴纳的住房公积金。

（2）住房公积金的计算,以人工费为基数,由发承包双方根据国家规定的计算方法计算费用。

（五）增值税的内容及计算方法

增值税即为当期销项税额,应按国家规定的计算方法计算,列入工程造价。简易计税方式按照财政部、国家税务总局的规定执行。

四、建设工程施工费用计算顺序表（详见附表）。

附表　建设工程施工费用计算顺序表

序号	项目		计算式	备注
一	直接费		按定额子目规定计算	包括说明
其中	人工费		按定额工日耗量×约定单价	
	材料费		按定额材料耗量×约定单价	不包含增值税可抵扣进项税额
	施工机具使用费		按定额台班耗量×约定单价	不包含增值税可抵扣进项税额
二	企业管理费和利润		$\sum$ 人工费×约定费率	不包含增值税可抵扣进项税额
三	措施费	安全防护、文明施工措施费	（直接费＋企业管理费和利润）×约定费率	不包含增值税可抵扣进项税额
		施工措施费	报价方式计取	由双方合同约定,不包含增值税可抵扣进项税额
四	人工、材料、施工机具差价		结算期信息价－[中标期信息价×（1＋风险系数）]	由双方合同约定,材料、施工机具使用费中不含增值税可抵扣进项税额
五	规费	社会保险费	按国家规定计取	
		住房公积金	按国家规定计取	
六	小计		（一）＋（二）＋（三）＋（四）＋（五）	
七	增值税		［六］×增值税税率	按国家规定计取
八	合计		（六）＋（七）	

注:1.结算期信息价指工程施工期(结算期)工程造价信息平台发布的市场信息价的平均价(算术平均或加权平均价)。

2.中标期信息价指工程中标期对应工程造价信息平台发布的市场信息价。

上海市住房和城乡建设管理委员会
关于印发《上海市建设工程定额管理实施细则》的通知

沪建标定〔2016〕384 号

各有关单位:

为规范本市建设工程定额的制修订,加强定额的日常管理,提高定额的科学性,合理确定和有效控制工程造价,更好地为工程建设服务,依据《上海市建筑市场管理条例》及住房和城乡建设部《建设工程定额管理办法》(建标〔2015〕230 号),结合本市实际情况,我委制定了《上海市建设工程定额管理实施细则》(详见附件),现印发给你们,请认真贯彻落实。

特此通知。

附件:上海市建设工程定额管理实施细则

二〇一六年五月十八日

上海市建设工程定额管理实施细则

第一章 总 则

第一条 为贯彻落实住房和城乡建设部《建设工程定额管理办法》(建标〔2015〕230 号),进一步加强本市建设工程定额管理,合理确定和有效控制工程造价,更好地为工程建设服务,依据《上海市建筑市场管理条例》等相关法律法规和规章制度,结合本市实际情况,制定本实施细则。

第二条 本市住房和城乡建设行政主管部门发布的各类建设工程定额(以下简称定额),包括上海市工程建设定额(以下简称建设定额)、房屋及城市基础设施维修养护定额(以下简称养护定额)及其他定额,适用本实施细则。

第三条 定额是国有资金投资工程编制投资估算、设计概算、最高投标限价、养护经费预算的依据。

第四条 定额管理包括定额体系的编制与完善、定额年度计划的编制、定额的制定与修订、发布与日常管理。

定额管理应遵循统一规划、分工负责、科学编制、动态管理的原则。

第五条 上海市住房和城乡建设管理委员会(以下简称市住建委)是本市建设工程定额的行政主管部门,负责会同其他相关行业行政主管部门统筹规划、组织编制本市各类定额,并由市住建委统一向社会发布。

上海市建筑建材业市场管理总站(以下简称市市场管理总站)和各专业定额站(或管理部门)具体负责本市定额的编制和日常管理。市市场管理总站同时负责本市定额的统一协调工作。

第二章 体系与计划

第六条 市住建委会同其他相关行业行政主管部门编制和完善《上海市建设工程定额体系表》(以下简称定额体系表),适时调整,并上报住房和城乡建设部备案,同时向社会公布。

第七条 市住建委每年会同相关行业行政主管部门研究制定定额年度编制计划,明确编制任务、工作目标和进度节点等,并统一发布。

第三章 制定与修订

第八条 定额的制定与修订包括制定、修订、补充。

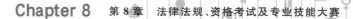

211

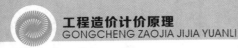

（一）对新型工程以及建筑产业现代化、绿色建筑、建筑节能等工程建设新要求,应及时制定新定额。

（二）定额在发布实施后,原则上每五年组织一次评估。评估工作由市住建委会同相关行业行政主管部门组织专家进行,评估结果属下列情况之一的定额应及时进行修订:

1.相关技术规程和技术规范已全面更新且不能满足工程计价需要的定额,应全面修订。

2.相关技术规程和技术规范发生局部调整或部分子目已不适应工程计价需要的定额,应局部修订。

（三）对定额发布后工程建设中出现的新技术、新工艺、新材料、新设备等情况,应根据工程建设需求及时编制补充定额。

第九条 定额的编制应符合下列要求:

（一）符合国家、行业及本市法律、法规、行政规范性文件、现行各类建设标准、技术规范及计价规则的要求。

（二）定额应科学、合理地反映工程建设的实际情况,体现上海地区工程建设的人工、材料和机械台班消耗量等社会平均水平。

（三）定额项目设立应满足上海地区从工程建设到维修养护不同阶段对工程计价的需要,遵循统一性、适应性、时效性、简明性的原则。

（四）定额应按统一的规则进行编制,术语、符号、计量单位等严格执行国家相关标准和规范,人材机编码按照本市住建委发布的《上海市建设工程人工材料设备机械数据编码标准》编制,做到格式规范、语言严谨、数据准确。

（五）定额的编制应与信息技术紧密结合,采用信息化手段编制,建立完善的数据库信息系统,提高定额编制科学性、及时性。

（六）定额应按照国家和相关行业部门及本市现行定额、建设工程标准规范、图集和通用图纸、建设工程典型案例、现场实地调查及相应的测算资料、日常积累的数据资料等进行编制。

第十条 定额制定与修订工作,由市市场管理总站或各专业定额站根据定额年度编制计划,组织成立编制组。编制组负责人应由具有丰富定额编制经验的人员担任;编制组成员应具有一定的工程实践经验和专业技术水平,且保持稳定。编制组也可以根据需要采用购买服务等多种方式,充分发挥企业、科研单位、社团组织等社会力量在定额编制中的基础作用。

第十一条 定额的制定、修订工作一般按准备、编制初稿、征求意见、审查、批准发布等阶段进行。

（一）准备

编制组负责拟定工作大纲,市市场管理总站或各专业定额站负责组织专家对工作大纲进行审查。工作大纲主要内容包括任务依据、编制目的、指导思想、编制原则、编制依据、编制方法、定额组成的主要内容、原始数据来源及收集方法、需要解决的主要问题、编制组人员与分工、进度安排、编制经费来源等。

（二）编制初稿

编制组根据工作大纲开展调查研究工作,确保成果能反映建设工程的实际情况和合理水平、技术数据和参数有可靠的依据、适用范围与技术内容能协调一致。对编制中的重大问题,应进行测算验证或专题论证,并形成报告。初稿形成后,并进行水平测算。

初稿主要内容包括正文和编制报告。正文包括定额及章节说明;编制报告包括编制概况、实际数据来源及收集方法、编制技术说明、水平测算与分析等。

（三）征求意见

编制组应组织专家对定额初稿进行初审。编制组根据初审意见通过进一步的调查研究修改完善，形成征求意见稿。内容包括正文和编制报告。

市市场管理总站或各专业定额站将编制组修改后的征求意见稿印发至有关单位及专家征求意见，并在相关网站向社会公开征求意见，必要时召开征求意见会。征求意见的期限一般为一个月。

（四）审查

编制组根据反馈意见通过进一步的调查研究进行修改，形成定额送审文件。送审文件主要内容包括正文和编制报告，正文包括定额及章节说明；编制报告包括编制概况、实际数据来源及收集方法、编制技术说明、水平测算与分析、征求意见会议纪要（如有）、征求意见处理汇总表等。

定额送审文件的审查一般采取审查会议的形式。审查会议由市市场管理总站或各专业定额站组织召开，参加会议的人员由定额专家库中有经验的代表及相关行政管理部门代表等组成，审查会议应形成审查意见。

（五）批准

编制组根据审查意见，对送审文件进行修改，形成报批文件。报批文件主要内容包括正文和编制报告，正文包括定额及章节说明；编制报告包括编制概况、实际数据来源及收集方法、编制技术说明、水平测算与分析、审查会议纪要、审查意见处理汇总表等。

报批文件由市市场管理总站或各专业定额站报经相应主管部门审核后报送市住建委批准发布。

第十二条 定额制定与修订工作完成后，编制组应将定额编制的原始资料（含电子文档）、工作底稿及全部成果提交市市场管理总站或各专业定额站存档。

第十三条 补充定额根据需要由市市场管理总站或各专业定额站进行编制补充，可适当简化准备和征求意见阶段的编制流程，编制完成后报市住建委批准。

第四章　发布与日常管理

第十四条 定额应按《上海市建设工程定额体系表》中制定的规则统一命名与编号后发布。

第十五条 定额发布后由市住建委报住房和城乡建设部备案。

第十六条 定额日常管理工作主要包括：

（一）每年应面向社会公开征求意见，深入市场调查，收集公众、相关各方主体对定额的意见和要求，并提出处理意见；

（二）组织开展定额的宣贯、培训；

（三）负责收集整理有关定额解释和定额实施情况的资料；

（四）建立数据收集渠道，积累工程建设人工、材料、机械消耗、工期、费率等资料，根据工程建设的发展情况，收集新技术、新工艺、新材料、新设备的数据资料，开展测定研究工作，及时编制补充定额；

（五）负责组建定额专家库，加强定额管理队伍建设。

第五章　经　　费

第十七条 市住建委和相关行业主管部门应按照国家有关规定，将定额相关经费列入财政预算。

第十八条 定额经费的使用应符合国家、行业或地方财务管理制度，实行专款专用，接受有关部门对经费使用情况的监督与检查。

213

第六章 附 则

第十九条 本细则由上海市住房和城乡建设管理委员会负责解释。

第二十条 本细则有效期自 2016 年起 7 月 1 日至 2021 年 6 月 30 日止。

8.1.9 上海市建设工程竣工结算文件备案管理办法

上海市住房和城乡建设管理委员会
关于印发《上海市建设工程竣工结算文件备案管理办法》的通知

沪建标定〔2017〕877 号

各有关单位:

　　为进一步加强本市建筑市场监督管理,规范工程计价行为,维护建设工程发包方与承包方的合法权益,促进建筑市场公开、公正、透明,根据《上海市建筑市场管理条例》和《建筑工程施工发包与承包计价管理办法》要求,我委于 2015 年 7 月印发的《上海市城乡建设和管理委员会关于印发〈上海市建设工程竣工结算文件备案管理办法(试行)〉的通知》(沪建管〔2015〕451 号)文件即将到期,我委总结《办法》试行阶段的执行情况,对《办法》进行了修改完善,形成《上海市建设工程竣工结算文件备案管理办法》,自 2017 年 10 月 1 日起实施,现印发给你们,请遵照执行。

　　特此通知。

二〇一七年九月三十日

上海市建设工程竣工结算文件备案管理办法

　　第一条 为加强建筑市场监督管理,规范工程计价行为,维护建设工程发包方与承包方合法权益,根据《上海市建筑市场管理条例》、《建筑工程施工发包与承包计价管理办法》、《建设工程工程量清单计价规范》等法规、规章及有关规定,结合本市实际,制定本办法。

　　第二条 本市行政区域内使用国有资金投资的建设工程竣工结算文件备案、管理及监督,适用本办法。

　　本办法所称的使用国有资金投资的建设工程是指使用各级财政预算资金的建设工程、使用纳入财政管理的各种政府性专项建设资金的建设工程、国有企事业单位使用自有资金并且国有资产投资者实际拥有控制权的建设工程、使用国家融资资金等其他国有资金投资的建设工程。

　　本办法所称建设工程竣工结算文件(以下简称"竣工结算文件"),指建设工程完成后,由承包方编制、经发包方审核后并经双方确认作为建设工程最终价款支付依据的工程造价文件,包括建设工程竣工结算价确认单、建设工程竣工结算清单等。

　　第三条 市住房和城乡建设管理委、相关行业行政管理部门、各区建设行政管理部门、特定园区管委会分别负责其招投标监管范围内的建设工程竣工结算文件备案的监督管理。

　　市住房和城乡建设管理委负责全市竣工结算文件备案管理的平台建设及业务指导,并由市建筑建材业市场管理总站负责日常管理及数据分析。

　　第四条 建设工程完工后,发、承包双方应当按照《建筑工程施工发包与承包计价管理办法》、《建设工程工程量清单计价规范》等规定及时进行竣工结算。

　　发包方在收到承包方提交的竣工结算文件后,应当委托具有相应资质的工程造价咨询企业审核。

　　第五条 发包方应从"上海市住房和城乡建设管理委员会网站(www.shjjw.gov.cn)"的"网

214

上政务大厅"的"建设管理"栏目下的"建设工程竣工结算文件备案专栏"操作指南中下载《上海市建设工程竣工结算价确认单》(附表二)。

发、承包双方确认竣工结算价以后,应在《上海市建设工程竣工结算价确认单》上加盖单位公章,并由法定代表人或授权代理人签字或盖章,工程造价咨询企业应加盖单位公章,并由法定代表人或授权代理人签字或盖章。

《上海市建设工程竣工结算价确认单》上承包方编制人应当签字,发包方审核人应当签字并加盖造价工程师执业专用章。

第六条 竣工结算文件经发、承包双方确认后 30 日内,发包方应使用本单位数字证书登录"上海市住房和城乡建设管理委员会网站"的"网上政务大厅"中"建设工程竣工结算文件备案报送专栏"上传以下数据和资料进行网上备案。

(一)填写《上海市建设工程竣工结算文件备案表》(附表一);

(二)上传已签字盖章的《上海市建设工程竣工结算价确认单》;

(三)上传《上海市建设工程竣工结算清单》电子文件(附表三),电子文件应符合《上海市建设工程竣工结算清单文件数据标准》要求。

发包方对报送竣工结算文件的真实性和准确性负责。

第七条 市建筑建材业市场管理总站、区建设行政管理部门、相关行业行政管理部门、特定园区管委会应对上传备案的竣工结算文件资料是否齐全、签字盖章手续是否完备、表格内容是否遗漏等进行核对。

第八条 经核对发包方上传数据和资料齐全、符合要求的,市建筑建材业市场管理总站、区建设行政管理部门、相关行业行政管理部门、特定园区管委会应在 5 个工作日内予以备案通过。对于上传数据和资料不齐需要补正的,应在 5 个工作日内在备案平台上一次性告知发包方需要补正的全部内容,受理时间以发包方补齐资料并再次上传的时间为准;未告知的,自收到网上备案上传数据和资料之日起即为受理。

第九条 竣工结算文件备案通过后,发包方可以在"上海市住房和城乡建设管理委员会网站"的"网上政务大厅"中"建设工程竣工结算文件备案专栏"进行备案结果的查询或打印。

《上海市建设工程竣工结算文件备案表》(附件一)应作为项目决算的基础资料。

第十条 全部使用国有资金投资或者国有资金投资为主的建设工程竣工结算价应当与最高投标限价、中标价一起在"上海市住房和城乡建设管理委员会网站"的"建设管理"栏目下进行"三价"公开,接受社会监督。

第十一条 市建筑建材业市场管理总站、区建设行政管理部门、相关行业行政管理部门、特定园区管委会应当依照有关法规和规定对建设工程进行监督检查,督促发包方对已竣工结算的项目及时备案。

第十二条 发包方未按照本办法规定进行竣工结算文件备案的,市、区建设行政管理部门、相关行业行政管理部门、特定园区管委会应当责令其限期改正,依据《上海市建筑市场管理条例》第 57 条予以 1 万~3 万元处罚。

第十三条 注册造价工程师在竣工结算文件编制、审核中,签署有虚假记载、误导性陈述的工程造价成果文件的,记入造价工程师信用档案,依据《注册造价工程师管理办法》予以处罚。

第十四条 工程造价咨询企业在竣工结算文件编制、审核中,出具有虚假记载、误导性陈述的工程造价成果文件的,记入造价企业信用档案,依照《建筑工程施工发包与承包计价管理办法》予以处罚。

第十五条 各级建设行政管理部门、相关行业行政管理部门、特定园区管委会及其他有关部门工作人员在竣工结算文件备案监督管理工作中，滥用职权、玩忽职守、徇私舞弊的，由其所在单位或者上级主管部门依法给予行政处分；构成犯罪的，依法追究刑事责任。

第十六条 本办法自 2017 年 10 月 1 日起施行，有效期从 2017 年 10 月 1 日起至 2022 年 9 月 30 日止。

附表一:《上海市建设工程竣工结算文件备案表》

附表二:《上海市建设工程竣工结算价确认单》

附表三:《上海市建设工程竣工结算清单》〔表(1)～表(11)〕

8.1.10 调整上海市建设工程造价中社会保险费率

关于调整本市建设工程造价中社会保险费率的通知

沪建市管〔2019〕24 号

各有关单位:

根据国家降低社会保险费率的统一部署，本市自今年 5 月 1 日起，降低职工社会保险费率，减轻企业负担。按照国务院办公厅《关于印发降低社保费率综合方案的通知》(国办发〔2019〕13 号)、上海市人力资源和社会保障局有关降低职工社会保险费率的精神、市住房和城乡建设管理委员会《关于社会保险费取费和缴交核付办法的通知》(沪建建管〔2017〕899 号)的相关要求，现对本市建设工程造价中社会保险费率进行相应调整，并将有关事项通知如下:

一、采用工程量清单计价进行招标的施工项目，最高投标限价中的社会保险费及住房公积金以分部分项工程、单项措施和专业暂估价的人工费之和为基数，乘以相应费率。其中，专业暂估价中的人工费按专业暂估价的 20% 计算。招标人在工程量清单招标文件规费项目中列支社会保险费，社会保险费包括管理人员和施工现场作业人员的社会保险费，管理人员和施工现场作业人员社会保险费取费费率固定统一。投标人在投标时分别填报管理人员和施工现场作业人员的社会保险费金额，两项合计后列入投标总报价内。

二、初步设计概算、施工图预算、市政养护和绿地养护的社会保险费及住房公积金以直接费中的人工费为基数，乘以相应费率。

三、住房公积金费率不作调整。

四、水务工程(含水利和城镇给排水工程)相关费率由市水务工程造价管理部门另行发布。

五、本通知自 2019 年 6 月 1 日起施行。在本附件所列工程类别内的建设工程，自 2019 年 6 月 1 日起启动招标的项目应当执行本通知。原《关于调整本市建设工程造价中社会保险费及住房公积金费率的通知》(沪建市管〔2017〕105 号)同时废止。

特此通知。

附件:1.社会保险费费率表

  2.住房公积金费率表

上海市建筑建材业市场管理总站

2019 年 5 月 10 日

附件 1

社会保险费费率表

工程类别		计算基础	计算费率		
			管理人员	生产工人	合计
房屋建筑与装饰工程		人工费	4.56%	28.04%	32.60%
通用安装工程				28.04%	32.60%
市政工程	土建			30.05%	34.61%
	安装			28.04%	32.60%
城市轨道交通工程	土建			30.05%	34.61%
	安装			28.04%	32.60%
园林绿化工程	种植			28.88%	33.44%
仿古建筑工程(含小品)				28.04%	32.60%
房屋修缮工程				28.04%	32.60%
民防工程				28.04%	32.60%
市政管网工程(燃气管道工程)				29.40%	33.96%
市政养护工程	土建			31.56%	36.12%
	机电设备			30.38%	34.94%
绿地养护				31.56%	36.12%

附件 2

住房公积金费率表

工程类别		计算基础	费率
房屋建筑与装饰工程		人工费	1.96%
通用安装工程			1.59%
市政工程	土建		1.96%
	安装		1.59%
城市轨道交通工程	土建		1.96%
	安装		1.59%
园林绿化工程	种植		1.59%
仿古建筑工程(含小品)			1.81%
房屋修缮工程			1.32%
民防工程			1.96%
市政管网工程(燃气管道工程)			1.68%
市政养护工程	土建		1.96%
	机电设备		1.59%
绿地养护			1.59%

─── 8.1.11　上海市社会保险费取费和缴交核付办法 ───

上海市住房和城乡建设管理委员会关于社会保险费取费和缴交核付办法的通知

沪建建管〔2017〕899 号

各有关单位：

　　为做好本市建筑业外来从业人员参加社会保险工作，维护外来从业人员合法权益，依据有关法规，结合本市实际，对本市建设工程施工发承包中社会保险费取费和支付明确如下：

　　一、采用工程量清单计价进行招标的施工项目，招标人在工程量招标清单的规费项目清单中列支社会保险费，由管理人员社会保险费和施工现场作业人员社会保险费两部分组成。社会保险费以分部分项工程、单项措施和专业工程暂估价的人工费之和为基数，乘以工程造价管理部门发布的相应费率。其中，专业工程暂估价中的人工费按专业工程暂估价的 20％计算。各类工程社会保险费费率按工程造价管理部门发布的费率计算，该费用由投标人在投标时填报。管理人员和施工现场作业人员社会保险费取费费率固定统一，均列入评标总价参与评标。

　　采用工程量清单计价不进行招标的或采用其他计价方式的施工项目，其社会保险费取费参照执行。

　　二、建设单位应当足额落实社会保险费。管理人员社会保险费由建设单位按照进度款约定支付，其分配比例由施工总包单位与各专业承包、劳务分包单位按现场实际管理人员投入情况及对应产值自行约定。施工现场作业人员社会保险费由施工总包单位按月凭缴纳社保凭证向建设单位申请核付，按实结算。

　　三、社会保险费由用人单位缴纳。各分包用人单位将本市统一的建筑工程实名制信息系统（登录方式：市住建委官方网站-网上政务大厅建设管理-人员-作业人员实名制）中打印的施工现场作业人员清单和对应的社会保险费缴纳清单等凭证提交给施工总包单位，由其汇总后向建设单位申请支付施工现场作业人员社会保险费。其中，在外省市缴纳社保费的，必须提供当地社保部门出具的缴费凭证。建设单位或其委托人根据实名制系统提供的查询信息或自行掌握的信息进行核付，核付应当在收到施工总包单位（施工单位）申请之日起 14 天内完成。施工总包单位（施工单位）应当在收到社会保险费 7 天内支付给缴纳社保的用人单位。核付周期至少每季度核付一次，建设单位和施工总包单位可根据工程实际情况自行约定，但必须保证用人单位社会保险费交付。

　　四、施工总包单位和各分包用人单位必须如实向建设单位申请核付社会保险费，不得弄虚作假。以虚假信息或证明骗取社会保险费的，建设单位可按照合同约定进行惩戒，相关行政管理部门应当将该不良行为记入责任单位的诚信手册。

　　五、本通知有效期自 2017 年 10 月 15 日起至 2022 年 12 月 31 日止。

　　特此通知。

二〇一七年十月十三日

—— 8.1.12　调整上海市建设工程计价依据增值税税率 ——

关于调整本市建设工程计价依据增值税税率等有关事项的通知

沪建市管〔2019〕19 号

各有关单位：

根据财政部 税务总局 海关总署《关于深化增值税改革有关政策的公告》（财政部 税务总局 海关总署公告〔2019〕39 号）和住房和城乡建设部办公厅《关于重新调整建设工程计价依据增值税税率的通知》（建办标函〔2019〕193 号），以及市住房和城乡建设管理委员会《关于做好增值税税率调整后本市建设工程计价依据调整工作的通知》（沪建标定〔2019〕176 号）相关规定，现将本市建设工程计价依据增值税税率调整等有关事项通知如下：

一、自 2019 年 4 月 1 日起，本市按一般计税方法计税的建设工程，计价依据中增值税税率由 10％整为 9％。

二、已完工程量价款符合以下情形之一的，税金计算不予调整：

1.2019 年 4 月 1 日前，已开具相应工程价款增值税发票的；

2.2019 年 4 月 1 日前，已收讫相应工程价款的；

3.合同确定的相应工程价款付款日期在 2019 年 4 月 1 日前的（从工程价款中扣留的质量保证金除外）。

三、工程预付款在 2019 年 4 月 1 日前已开具税率 10％增值税发票的，扣回预付款时的对应工程价款税金计算不予调整。

四、2019 年 4 月 1 日前未完成工程量价款以及不符合第二条的已完成工程量价款，其计算公式由"工程造价＝税前工程造价×（1＋10％）"调整为"工程造价＝税前工程造价×（1＋9％）"。

五、上海市建筑建材业市场管理总站提供各类材料不含增值税的折算率表，并动态发布不包含增值税可抵扣进项税额的建设工程材料、施工机械台班价格信息，供建设工程相关单位工程计价参考。

六、2019 年 4 月 1 日前在建项目未完工程的材料因增值税税率调整引起价格变化的，发承包双方可以另行协商调整。

七、正在进行施工招标的项目，已发出招标文件未开标的，可按本通知第一条规定以补充招标文件方式修改投标报价税金计算；未发补充招标文件修改的，在项目实施时应按规定做好价格调整工作。

八、本通知所称自某日起，包含某日；所称某日前，不包含某日。

特此通知。

上海市建筑建材业市场管理总站

2019 年 3 月 28 日

—— 8.1.13　上海市建设工程安全防护、文明施工措施费用管理暂行规定 ——

上海市建设交通委员会
关于印发《上海市建设工程安全防护、文明施工措施费用管理暂行规定》的通知

沪建交〔2006〕445 号

各有关单位：

《上海市建设工程安全防护、文明施工措施费用管理暂行规定》已经市建设交通委主任办公

会议通过,现予印发,请按照执行。

上海市建设和交通委员会

二〇〇六年七月五日

上海市建设工程安全防护、文明施工措施费用管理暂行规定

第一条 为加强建设工程安全防护、文明施工的管理,保障施工从业人员的作业条件和生活环境,防止施工安全事故发生,根据有关法律、规章和建设部《建筑工程安全防护、文明施工措施费用及使用管理规定》,结合本市实际,制定本暂行规定。

第二条 本暂行规定适用于本市行政区域内的各类新建、扩建、改建的土木建筑工程、管线工程及其相关的设备安装工程、装饰装修工程。

第三条 本暂行规定所称的安全防护、文明施工措施费用,是指按照国家现行的建筑施工安全、施工现场环境与卫生标准和有关规定,用于购置和更新施工安全防护用具及设施、改善安全生产条件和作业环境所需要的费用。安全防护、文明施工措施项目清单详见附件1。

第四条 对安全防护和文明施工有特殊措施要求,未列入安全防护、文明施工措施项目清单内容的,可结合工程实际情况,依照批准的施工组织设计方案另行立项,一并计入安全防护、文明施工措施费用。

危险性较大工程应当按照建设部《建设工程安全生产管理条例》第二十六条所规定的分项内容,根据经专家论证审核通过的安全专项施工方案来确定安全防护、文明施工措施项目内容。

第五条 建设单位、设计单位在编制工程概、预算时,应当依照本暂行规定所确定的费率,以及安全防护、文明施工措施项目清单内容,合理确定工程安全防护、文明施工措施费。

第六条 依法进行工程招投标的项目,招标人或具有资质的中介机构在编制工程招标文件时,依照本暂行规定所列的安全防护、文明施工措施项目清单内容,结合工程特点,按照常规的施工技术方案,单独开列安全施工、文明施工、环境保护和临时设施等项目的详细清单内容,并参照附件2指定控制措施项目总报价的费率;对于基坑围护和沿街安全防护设施等有特殊措施要求的,未列入安全防护、文明施工措施项目清单的内容的,应另行标明项目内容。

投标人应当按照招标文件的报价要求,根据现行标准规范和招标文件要求,结合工程特点、工期进度、作业环境,以及施工组织设计文件中制定的相应安全防护、文明施工措施方案进行报价。

评标人应当对投标人安全防护、文明施工措施和相应的费用报价进行评审,报价不应低于招标文件规定最低费用的90%,否则按废标处理。

第七条 建设单位与施工单位应当在施工合同中明确安全防护、文明施工措施项目总费用,以及费用预付、支付计划,使用要求、调整方式等条款。

工程施工合同工期在一年以内的,建设单位预付安全防护、文明施工措施项目费用不得低于该费用总额的50%;工程施工合同工期在一年以上的(含一年),预付安全防护、文明施工措施费用不得低于该费用总额的30%。其余费用应当按照施工进度支付;工程施工合同另有明确约定的从约定,但不得低于上述比例。

第八条 工程总承包单位对建设工程安全防护、文明施工措施费用的使用负总责。总承包单位应当按照本规定及合同约定及时向分包单位支付安全防护、文明施工措施费用。总承包单位不按本规定和合同约定支付费用,造成分包单位不能及时落实安全防护措施导致发生事故的,由总承包单位负主要责任。

第九条 建设单位申请领取建设工程施工许可证时,应当将施工合同中约定的安全防护、文明施工措施费用支付计划作为保证工程安全的具体措施提交建设行政主管部门。未提交的,建设行政主管部门不予核发施工许可证。

第十条 工程监理单位应当对施工单位落实安全防护、文明施工措施情况进行现场监理。对施工单位已经落实的安全防护、文明施工措施,总监理工程师或者造价工程师应当及时审查并签认所发生的费用。监理单位发现施工单位未落实施工组织设计及专项施工方案中安全防护和文明施工措施的,有权责令其立即整改;对施工单位拒不整改或未按期限要求完成整改的,工程监理单位应当及时向建设单位和建设行政主管部门报告,必要时责令其暂停施工。

第十一条 市、区(县)建设行政主管部门按照职责分工,以安全防护、文明施工措施项目清单内容为依据,对施工现场安全防护、文明施工措施落实情况进行监督检查,并对建设单位支付及施工单位使用安全防护、文明施工措施费用情况进行监督。

对未按本暂行规定支付、使用安全防护、文明施工措施费用的行为,由市、区(县)建设行政主管部门,依据国家《建设工程安全生产管理条例》第五十四条、第六十三条规定给予行政处罚。

第十二条 市、区(县)建设行政主管部门的工作人员发生《建筑工程安全防护、文明施工措施费用及使用管理规定》第十五条所列行为的,按照该规定处理。

第十三条 创建文明工地的,可以在原约定的安全防护、文明施工措施费基础上适当提高,由施工单位与建设单位在建设工程承发包合同中约定。

第十四条 其他工程项目安全防护、文明施工措施费用可以参照本暂行规定执行。

第十五条 本暂行规定自 2006 年 10 月 1 日起施行。

附件1:房屋建筑、市政、民防工程安全防护、文明施工措施项目清单
附件2:房屋建筑、市政、民防工程安全防护、文明施工措施暂行费率表

附件1

房屋建筑、市政、民防工程安全防护、文明施工措施项目清单

类别	项目名称	具体要求	备注
文明施工与环境保护	安全警示标志牌	在易发伤亡事故(或危险)处设置明显的、符合国家标准要求的安全警示标志牌。	
	现场围挡	(1)现场采用封闭围挡,市容景观道路及主干道的建筑施工现场围挡高度不得低于2.5 m,其他地区围挡高度不得低于2 m;	
		(2)建筑工程应当根据工程地点、规模、施工周期和区域文化,设置与周边建筑艺术风格相协调的实体围挡;	
		(3)围挡材料可采用彩色、定型钢板,砼砌块等墙体;	
		(4)市政、公路工程可采用统一的、连续的施工围栏;	
	各类图板	(5)施工现场出入口应当设置实体大门,宽度不得大于6 m,严禁透视及敞口施工。	
	企业标志	在进门处悬挂工程概况、管理人员名单及监督电话牌、安全生产管理目标牌、安全生产隐患公示牌、文明施工承诺公示牌、消防保卫牌;建筑业农民工维权告示牌;施工现场总平面图、文明施工管理网络图、劳动保护管理网络图。	
	场容场貌	(1)现场出入的大门应设有企业标识;	
		(2)生活区有适时黑板报或阅报栏;	
		(3)宣传横幅适时醒目。	
		(1)道路畅通;	
		(2)施工现场应设置排水沟及沉淀池,施工污水经二级沉淀后方可排入市政污水管网和河流;	
		(3)工地地面硬化处理;主干道应适时洒水防止扬尘;清扫路面(包括楼层内)时应采取先洒水降尘后清扫;	
		(4)裸露的场地和集中堆放的土方应采取覆盖、固化或绿化等措施;	
		(5)施工现场混凝土搅拌场所应采取封闭、降尘措施;	
		(6)食堂应设置隔油池,并应及时清理;	
		(7)厕所的化粪池应做抗渗处理;	
		(8)现场进出口处设置车辆冲洗设备;	
		(9)施工现场大门处设置警卫室,出入人员应当进行登记。所有施工人员应当按劳动保护要求统一着装,佩戴安全帽和表明身份的胸卡。	
	材料堆放	(1)材料、构件、料具等堆放时,悬挂有名称、品种、规格等标牌;	
		(2)水泥和其他易飞扬细颗粒建筑材料应密闭存放或采取覆盖等措施;	
		(3)易燃、易爆和有毒有害物品分类存放。	

类别	项目名称	具体要求	备注
文明施工与环境保护	现场防火	(1)施工现场应当设有消防通道,宽度不得小于3.5 m;	
		(2)建筑物高度超过24m时,施工单位应当落实临时消防水源,设置具有足够扬程的高压水泵。当消防水源不能够满足灭火需要时,应当增设临时消防水箱;	
		(3)在建工程内设置办公场所和临时宿舍的,应当与施工作业区之间采取有效的防火隔离,并设置安全疏散通道,配备应急照明等消防设施;	
		(4)高层建筑的主体结构内动用明火进行焊割作业前,应当将供水系统安装至明火作业层,并确保正常取水;	
		(5)临时搭建的建筑物区域内应当按规定配备消防器材。临时搭建的办公、住宿场所每100m²配备两具灭火级别不小于3A的灭火器;临时油漆间、易燃易爆危险物品仓库等每30m²应配备两具灭火级别不小于4B的灭火器。	
	垃圾清运	施工现场应设置密闭式垃圾站,施工垃圾、生活垃圾应分类存放。	
		施工垃圾必须采用相应容器或管道运输。	
临时设施	现场办公生活设施	(1)施工现场应设置办公室、宿舍、食堂、厕所、淋浴间、开水房、文体活动室、密闭式垃圾站(或容器)及盥洗设施等临时设施。临时设施所用建筑材料应符合环保、消防要求;	
		(2)办公区和生活区应设密闭式垃圾容器;	
		(3)施工现场应配备常用药及绷带、止血带、颈托、担架等急救器材;	
		(4)宿舍内应保证有必要的生活空间,室内净高不得小于2.4m,通道宽度不得小于0.9m,每间宿舍居住人员不得超过16人;	
		(5)宿舍内应设置生活用品专柜,有条件的宿舍宜设置生活用品储藏室;	
		(6)宿舍内应设置垃圾桶、鞋柜或鞋架,生活区内应提供为作业人员晾晒衣物的场地;	
		(7)食堂应有食品原料储存、原料初加工、烹饪加工、备餐(分装、出售)、餐具、工用具清洗消毒等相对独立的专用场地,其中备餐间应单独设立;	
		(8)食堂墙壁(含天花板)围护结构的建筑材料应具有耐腐蚀、耐酸碱、耐热、防潮、无毒等特性,表面平整无裂缝,应有1.5 m以上(烹饪间、备餐间应到顶)的瓷砖或其他可清洗的材料制成的墙裙;	
		(9)食品原料储存区域(间)应保持干燥、通风,食品储存应分类分架、隔墙离地(至少0.15m)存放,冰箱(冷库)内温度应符合食品储存卫生要求;	
		(10)原料初加工场地地面应由防水、防滑、无毒、易清洗的材料建造,具有1%~2%的坡度。设有蔬菜、水产品、禽肉类等三类食品清洗池,并有明显标志;	
		(11)烹调场所地面应铺设防滑地砖,墙壁应铺设瓷砖,炉灶上方应安装有效的脱排油烟机和排气罩,设有烹饪时放置生食品(包括配料)、熟制品的操作台或者货架;	
		(12)备餐间应设有二次更衣设施、备餐台、能开合的食品传递窗及清洗消毒设施,并配备紫外线灭菌灯等空气消毒设施。220伏紫外线灯安装应距地面不低于2.5m。备餐间排水不得为明沟。备餐台应采用不锈钢材质制成;	

223

类别	项目名称		具体要求	备注
临时设施	现场办公生活设施		(13)在烹调场所或专用场所必须设立工用具清洗消毒专用水池和保洁柜。工用具、餐饮具清洗消毒专用水池不得与蔬菜、水产品、禽肉类等食品清洗池混用。水池应采用耐腐蚀、耐磨损、易清洗的无毒材料制成。为就餐人员提供餐饮具的食堂,还应根据需要配备足够的餐饮具清洗消毒保洁设施;	
			(14)食堂应配备必要的排风设施和冷藏设施;	
			(15)食堂外应设置密闭式泔桶,并应及时清运;	
			(16)施工现场应设置水冲式或移动式厕所,厕所地面应硬化,门窗应齐全。蹲位之间宜设置隔板,隔板高度不宜低于 0.9 m;	
			(17)厕所大小应根据作业人员的数量设置。高层建筑施工超过 8 层以后,每隔四层宜设置临时厕所。厕所应设专人负责清扫、消毒、化粪池应及时清掏;	
			(18)淋浴间内应设置满足需要的淋浴喷头,可设置储衣柜或挂衣架;	
			(19)应设置满足作业人员使用的盥洗池,并应使用节水龙头;	
			(20)生活区应设置开水炉、电热水器或饮用水保温桶;施工区应配备流动保温水桶;	
			(21)文体活动室应配备电视机、书报、杂志等文体活动设施、用品;	
			(22)施工现场应设专职或兼职保洁员,负责卫生清扫和保洁;	
			(23)办公区和生活区应采取灭鼠、蚊、蝇、蟑螂等措施,并应定期投放和喷洒药物;	
			(24)炊事人员上岗应穿戴洁净的工作服、工作帽和口罩,并应保持个人卫生;	
			(25)食堂的炊具、餐具和公用饮水器具必须清洗消毒。	
	施工现场临时用电	配电线路	(1)按照 TN—S 系统要求配备电缆;	
			(2)按要求架设临时用电线路的电杆、横担、瓷夹、瓷瓶等,或电缆埋地地沟;	
			(3)对靠近施工现场的外电线路,设置木质、塑料等绝缘体的防护设施。	
		配电箱开关箱	(1)按三级配电要求,配备总配电箱、分配电箱、开关箱三类标准电箱。开关箱应符合一机、一箱、一闸、一漏。三类电箱中的各类电器应是合格产品;	
			(2)按二级保护要求,选取符合容量要求和质量合格的漏电保护器。	
		接地保护装置	施工现场保护零线的重复接地应不少于三处。	

类别	项目名称		具体要求	备注
安全施工	临边洞口交叉高处作业防护	楼板、屋面、阳台等临边防护	用密目式安全立网封闭,作业层另加两边防护栏杆和0.18m高的踢脚板。脚手架基础、架体、安全网等应当符合规定。	
		通道口防护	设防护棚,防护棚应为不小于0.05m厚的木板或两道相距0.5m的竹笆。两侧应沿栏杆架用密目式安全网封闭。应当采用标准化、定型化防护设施,安全警示标志应当醒目。	
		预留洞口防护	用木板全封闭;短边超过1.5m长的洞口,除封闭外四周还应设有防护栏杆。应当采用标准化、定型化防护设施,安全警示标志应当醒目。	
		电梯井口防护	设置定型化、标准化的防护门;在电梯井内每隔两层(不大于10m)设置一道安全平网。或每层设置一道硬隔离;应当采用标准化、定型化防护设施,安全警示标志应当醒目。	
		楼梯边防护	设1.2m高的定型化、标准化的防护栏杆,0.18m高的踢脚板。安全警示标志应当醒目。	
		垂直方向交叉作业防护	设置防护隔离棚或其他设施。	
		高空作业防护	有悬挂安全带的悬索或其他设施;有操作平台;有上下的梯子或其他形式的通道。	
		操作平台交叉作业	(1)操作平台面积不应超过10m²、高度不应超过5m;	
			(2)操作平台面满铺竹笆、设置防护栏杆,并应布置登高扶梯;	
			(3)悬挑式钢平台两边各设前后两道斜拉杆或钢丝绳,应设置4个经过验算的吊环;	
			(4)钢平台左右两侧必须装置固定的防护栏杆;	
			(5)高层建筑施工或者起重设备起重臂回转半径内,按照规定设置安全防护棚;	
			作业人员具备必要的安全帽、安全带等安全防护用品。	

附件2

房屋建筑工程安全防护、文明施工措施费率表

项目类别			费率/(%)	备注
工业建筑	厂房	单层	2.8~3.2	
		多层	3.2~3.6	
	仓库	单层	2.0~2.3	
		多层	3.0~3.4	
民用建筑	居住建筑	低层	3.0~3.4	
		多层	3.3~3.8	
		中高层及高层	3.0~3.4	
	公共建筑及综合性建筑		3.3~3.8	

续表

项目类别	费率/(%)	备注
独立设备安装工程	1.0～1.15	

注:1.居住建筑包括住宅、宿舍、公寓。

2.安全防护、文明施工措施费,以国家标准《建设工程工程量清单计价规范》的分部分项工程量清单价合计(综合单价)为基数乘以相应的费率计算费用。作为控制安全防护、文明施工措施的最低总费用。

3.对深基坑围护、施工排水降水、脚手架、混凝土和钢筋混凝土模板及支架等危险性较大工程的措施项目和对沿街安全防护设施、夜间施工、二次搬运、大型机械设备进出场及安拆、已完工程及设备保护、垂直运输机械等措施费用等其他措施项目,依照批准的施工组织设计方案,仍按国家《建设工程工程量清单计价规范》的有关规定报价。一并计入施工措施费。

市政基础设施工程安全防护、文明施工措施费率表

项目类别		费率/(%)	备注
道路工程		2.2～2.6	
道路交通管理设施工程		1.8～2.2	
桥涵及护岸工程		2.6～3.0	
排水管道工程		2.4～2.8	
排水构筑物工程	泵站	2.2～2.6	
	污水处理厂	2.2～2.6	
轨道交通工程	地铁车站	2.2～2.6	
	区间隧道	1.2～1.8	
越江隧道工程		1.2～1.8	

注:1.安全防护、文明施工措施费,以国家《建设工程工程量清单计价规范》的分部分项工程量清单价合计(综合单价)为基数乘以相应的费率计算费用。作为控制安全防护、文明施工措施的最低总费用。

2.对未列入安全防护、文明施工措施费清单内容的夜间施工、二次搬运、大型机械设备进出场及安拆、脚手架、已完工程及设备保护、垂直运输机械等措施费用,仍按国家《建设工程工程量清单计价规范》的有关规定报价。

民防工程安全防护、文明施工措施费率表

序号	项目类别		费率/(%)	备注
1	民防工程	2000 m² 以内	3.49～4.22	
2		5000 m² 以内	2.13～2.58	
3		8000 m² 以内	1.82～2.21	
4		10000 m² 以内	1.63～1.98	
5		15000 m² 以内	1.49～1.81	
6		15000 m² 以上	1.31～1.59	
7	独立装饰装修工程		2.0～2.3	

注:1.项目类别中的面积是指民防工程建筑面积。

2.安全防护、文明施工措施费,以国家《人防工程工程量清单计价办法》的分部分项工程量清单合计(综合单价)为基础乘以相应的费率计算费用。作为控制安全防护、文明施工措施的最低总费用。

3.对未列入安全防护、文明施工措施费清单内容的夜间施工、二次搬运、大型机械设备进出场及安拆、混凝土、钢筋混凝土模板及支架、脚手架、已完工程及设备保护、施工排水降水、垂直水平运输机械、内部施工照明等措施费用,仍按国家《人防工程工程量清单计价办法》的有关规定报价。

8.2 造价从业人员资格考试 ·························

8.2.1 概述

2017 年 9 月 12 日,人力资源社会保障部印发"人社部发〔2017〕68 号"文件,公布《国家职业资格目录》,共计 140 项,造价工程师为第 12 项,属于准入类资格。

2018 年 7 月 20 日,住房城乡建设部、交通运输部、水利部、人力资源社会保障部四部门联合印发"建人〔2018〕67 号"文件,即《造价工程师职业资格制度规定》《造价工程师职业资格考试实施办法》,明确造价工程师是指通过职业资格考试取得中华人民共和国造价工程师职业资格证书,并经注册后从事建设工程造价工作的专业技术人员。

造价工程师分为一级造价工程师和二级造价工程师。一级造价工程师英译为 class1 cost engineer,二级造价工程师英译为 class2 cost engineer。一级造价工程师职业资格考试全国统一大纲、统一命题、统一组织;二级造价工程师职业资格考试全国统一大纲,各省、自治区、直辖市自主命题并组织实施。一级造价工程师、二级造价工程师职业资格考试均设置基础科目和专业科目。

8.2.2 考试

一级造价工程师职业资格考试设《建设工程造价管理》《建设工程计价》《建设工程技术与计量》《建设工程造价案例分析》4 个科目。其中,《建设工程造价管理》和《建设工程计价》为基础科目,《建设工程技术与计量》和《建设工程造价案例分析》为专业科目。

二级造价工程师职业资格考试设《建设工程造价管理基础知识》《建设工程计量与计价实务》2 个科目。其中,《建设工程造价管理基础知识》为基础科目,《建设工程计量与计价实务》为专业科目。

专业科目分为土木建筑工程、交通运输工程、水利工程和安装工程 4 个专业类别。

一级造价工程师职业资格考试分 4 个半天进行。《建设工程造价管理》《建设工程技术与计量》《建设工程计价》科目的考试时间均为 2.5 个小时;《建设工程造价案例分析》科目的考试时间为 4 个小时。

二级造价工程师职业资格考试分 2 个半天进行。《建设工程造价管理基础知识》科目的考试时间为 2.5 个小时,《建设工程计量与计价实务》的考试时间为 3 个小时。

一级造价工程师职业资格考试成绩实行 4 年为一个周期的滚动管理办法,在连续的 4 个考试年度内通过全部考试科目,方可取得一级造价工程师职业资格证书。

二级造价工程师职业资格考试成绩实行 2 年为一个周期的滚动管理办法,参加全部 2 个科目考试的人员必须在连续的 2 个考试年度内通过全部科目,方可取得二级造价工程师职业资格证书。

一级造价工程师职业资格考试每年一次。二级造价工程师职业资格考试每年不少于一次,具体考试日期由各地确定。

8.2.3 报考条件

凡遵守中华人民共和国宪法、法律、法规,具有良好的业务素质和道德品行,具备下列条件之一者,可以申请参加一级造价工程师职业资格考试:

(1)具有工程造价专业大学专科(或高等职业教育)学历,从事工程造价业务工作满 5 年;

具有土木建筑、水利、装备制造、交通运输、电子信息、财经商贸大类大学专科(或高等职业教育)学历,从事工程造价业务工作满 6 年。

(2)具有通过工程教育专业评估(认证)的工程管理、工程造价专业大学本科学历或学位,从事工程造价业务工作满 4 年;

具有工学、管理学、经济学门类大学本科学历或学位,从事工程造价业务工作满 5 年。

(3)具有工学、管理学、经济学门类硕士学位或者第二学士学位,从事工程造价业务工作满 3 年。

(4)具有工学、管理学、经济学门类博士学位,从事工程造价业务工作满 1 年。

(5)具有其他专业相应学历或者学位的人员,从事工程造价业务工作年限相应增加 1 年。

凡遵守中华人民共和国宪法、法律、法规,具有良好的业务素质和道德品行,具备下列条件之一者,可以申请参加二级造价工程师职业资格考试:

(1)具有工程造价专业大学专科(或高等职业教育)学历,从事工程造价业务工作满 2 年;

具有土木建筑、水利、装备制造、交通运输、电子信息、财经商贸大类大学专科(或高等职业教育)学历,从事工程造价业务工作满 3 年。

(2)具有工程管理、工程造价专业大学本科及以上学历或学位,从事工程造价业务工作满 1 年;

具有工学、管理学、经济学门类大学本科及以上学历或学位,从事工程造价业务工作满 2 年。

(3)具有其他专业相应学历或学位的人员,从事工程造价业务工作年限相应增加 1 年。

8.2.4 证书及执业

一级造价工程师职业资格考试合格者,颁发中华人民共和国一级造价工程师职业资格证书,该证书由人力资源社会保障部统一印制,住房城乡建设部、交通运输部、水利部按专业类别分别与人力资源社会保障部用印,在全国范围内有效。二级造价工程师职业资格考试合格者,颁发中华人民共和国二级造价工程师职业资格证书,该证书由各省、自治区、直辖市住房城乡建设、交通运输、水利行政主管部门按专业类别分别与人力资源社会保障行政主管部门用印,原则上在所在行政区域内有效。

国家对造价工程师职业资格实行执业注册管理制度。经注册方可以造价工程师名义执业,造价工程师执业时应持注册证书和执业印章。

一级造价工程师的执业范围包括建设项目全过程的工程造价管理与咨询等,具体工作内容:

(1)项目建议书、可行性研究投资估算与审核,项目评价造价分析;

(2)建设工程设计概算、施工预算的编制和审核;

(3)建设工程招标投标文件工程量和造价的编制与审核;

(4)建设工程合同价款、结算价款、竣工决算价款的编制与管理;

(5)建设工程审计、仲裁、诉讼、保险中的造价鉴定,工程造价纠纷调解;

（6）建设工程计价依据、造价指标的编制与管理；

（7）与工程造价管理有关的其他事项。

二级造价工程师主要协助一级造价工程师开展相关工作，可独立开展以下具体工作：

（1）建设工程工料分析、计划、组织与成本管理，施工图预算、设计概算编制；

（2）建设工程量清单、最高投标限价、投标报价编制；

（3）建设工程合同价款、结算价款和竣工决算价款的编制。

造价工程师应在本人工程造价咨询成果文件上签章，并承担相应责任。工程造价咨询成果文件应由一级造价工程师审核并加盖执业印章。

专业技术人员取得一级造价工程师、二级造价工程师职业资格，可认定其具备工程师、助理工程师职称，并可作为申报高一级职称的条件。

8.3 工程造价专业技能大赛介绍

8.3.1 上海市"星光计划"职业院校技能大赛

从 2004 年起，上海市教育委员会、上海市人力资源和社会保障局决定在本市中等职业学校中实施"星光计划"。2015 年，高职院校首次纳入该大赛，形成"上海市'星光计划'职业院校技能大赛"，并分为中职组和高职组，涵盖了中职组通用类、机械加工类、建筑工程类、创意设计类等16 大类 68 个项目和高职组财经大类、交通运输大类、土建大类等 9 个大类 28 个项目，如图 8-1所示。

上海市"星光计划"职业院校技能大赛由上海市教育委员会、上海市人力资源和社会保障局、上海市教育发展基金会、上海市民办教育发展基金会共同主办，由上海市教育委员会教学研究室、上海市教育科学研究院、上海市职业技能鉴定中心、上海科技馆承办。该项赛事是以"坚持面向全体学生，实践'为了每一个学生的终身发展'理念；坚持大赛与教育培养目标、专业教学标准、国家职业标准、全国技能大赛和世界技能大赛相结合，促进教师专业发展，推进学校教学改革；营造'崇尚一技之长、不唯学历凭能力'的社

图 8-1　上海市"星光计划"职业院校技能大赛

会氛围，提高职业教育社会影响力和吸引力"为指导思想，以"星光点亮人生，技能成就未来"为主题，并将比赛、观摩、展示、体验融为一体，每两年举办一次，分初赛和决赛两个阶段。初赛一般在10 月至次年 1 月间进行，由各职业院校结合专业教学和技能训练实际情况自行组织实施；决赛一般在次年 4 月进行。

参加决赛的选手名单由学校选送，大赛办公室随机抽取产生。大赛各项目均设一、二、三等奖，获奖比例分别为实际参赛人数的 5%、10%、20%。凡在技能大赛中获得一、二、三等奖的学生，由上海市教育委员会、上海市人力资源和社会保障局、上海市教育发展基金会、上海市民办教育发展基金会共同颁发荣誉证书和奖金；技能大赛项目中有相应职业标准，并达到规定要求的，

由相关单位颁发相应职业资格证书。指导学生在比赛项目中获得一、二、三等奖的教师,则授予相应等第的优秀指导教师奖;连续三届以上指导学生获得全能一等奖的优秀指导教师,授予"星级星光金牌指导教师"荣誉称号。

"上海职教在线"网站上有相关大赛信息公告可供查阅。

上海市"星光计划"第七届职业院校职业技能大赛(高职组)

工程造价基本技能(工程量计算及创新思维竞赛)样题

一、工程造价创新思维子项目

工程造价创新思维子项目的出题依据:根据 2013 年版《房屋建筑与装饰工程工程量计算规范》、2013 年版《通用安装工程工程量计算规范》,建标〔2013〕44 号文件,《建筑工程预算》《安装工程预算》《钢筋工程量计算》《工程量清单计价》等高职国家级规划教材,完成创新工程量计算方法、工程造价计算方法内容的竞赛。题型是案例分析题、计算方法论述题。

样题:回答有关平整场地工程量计算公式的问题(当有填空时,将正确答案填在横线上)。(22 分)

1.在"$S = S_{底} + L_{外} \times 2 + 16$"的平整场地计算公式中,回答以下问题。

(1)建筑物外边放出 2 米。(3 分)

(2)每个角的面积是 4 平方米。(3 分)

(3)该公式适合什么形状建筑物平面的平整场地工程量计算?(4 分)

答:适合矩形组合平面形状的建筑物平面的平整场地工程量计算。

(4)写出平整场地清单工程量的计算公式。(3 分)

解:$S = $ 建筑物首层建筑面积。

2.如果每边放出 2.8 米,"$S = S_{底} + L_{外} \times 2 + 16$"的公式应该如何改写?(3 分)

解:$S = S_{底} + L_{外} \times 2.8 + 31.36$。

3.如果每边放出 n 米,"$S = S_{底} + L_{外} \times 2 + 16$"的公式应该如何改写?(3 分)

解:$S = S_{底} + L_{外} \times n + 4n^2$。

4.写出当建筑物底面是三角形平面时每边放出 n 米的平整场地计算公式。(3 分)

解:计算公式 $S = S_{底} + L_{外} \times n + \pi n^2$

解题思路:三角形建筑物首层建筑面积加上三角形周长,再加上一个以 n 米为半径的圆的面积。

二、手工计算建筑与装饰(钢筋)工程量子项目

样题:根据给定的施工图纸和《房屋建筑与装饰工程工程量计算规范》(GB 50854—2013)的规定计算挖基坑土方清单工程量(当有填空时,将正确答案填在横线上)。(7 分)

说明:全部项目清单编码的最后 3 位一律填写"001"。计算结果(除另有规定)保留 2 位小数。

(1)该项目清单编码是 010101003001。(1 分)

(2)J-1 挖方清单工程量是 60.94 m³。(3 分)

(3)J-2 挖方清单工程量是 61.89 m³。(3 分)

三、手工计算水电安装工程量子项目

样题:根据给定的施工图纸和《通用安装工程工程量计算规范》(GB 50856—2013)的规定计算在火灾自动报警系统中的工程量并回答有关问题(当有填空时,将正确答案填在横线上)。(12 分)

说明:全部项目清单编码的最后 3 位一律填写"001"。计算结果(除另有规定)保留 2 位小数。

(1)该系统中 SC20 配管的清单工程量为 <u>12.84 m</u>。(3 分)

(2)该系统中 ZR-RVS-2×1.5 配线的清单工程量为 <u>24.29 m</u>。(3 分)

(3)该系统中 ZR-RVS-2×1.5 配线的清单项目编码为 <u>030411004001</u>。(1 分)

(4)该系统中区域火灾报警控制器的清单项目编码为 <u>030904009001</u>。(1 分)

(5)该系统中智能型防爆光电感烟探测器的清单工程量为 <u>2 个</u>。(2 分)

(6)该系统中开关盒的清单工程量为 <u>2 个</u>。(2 分)

四、软件计算建筑与装饰(钢筋)工程量子项目

样题:根据题目要求提取附件——土建图纸.rar,用桌面上 AutoCAD2011 打开提供的图纸,仔细阅读图纸说明,完成图纸中题目要求的模型,并计算结构、建筑、装饰、钢筋清单工程量。

计算依据:《房屋建筑与装饰工程工程量计算规范》(GB 50854—2013)、《11G101 图集》。软件计算精度统一设置为 0.000;所有构件的混凝土强度等级、抗震等级均按图纸说明。(计算结果规定:kg 单位保留到整数,m、m^2、m^3 单位保留两位小数)。根据题目要求所建的模型范围计算下列工程量(当有填空时,将正确答案填在横线上)。

(1)框架柱的全部清单工程量为 _____ m^3。

(2)框架柱的全部钢筋工程量为 _____ kg。

(3)框架梁的全部清单工程量为 _____ m^3。

(4)框架梁的全部模板工程量为 _____ m^2。

(5)框架梁的全部钢筋工程量为 _____ kg。

(6)板的全部清单工程量为 _____ m^3。

(7)板的全部模板工程量为 _____ m^2。

(8)板的全部钢筋工程量为 _____ kg。

(9)砌体墙的全部清单工程量为 _____ m^3。

(10)楼面地砖的全部清单工程量为 _____ m^2。

注:工程量计算结果误差±5%。

五、软件计算水电安装工程量子项目

样题:根据题目要求提取附件——安装图纸.rar,用桌面上 AutoCAD2011 打开提供的图纸,仔细阅读图纸说明,完成图纸中题目要求的模型,并计算水电安装清单工程量。

计算依据:《通用安装工程工程量计算规范》(2013)。软件计算精度统一设置为 0.000;所有管线材料和标高均按图纸说明。(计算结果规定:m 单位保留两位小数)

(1)将所有楼层消防水专业的管道和设备布置完整,消火栓总数量为 _____ 个。

(2)将所有楼层消防水专业的管道和设备布置完整,双偏心半球阀的总数量为 _____ 个。

(3)将所有楼层消防水专业的管道和设备布置完整,消防水管内外涂塑复合钢管-DN100 的总长度为 _____ m。

(4)将所有楼层卫生间通气管布置完成,所有通气管 TL-1 中 DN75 的总长度为 _____ m。

(5)将首层卫生间给水管道布置完成,首层卫生间给水管 DN25 的长度为 _____ m。

(6)将首层卫生间排水管道布置完成,首层卫生间排水管(不包含 TL-1 通气管)DN75 的长度为 _____ m。

(7)根据电气图纸将首层的开关插座布置完成,首层插座(包括普通插座、卫生间插座、电视

插座)总数量为_____个。

（8）根据电气图纸将首层的日光灯布置完成,首层双管日光灯数量为_____套。

（9）根据电气图纸,照明配电箱的总个数为_____个。

（10）根据电气动力图纸将整栋楼的总配电箱 AL、和 AL 连接的照明配电箱及连接这些配电箱的电线、配管布置完成,连接总配电箱 AL、AL_{1-1} 和 AL_{2-1} 的管线中敷设方式为 FC 的电线总长度为_____m。

注:工程量计算结果误差±5%。

8.3.2　全国高等院校工程造价技能及创新竞赛

以引导学校积极开展应用型人才的培养,促进工程造价实践教学,加强校企合作与交流为目的,中国建设工程造价管理协会(以下简称中价协)于 2015 年 10 月 31 日举办首届全国高等院校工程造价技能及创新竞赛活动,并分高职组和本科组,如图 8-2 所示。其中,高职组竞赛由江苏建筑职业技术学院承办,广联达软件股份有限公司协办;本科组竞赛由天津理工大学承办,深圳市斯维尔科技有限公司协办。

图 8-2　首届全国高等院校工程造价技能及创新竞赛(高职组)

竞赛的参赛对象为全国高等院校(本科和高职高专院校)工程造价及工程管理专业的在籍学生。每个院校限报 1 队,每个队由 3 名选手和 1～2 名指导老师(兼领队)组成。指导老师为选手所在院校的教师。

该项赛事分预报名和正式报名。预报名时间一般在每年的七月中上旬,正式报名在每年的八月中上旬进行,均需要登录竞赛官网(中国建设工程造价管理协会)完成。

竞赛时间为 1 天,内容包括手工计算(上午)和软件计算(下午),本科组还增加有创新思维的内容。该项赛事不限制软件,使用任何工程量计算软件均可参赛。

该项赛事的奖项设有团体奖和单项奖。团体奖设一、二、三等奖,数量约为参赛院校数量的 10%、20%、30%。单项奖仅设一等奖,数量约为参赛院校数量的 10%。获奖选手可获得组委会颁发的获奖证书以及中价协颁发的全国造价员资格证明(仅首届有全国造价员资格证明)。获奖团队的指导老师可获得由组委会颁发的优秀指导教师证书。

为了保证赛事的公平、公正,竞赛规则也在不断的完善。我们可以从第三届全国高等院校工程造价技能及创新竞赛技术规程中看到竞赛的相关要求。

第三届全国高等院校工程造价技能及创新竞赛技术规程

一、竞赛内容及参考依据

1.竞赛内容

竞赛分为三部分5个赛项：

第一部分是手工计算工程量竞赛，包括2个赛项：手工计算房屋建筑与装饰工程量赛项、手工计算建筑水电安装工程量赛项；

第二部分是软件计算工程量竞赛，包括2个赛项：软件计算建筑与装饰工程量赛项、软件计算建筑水电安装工程量赛项。

第三部分是工程造价创新思维项目竞赛。

建筑水电安装工程量赛项包括建筑给排水工程和电气工程（强电）。

高职组竞赛内容包括手工计算和软件计算，本科组竞赛内容包括手工计算、软件计算和创新思维。

2.参考依据

手工和软件计算工程量竞赛参考依据：包括《工程量清单计价规范》（GB 50500—2013）、《房屋建筑与装饰工程工程量计算规范》（GB 50854—2013）、《通用安装工程工程量计算规范》（GB 50856—2013）及《混凝土结构施工图平面整体表示方法制图规则和构造详图》（16G101-1、16G101-2、16G101-3）等国家现行标准图集。

工程造价创新思维项目竞赛参考依据：除上述内容外，还包括《2013年版建设工程造价管理》（ISBN 978-7-80242-844-7）、《2013年版建设工程计价（2014年修订）》（ISBN 978-7-80242-849-2）、《2013年版建设工程造价案例分析（2014年修订）》（ISBN 978-7-5074-2807-0）等造价工程师考试培训教材及相关法律法规。

二、赛项安排及计分规则

1.赛项安排

（1）高职组

编号	竞赛项目及比重	属性	竞赛内容	时长/分钟	分值权重
1	手工计算工程量（70%）	技能	建筑与装饰工程量计算	80	35%
2			建筑水电安装工程量计算	80	35%
3	软件计算工程量（30%）	技能	建筑与装饰工程量计算	80	15%
4			建筑水电安装工程量计算	80	15%
	小计			320	100%

（2）本科组

编号	竞赛项目及比重	属性	竞赛内容	时长/分钟	分值权重
1	手工计算工程量（60%）	技能	建筑与装饰工程量计算	80	30%
2			建筑水电安装工程量计算	80	30%
3	软件计算工程量（30%）	技能	建筑与装饰工程量计算	80	15%
4			建筑水电安装工程量计算	80	15%

续表

编号	竞赛项目及比重	属性	竞赛内容	时长/分钟	分值权重
5	创新思维（10％）	创新	创新思维	60	10％
	小计			380	100％

2. 计分规则

单项奖计分规则：按每个赛项竞赛得分排列名次，得分相同的按提交时间早的排名靠前。

团体奖计分规则：团体总分 $= \sum$ 赛项得分×对应的分值权重。

以本科组为例，团体总分＝赛项 1 得分×30％＋赛项 2 得分×30％＋赛项 3 得分×15％＋赛项 4 得分×15％＋赛项 5 得分×10％。

三、竞赛规则

（1）参赛选手须为在籍学生，参赛报名确认后，原则上不得更换。如在备赛过程中参赛选手因故无法参赛，须由参赛学校出具书面说明，经竞赛组委会秘书处核实后予以替换；参赛选手报到后，不再更换。

（2）参赛团队须于竞赛规定日期报到，并在报到日当天规定的时间内熟悉场地和测试自备电脑，协办单位负责提供与竞赛相关的技术支持，竞赛日不再接受参赛选手电脑的测试工作。

（3）参赛选手按规定时间凭参赛证进入赛场并登录竞赛系统，竞赛开始 10 分钟后禁止入场。

（4）软件计算工程量赛项采用竞赛系统发放电子试卷和 CAD 图纸（dwg 格式）的方式。

（5）手工计算工程量赛项采用发放纸质试卷及纸质图纸的方式，不得使用软件辅助计算，自备电脑显示器只允许显示在答题页面，参赛选手使用电脑提交答案。

（6）建筑与装饰工程算量试卷和建筑水电安装工程算量试卷按赛程安排分别发放试卷及图纸，请参赛选手在收到试题和答题卡的时候将学校以及姓名写在相应区域后再答题，答题卡的答案作为备用评分使用。

（7）参赛选手应在比赛期间自主提交试卷答案，考试时间结束未提交答案的系统将自动提交，如各参赛团队得分相同，则按最终提交时间的顺序排名，提交答案较早的选手排名靠前。

（8）参赛选手自备电脑，每个参赛团队可携带 3 台笔记本电脑，其中 2 台用于竞赛，1 台备用。选手对自备电脑的质量和性能自行负责。其中，手工计算工程量的竞赛中，只允许打开一台电脑用于录入答案。

（9）参赛团队进入赛场可以携带：自备电脑、《工程量清单计价规范》（GB 50500—2013）、《房屋建筑与装饰工程工程量计算规范》（GB 50854—2013）、《通用安装工程工程量计算规范》（GB 50856—2013）、计算器、直尺等工具。不可以携带移动硬盘、光盘、U 盘、手机等。软件计算工程量赛项中，赛务组会提供用于竞赛的物资（如草稿纸、加密锁、U 盘等）。

（10）竞赛根据裁判下达的开始或结束指令正式开始或结束竞赛。竞赛过程中，参赛选手须严格遵守赛场纪律，接受裁判的监督和指令。严重违反赛场纪律的，裁判有权决定中止该队竞赛，或判定已取得的成绩作废；竞赛结束后，参赛选手应立即离开考场，不得逗留或进行任何操作。

（11）竞赛承办单位为竞赛队伍的指导老师提供观摩场地。

（12）答案可以任意修改，系统不提示是否正确。

四、竞赛设备要求

（一）竞赛自备软硬件

1.参赛选手自备电脑硬件基本要求

笔记本电脑配置如下：CPU 不低于 Intel Core i5-3317U；内存不低于 4G；剩余硬盘空间不低于 100G；100M 以上以太网卡。

2.参赛选手自备电脑软件基本要求

房屋建筑与装饰工程量计算软件，水电安装工程量计算软件，钢筋工程量计算软件，Windows XP(Win7)、office2007（及以上）、Auto Cad2006（及以上）软件。

（二）竞赛技术支持单位提供设备软硬件要求

（1）协办单位负责提供竞赛系统的软硬件设备，满足竞赛及冗余备份的要求。

（2）竞赛期间，所有设备采用有线连接方式，满足参赛选手自备电脑的网络连接，保障能够通畅的访问竞赛系统。

（3）电源要求：

① 电源数量及连接线满足竞赛队伍的使用要求。

② 所有电源线及网络线缆均需采用固线套管加固保护，电源线均需敷设接地电线，防止由于踩踏引起的触电、断电、断网等安全风险。

③ 建议现场配备 UPS，以防断电影响竞赛。

中国建设工程造价管理协会

2017 年 5 月 16 日

参 考 文 献

[1] 吴佐民.中国工程造价管理体系研究报告[M].北京:中国建筑工业出版社,2014.

[2] 中国建设工程造价管理协会.《建筑工程施工发包与承包计价管理办法》释义[M].北京:中国计划出版社,2014.

[3] 上海市建设工程标准定额管理总站.上海市建设工程预算基础知识[M].上海:上海科学普及出版社,2002.

[4] 俞国凤,刘匀.建筑工程造价的基本原理与计价[M].上海:同济大学出版社,2014.

[5] 中国建设工程造价管理协会.建设工程造价管理理论与实务(三)[M].北京:中国计划出版社,2011.

[6] 中国建设工程造价管理协会.建设工程造价管理理论与实务(四)[M].北京:中国计划出版社,2014.

[7] 全国造价工程师执业资格考试培训教材编审委员会.建设工程计价(2014年修订)[M].北京:中国计划出版社,2013.

[8] 全国一级建造师执业资格考试用书编写委员会.建设工程经济[M].2版.北京:中国建筑工业出版社,2010.

[9] 武育秦.建筑工程造价(第3版)[M].武汉:武汉理工大学出版社,2014.

[10] 袁建新,袁媛.工程造价概论(第四版)[M].北京:中国建筑工业出版社,2019.

[11] 何辉,吴瑛.工程建设定额原理与实务[M].3版.北京:中国建筑工业出版社,2015.

[12] 刘钟莹,茅剑,卜宏马,等.建筑工程工程量清单计价[M].3版.南京:东南大学出版社,2015.

[13] 阎俊爱,张素姣.建筑工程概预算[M].北京:化学工业出版社,2014.

[14] 钱昆润,戴望炎,张星.建筑工程预算与定额[M].5版.南京:东南大学出版社,2006.

[15] 王艳艳.土木工程造价疑难释义[M].北京:中国建筑工业出版社,2014.

[16] 上海市建筑建材业市场管理总站.SH 01—31—2016 上海市建筑和装饰工程预算定额[S].上海:同济大学出版社,2017.

[17] 上海市住房和城乡建设管理委员会.SHT 0—33—2016 上海市建设工程施工费用计算规则[S].上海:同济大学出版社,2016.

[18] 中华人民共和国人力资源和社会保障部,中华人民共和国住房和城乡建设部.LD/T72.1~11—2008 建设工程劳动定额 建筑工程[S].北京:中国计划出版社,2009.

[19] 中华人民共和国住房和城乡建设部.TY 01—31—2015 房屋建筑与装饰工程消耗量定额[S].北京:中国计划出版社,2015.

[20] 中华人民共和国人力资源和社会保障部,中华人民共和国住房和城乡建设部.LD/T73.1~4—2008 建设工程劳动定额 安装工程[S].北京:中国计划出版社,2009.

[21] 中华人民共和国住房和城乡建设部.TY 01—89—2016 建筑安装工程工期定额[S].北京:中国计划出版社,2016.